"十三五"国家重点出版物出版规划项目
卓越工程能力培养与工程教育专业认证系列规划教材（电气工程及其自动化、自动化专业）

计算机控制技术

主　编　王　超
参　编　丁红兵　孙宏军

机械工业出版社

本书从符合学生学习规律的角度，对计算机控制技术的编写体系进行了梳理，力求做到内容逻辑合理、分类清楚、易于理解。本书内容包括：绪论，计算机控制系统基础、计算机控制系统中的检测设备和执行机构、计算机控制系统中的总线技术、计算机控制系统中的过程通道技术、计算机控制系统中的抗干扰技术、计算机控制系统中的通信技术、计算机控制系统中的网络技术、计算机控制系统中的控制策略与实现、计算机控制系统中的软件技术、计算机控制系统的设计及实例。作为教材，讲授本书全部内容需要 50~60 学时，也可根据需求适当增减授课内容。

本书可作为普通高等院校自动化专业、机电一体化专业学生的教材，也可作为相关工程技术人员的参考书。

本书配有电子课件，欢迎选用本教材的老师发邮件到 jinacmp@163.com 索取，或登录 www.cmpedu.com 下载。

图书在版编目(CIP)数据

计算机控制技术/王超主编. —北京：机械工业出版社，2020.5
(2025.7 重印)

"十三五"国家重点出版物出版规划项目　卓越工程能力培养与工程教育专业认证系列规划教材. 电气工程及其自动化、自动化专业

ISBN 978-7-111-64972-4

Ⅰ.①计⋯　Ⅱ.①王⋯　Ⅲ.①计算机控制-高等学校-教材　Ⅳ.①TP273

中国版本图书馆 CIP 数据核字(2020)第 039926 号

机械工业出版社（北京市百万庄大街 22 号　邮政编码 100037）
策划编辑：吉　玲　责任编辑：吉　玲　张　丽　韩　静　王小东
责任校对：肖　琳　封面设计：鞠　杨
责任印制：张　博
北京机工印刷厂有限公司印刷
2025 年 7 月第 1 版第 6 次印刷
184mm×260mm ・ 13.5 印张 ・ 334 千字
标准书号：ISBN 978-7-111-64972-4
定价：35.80 元

电话服务	网络服务
客服电话：010-88361066	机　工　官　网：www.cmpbook.com
010-88379833	机　工　官　博：weibo.com/cmp1952
010-68326294	金　书　网：www.golden-book.com
封底无防伪标均为盗版	机工教育服务网：www.cmpedu.com

"十三五"国家重点出版物出版规划项目
卓越工程能力培养与工程教育专业认证系列规划教材
（电气工程及其自动化、自动化专业）
编审委员会

主任委员

郑南宁　中国工程院　院士，西安交通大学　教授，中国工程教育专业认证协会电子信息与电气工程类专业认证分委员会　主任委员

副主任委员

汪槱生　中国工程院　院士，浙江大学　教授
胡敏强　东南大学　教授，教育部高等学校电气类专业教学指导委员会　主任委员
周东华　清华大学　教授，教育部高等学校自动化类专业教学指导委员会　主任委员
赵光宙　浙江大学　教授，中国机械工业教育协会自动化学科教学委员会　主任委员
章　兢　湖南大学　教授，中国工程教育专业认证协会电子信息与电气工程类专业认证分委员会　副主任委员
刘进军　西安交通大学　教授，教育部高等学校电气类专业教学指导委员会　副主任委员
戈宝军　哈尔滨理工大学　教授，教育部高等学校电气类专业教学指导委员会　副主任委员
吴晓蓓　南京理工大学　教授，教育部高等学校自动化类专业教学指导委员会　副主任委员
刘　丁　西安理工大学　教授，教育部高等学校自动化类专业教学指导委员会　副主任委员
廖瑞金　重庆大学　教授，教育部高等学校电气类专业教学指导委员会　副主任委员
尹项根　华中科技大学　教授，教育部高等学校电气类专业教学指导委员会　副主任委员
李少远　上海交通大学　教授，教育部高等学校自动化类专业教学指导委员会　副主任委员
林　松　机械工业出版社　编审　副社长

委　　员（按姓氏笔画排序）

于海生　青岛大学　教授　　　　　　吴成东　东北大学　教授
王　平　重庆邮电大学　教授　　　　吴美平　国防科技大学　教授
王　超　天津大学　教授　　　　　　谷　宇　北京科技大学　教授
王再英　西安科技大学　教授　　　　汪贵平　长安大学　教授
王志华　中国电工技术学会　　　　　宋建成　太原理工大学　教授
　　　　教授级高级工程师　　　　　张　涛　清华大学　教授
王明彦　哈尔滨工业大学　教授　　　张卫平　北方工业大学　教授
王保家　机械工业出版社　编审　　　张恒旭　山东大学　教授
王美玲　北京理工大学　教授　　　　张晓华　大连理工大学　教授
韦　钢　上海电力学院　教授　　　　黄云志　合肥工业大学　教授
艾　欣　华北电力大学　教授　　　　蔡述庭　广东工业大学　教授
李　炜　兰州理工大学　教授　　　　穆　钢　东北电力大学　教授
吴在军　东南大学　教授　　　　　　鞠　平　河海大学　教授

序

　　工程教育在我国高等教育中占有重要地位，高素质工程科技人才是支撑产业转型升级、实施国家重大发展战略的重要保障。当前，世界范围内新一轮科技革命和产业变革加速进行，以新技术、新业态、新产业、新模式为特点的新经济蓬勃发展，迫切需要培养、造就一大批多样化、创新型卓越工程科技人才。目前，我国高等工程教育规模世界第一。我国工科本科在校生约占我国本科在校生总数的 1/3。近年来我国每年工科本科毕业生占世界工科毕业生总数的 1/3 以上。如何保证和提高高等工程教育质量，如何适应国家战略需求和企业需要，一直受到教育界、工程界和社会各方面的关注。多年以来，我国一直致力于提高高等教育的质量，组织实施了多项重大工程，包括卓越工程师教育培养计划（以下简称卓越计划）、工程教育专业认证和新工科建设等。

　　卓越计划的主要任务是探索建立高校与行业企业联合培养人才的新机制，创新工程教育人才培养模式，建设高水平工程教育教师队伍，扩大工程教育的对外开放。计划实施以来，建立了各相关部门协同育人机制。卓越计划要求试点专业要大力改革课程体系和教学形式，依据卓越计划培养标准，遵循工程的集成与创新特征，以强化工程实践能力、工程设计能力与工程创新能力为核心，重构课程体系和教学内容；加强跨专业、跨学科的复合型人才培养；着力推动基于问题的学习、基于项目的学习、基于案例的学习等多种研究性学习方法，加强学生创新能力训练，"真刀真枪"做毕业设计。卓越计划实施以来，培养了一批获得行业认可、具备很好的国际视野和创新能力、适应社会经济发展需要的各类型高质量人才，教育培养模式改革创新取得突破，教师队伍建设初见成效，为卓越计划的后续实施和最终目标达成奠定了坚实基础。各高校以卓越计划为突破口，逐渐形成各具特色的人才培养模式。

　　2016 年 6 月 2 日，我国正式成为工程教育"华盛顿协议"第 18 个成员，标志着我国工程教育真正融入世界工程教育，人才培养质量开始与其他成员达到了实质等效，同时，也为以后我国参加国际工程师认证奠定了基础，为我国工程师走向世界创造了条件。专业认证把以学生为中心、以产出为导向和持续改进作为三大基本理念，与传统的内容驱动、重视投入的教育形成了鲜明对比，是一种教育范式的革新。通过专业认证，把先进的教育理念引入我国工程教育，有力地推动了我国工程教育专业教学改革，逐步引导我国高等工程教育实现从以教师为中心向以学生为中心转变、从以课程为导向向以产出为导向转变、从质量监控向持续改进转变。

　　在实施卓越计划和开展工程教育专业认证的过程中，许多高校的电气工程及其自动化、自动化专业结合自身的办学特色，引入先进的教育理念，在专业建设、人才培养模式、教学内容、教学方法、课程建设等方面积极开展教学改革，取得了较好的效果，建设了一大批优质课程。为了将这些优秀的教学改革经验和教学内容推广给广大高校，中国工程教育专业认证协会电子信息与电气工程类专业认证分委员会、教育部高等学校电气类专业教学指导委员会、教育部高等学校自动化类专业教学指导委员会、中国机械工业教育协会自动化学科教学委员会、中国机械工业教育协会电气工程及其自动化学科教学委员会联合组织规划了"卓越工程能力培养与工程教育专业认证系列规划教材（电气工程及其自动化、自动化专业）"。本套教材通过国家新闻出版广电总局的评审，入选了"十三五"国家重点出版物出版规划项目。本套教材密切联系行业和市场需求，以学生工程能力培养为主线，以培养优秀工程师为目标，突出学生工程理念、工程思维和工程能力的培养。本套教材在广泛吸纳相关学校在"卓越工程师教育培养计划"实施和工程教育专业认证过程中的经验和成果的基础上，针对目前同类教材存在的内容滞后、与工程脱节等问题，紧密结合工程应用和行业企业需求，突出实际工程案例，强化学生工程能力的培养，积极进行教材内容、结构、体系和展现形式的改革。

经过全体教材编审委员会委员和编者的努力，本套教材陆续跟读者见面了。由于时间紧迫，各校相关专业教学改革推进的程度不同，本套教材还存在许多问题，希望各位老师对本套教材多提宝贵意见，以使教材内容不断完善提高。也希望通过本套教材在高校的推广使用，促进我国高等工程教育教学质量的提高，为实现高等教育的内涵式发展积极贡献一份力量。

卓越工程能力培养与工程教育专业认证系列规划教材
（电气工程及其自动化、自动化专业）
编审委员会

前言

　　计算机控制技术是随着人类科技和工业的发展应运而生和不断发展起来的，现在，计算机控制技术可以说已经广泛地应用于人们生产和生活的方方面面。计算机控制技术的范畴非常广泛，研究人员和工程技术人员在掌握自动控制理论和生产工艺流程原理的同时，必须掌握计算机控制系统的有关硬件、软件、控制策略、数据通信和网络技术等诸多方面的专门知识与技术，从而不但能够分析与应用，而且能够设计并实施满足实际工业生产过程需要的计算机控制系统。

　　本书是在参考了大量的文献和教材，及编者多年讲授该课程中不断梳理补充的基础上编著的。本书着眼于构建计算机控制系统的共性技术，可与单片机、嵌入式系统、数字信号处理器、可编程控制器和工业控制网络等课程构成课程组，在有限的学时中，将共性技术和专有技术相结合，可以更有效地培养学生应用知识和解决复杂工程问题的能力。

　　编者以多年教学经验为基础，对书中的内容、结构进行调整。第一，从符合学生学习规律的角度，对计算机控制技术的编写逻辑进行了梳理，力求做到内容逻辑合理、分类清楚、易于理解。例如：在绪论部分，将同类书绪论中"计算机控制系统的结构类型"一节调整到了第十一章计算机控制系统的设计及实例，用于指导学生进行计算机控制系统的整体设计，而在绪论部分以工业革命和自动化控制的发展为脉络，讲述计算机控制技术在工业和科技发展过程中的重要地位，便于学生了解；在过程通道部分，按照接口技术、数字量输入通道、数字量输出通道、模拟量输出通道和模拟量输入通道顺序进行介绍，内容从简单到复杂，且模拟量输出通道在模拟量输入通道之前介绍，是由于多数 A/D 转换原理要利用 D/A 转换，这样安排更加合理；在总线技术部分，按照内部总线、系统总线和外部总线进行了分类叙述。第二，计算机控制系统涉及的技术领域非常广，而且很多领域如通信和网络等，发展非常迅速，因此，本书补充了很多新的技术，力求使学生的知识结构更加系统和全面。例如：在过程通道部分，增加了 $\Sigma-\Delta$ 型 A/D 转换原理的介绍；在网络技术部分，引入了近年发展起来的低功耗广域网的主流协议（NB-IoT 和 LoRa），现场总线也不仅仅局限于 2003 年 IEC 61158 第 3 版的内容，而是补充介绍了之后现场总线的发展，简介了 IEC 61158 第 4 版的现场总线标准。第三，本书的目标是，通过对本书的学习，学生具备设计和实施计算机控制系统的基本能力。为了更好地达到该目标，在第十一章中，以计算机控制的单元技术和集成技术分类，给出了四个计算机控制系统的开放型的实例，并且采用了实例和任务相结合的方式进行叙述，尤其在第一个实例中，给出了设计任务和前面章节知识的关系。

本书由天津大学王超主编，孙宏军参与了第五章的编写工作，丁红兵参与了第十章的编写工作。另外，贾林、郭琪、何翰辰、张哲晓、张帅、邹萍、曹晴晴、梁潇、李亚东和张琳等研究生为本书的编写也做了大量的工作，在此，向他们表示诚挚的谢意。

由于编者水平有限，书中难免存在缺点和不足之处，希望广大读者批评指正。

王超

于天津大学

目 录 Contents

序
前 言
第一章　绪论 ··································· 1
第一节　工业革命与自动化控制 ············ 1
第二节　计算机控制概述 ····················· 2
一、计算机控制技术的工作原理 ············ 2
二、计算机控制系统的组成 ·················· 3
三、计算机控制技术的发展概况 ············ 5
四、计算机控制系统的设计步骤 ············ 6
思考题 ··· 7
第二章　计算机控制系统基础 ················ 8
第一节　计算机控制系统的采样及信号特点 ··· 8
一、计算机控制系统的信号形式 ············ 8
二、信号的采样、采样周期和采样定理 ··· 9
三、信号的保持 ································· 10
第二节　计算机控制系统的数学模型 ····· 11
一、Z 变换 ·· 11
二、数学模型 ···································· 14
思考题 ·· 15
第三章　计算机控制系统中的检测
设备和执行机构 ····················· 16
第一节　检测设备 ······························ 16
一、传感器 ······································· 16
二、变送器 ······································· 21
第二节　执行机构 ······························ 22
一、气动执行机构 ······························ 23
二、电动执行机构 ······························ 26
思考题 ·· 29
第四章　计算机控制系统中的总线技术 ··· 30
第一节　内部总线 ······························ 30
一、SPI 总线 ····································· 30
二、I^2C 总线 ··································· 31
第二节　系统总线 ······························ 32
一、ISA 总线 ···································· 32
二、PCI 总线 ···································· 33
三、PC/104 总线 ································ 34
第三节　外部总线 ······························ 35
一、RS-232 总线 ································ 35
二、RS-485 总线 ································ 36
三、USB 总线 ··································· 38
思考题 ·· 39
第五章　计算机控制系统中的过程
通道技术 ······························ 40
第一节　概述 ···································· 40
第二节　通道接口技术 ······················· 40
一、通道地址译码技术 ························ 40
二、总线接口常用芯片 ························ 44
第三节　数字量输入通道 ···················· 46
一、数字量输入通道的结构 ·················· 46
二、输入调理电路 ······························ 46
第四节　数字量输出通道 ···················· 47
一、数字量输出通道的结构 ·················· 47
二、输出驱动电路 ······························ 47
第五节　模拟量输出通道 ···················· 48
一、模拟量输出通道的结构 ·················· 48
二、多路转换器（多路开关） ·············· 49
三、采样/保持器 ································ 49
四、D/A 转换技术 ······························ 51
第六节　模拟量输入通道 ···················· 54
一、模拟量输入通道的结构 ·················· 54
二、信号处理 ···································· 55
三、采样/保持的应用 ·························· 59
四、A/D 转换技术 ······························ 60
思考题 ·· 68
第六章　计算机控制系统中的抗
干扰技术 ······························ 69
第一节　干扰的形成 ··························· 69
一、干扰的来源 ································· 69
二、干扰的作用途径 ··························· 69
三、干扰的作用形式 ··························· 71
第二节　硬件抗干扰技术 ···················· 71

一、共模干扰的抑制 …………………… 71
二、串模干扰的抑制 …………………… 73
三、长线传输干扰的抑制 ……………… 73
四、供电系统的抗干扰技术 …………… 74
五、接地技术 …………………………… 75
第三节　软件抗干扰技术 ………………… 76
一、数字量输入/输出通道的软件抗
干扰技术 …………………………… 76
二、模拟量输入通道的采样数据的合理
性判别及报警 ……………………… 76
三、模拟量输入通道采样数据的数字
滤波方法 …………………………… 77
四、软件冗余技术 ……………………… 80
五、程序运行失常的软件抗干扰 ……… 80
思考题 ……………………………………… 81

第七章　计算机控制系统中的通信技术 … 82
第一节　通信系统的性能指标 …………… 82
一、有效性指标 ………………………… 82
二、可靠性指标 ………………………… 83
第二节　数据的传输方式 ………………… 83
一、串行传输与并行传输 ……………… 83
二、同步传输与异步传输 ……………… 84
三、通信线路工作方式 ………………… 85
第三节　信号的传输模式 ………………… 85
一、信道的频率特性 …………………… 85
二、基带传输 …………………………… 86
三、载波传输 …………………………… 86
四、宽带传输 …………………………… 87
第四节　数据编码 ………………………… 87
一、数据的编码 ………………………… 87
二、数字码元编码 ……………………… 88
三、模拟码元编码 ……………………… 90
第五节　通信数据的差错校验 …………… 90
一、奇/偶校验 ………………………… 90
二、校验和 ……………………………… 90
三、循环冗余码校验 …………………… 91
第六节　基于异步传输的系统构建 ……… 92
一、主从方式通信 ……………………… 92
二、自定义串行协议通信系统的设计 … 92
三、Modbus 协议 ……………………… 94
四、透明传输技术 ……………………… 98
五、热网计量监控系统 ………………… 101
思考题 ……………………………………… 102

第八章　计算机控制系统中的网络
技术 ………………………………… 104
第一节　计算机网络概述 ………………… 104
一、计算机网络的分类 ………………… 104
二、因特网（Internet） ……………… 106
第二节　计算机网络互联与协议 ………… 106
一、计算机网络的系统结构 …………… 106
二、网络互联设备 ……………………… 108
三、网络传输介质的访问控制方式 …… 109
第三节　控制网络与现场总线 …………… 112
一、控制网络 …………………………… 112
二、现场总线 …………………………… 113
三、代表性现场总线简介 ……………… 115
第四节　无线网络 ………………………… 126
一、无线网络概述 ……………………… 126
二、无线个人区域网 …………………… 126
三、无线局域网 ………………………… 127
四、无线城域网与无线广域网 ………… 128
思考题 ……………………………………… 131

第九章　计算机控制系统中的控制策略
与实现 ……………………………… 132
第一节　数据处理方法 …………………… 132
一、线性标度变换 ……………………… 132
二、非线性标度变换 …………………… 133
第二节　数字 PID 控制算法 ……………… 133
一、标准数字 PID 控制算法 …………… 134
二、数字 PID 控制算法的改进 ………… 135
三、数字 PID 控制参数的整定 ………… 137
第三节　基于数字 PID 控制的复杂
控制系统 ………………………… 138
一、串级控制系统 ……………………… 139
二、前馈控制系统 ……………………… 139
三、纯迟延补偿控制系统 ……………… 140
四、解耦控制系统 ……………………… 140
第四节　模型预测控制 …………………… 142
一、模型算法控制 ……………………… 143
二、动态矩阵控制 ……………………… 146
三、预测控制系统的参数选择 ………… 150
四、预测控制仿真计算工具 …………… 153
第五节　其他先进控制策略简介 ………… 155
一、自适应控制 ………………………… 155
二、模糊控制 …………………………… 156

三、专家控制 ……………………………… 157
四、神经网络控制 ………………………… 157
第六节 控制策略的工程实现 ……………… 158
一、给定值处理 …………………………… 158
二、被控量处理 …………………………… 159
三、偏差处理 ……………………………… 159
四、控制策略的实现 ……………………… 160
五、控制量处理 …………………………… 161
六、自动/手动切换 ……………………… 161
思考题 ………………………………………… 163

第十章 计算机控制系统中的软件技术

第一节 计算机控制系统软件概述 ………… 164
一、计算机控制系统软件的功能模块 …… 164
二、计算机控制系统软件的开发工具 …… 165
三、计算机控制系统软件的设计流程 …… 166
第二节 监控组态软件 ……………………… 168
一、组态软件的含义 ……………………… 168
二、组态软件的地位 ……………………… 169
三、组态软件的系统构成 ………………… 170
四、组态软件的使用步骤 ………………… 171
第三节 计算机控制系统中的数据库 ……… 172
一、数据库系统概述 ……………………… 172
二、实时数据库 …………………………… 175
思考题 ………………………………………… 178

第十一章 计算机控制系统的设计及实例

第一节 计算机控制系统的结构类型 ……… 179
一、数据采集系统 ………………………… 179
二、操作指导系统 ………………………… 180
三、直接数字控制 ………………………… 180
四、监督控制系统 ………………………… 181
五、集散控制系统 ………………………… 181
六、现场总线控制系统 …………………… 182
第二节 计算机控制系统的设计与实施 …… 182
一、计算机控制系统设计原则 …………… 183
二、计算机控制系统的设计与实现 ……… 184
三、控制系统的调试与投运 ……………… 191
第三节 计算机控制系统的设计案例 ……… 192
一、计算机控制的单元技术实例——
温度控制器设计 ……………………… 192
二、计算机控制的集成技术实例（小型）
——橡胶护舷硫化控制系统 ………… 195
三、计算机控制的集成技术实例（中型）
——啤酒发酵过程计算机控制系统 … 197
四、计算机控制的集成技术实例（大型）
——火电厂发电机组 DCS 控制系统 … 200
思考题 ………………………………………… 204

参考文献 …………………………………… 205

第一章

绪　论

　　计算机控制技术是随着人类科技和工业的发展应运而生并不断发展起来的。它的应用领域非常广泛，不仅是国防、航天航空、制导等高精尖学科不可或缺的组成部分，而且在现代化工、农、医等领域也发挥着越来越重要的作用。本节首先以工业革命和自动化控制的发展为脉络，概述计算机控制技术在工业和科技发展过程中的重要地位；其次，介绍计算机控制技术的工作原理、计算机控制系统的组成和设计步骤；最后，从单元技术和集成技术的角度介绍计算机控制技术的概况。

第一节　工业革命与自动化控制

　　第一次工业革命开始于 18 世纪 60 年代，以机器取代人力，以大规模机械化取代个体手工生产，被称为"机器时代"。蒸汽是这个时代主要的动力源，因此也称为"蒸汽时代"。在这一阶段，已经有了一些基于机械原理的控制装置，如 1788 年，瓦特利用离心力原理研制出了使蒸汽机转速保持恒定的离心调速器（见图 1-1 和图 1-2）。

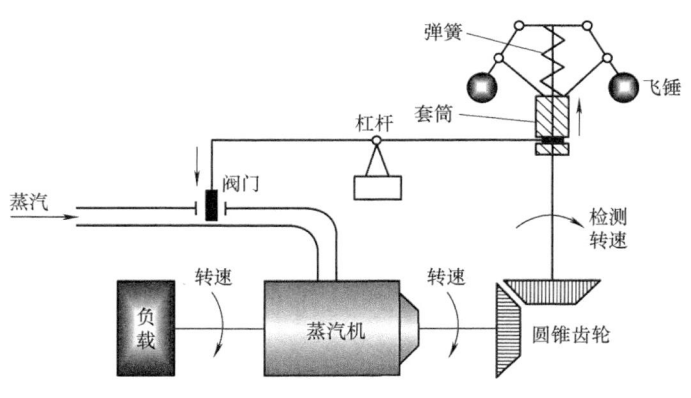

图 1-1　离心调速器原理

　　19 世纪中期的第二次工业革命实现了电力驱动装置的规模化生产。随着电磁感应、发电机（见图 1-3）和电动机等的发明和应用，人类进入了"电气时代"，电能迅速取代了蒸汽能。随着电的使用，很多电气和电子元器件相继问世，继电器、电阻、电容、电感、电位器和放大器等陆续应用于自动控制系统，构成模拟控制系统，使控制性能得到了提升。

　　第二次世界大战后，第三次工业

图 1-2　瓦特发明的离心调速蒸汽机模型

革命使人类进入到了"信息时代"。在这一阶段，计算机的出现对自动化的发展至关重要。自从1946年第一台电子计算机诞生以来，计算机已从使用电子管、晶体管、中小规模集成电路发展到了使用大规模、超大规模集成电路，其体积越来越小，成本却越来越低，这就为在自动化领域广泛采用计算机奠定了基础。从20世纪60年代开始，随着计算机应用于自动化领域，自动化技术

图1-3 发电机实例

发生了根本的转变，由处理连续时间变量转变为处理离散时间变量，由处理模拟量转变为处理数字量。这一阶段可以被称为"数字化"。从20世纪70年代开始，随着微型计算机的普及和计算机网络的发展，针对小型计算机控制系统的单元技术和针对大中型计算机控制系统的集成技术都得到长足的发展。

如今，以工业4.0、人工智能等为标志的新一轮科技革命和产业变革已经开始，工业界以信息物理系统的形式建立全球网络，整合其所有资源，大数据、云计算和人工智能等正在赋予自动化以及计算机控制更大的能量。

第二节 计算机控制概述

一、计算机控制技术的工作原理

一个按偏差进行控制的简单控制系统的工作原理如图1-4a所示。当系统由于给定值或外界干扰的变化出现偏差时，控制器便根据此偏差按预先设置的控制规律进行运算，然后输出一个变化了的控制量 u 到执行机构，使其对被控对象产生一个能减小偏差的控制作用。这个过程不断进行，直到偏差小到满足控制要求为止。

在以前很长一段时间里，如图1-4a所示的控制器是模拟调节器，称之为模拟控制系统。随着计算机的普及特别是微处理器的性能价格比不断提高，模拟调节器逐渐由计算机"取代"，形成现在所说的计算机控制系统。顾名思义，计算机控制系统强调计算机是构成整个控制系统的核心，如图1-4b所示。

被控对象是多种多样的，在工业生产过程中以温度、压力、流量、液位等模拟物理量为主，虽然已有检测仪表将这些物理量转换为电流或电压，但它们仍然是连续的模拟电量。而计算机处理信息以数字量作为基础，所以必须要有A/D转换装置先将模拟量转换为数字量后送入计算机处理；而当作为控制器的计算机根据输入量计算出应该输出的数字控制量时，必须采用D/A转换装置将其转换为模拟量，才可输送到执行机构上。

若被控变量不是模拟量，而是开关量（数字量），则计算机控制系统需要用开关量输入/输出通道进行信号的传输，而不能直接将被控过程与计算机相连。用于计算机与被控过程之间信号传输的转换装置通常被称为过程输入/输出通道，简称过程通道。

在实际的工业生产过程控制中，一般不会用图1-4所示的单回路控制系统，而是根据具体情况灵活地构成整个系统，不同系统之间的体系结构有可能差别很大，故存在"控制工程师首先是系统工程师（即设计控制系统的出发点应是使整个系统性能最优）"的说法。

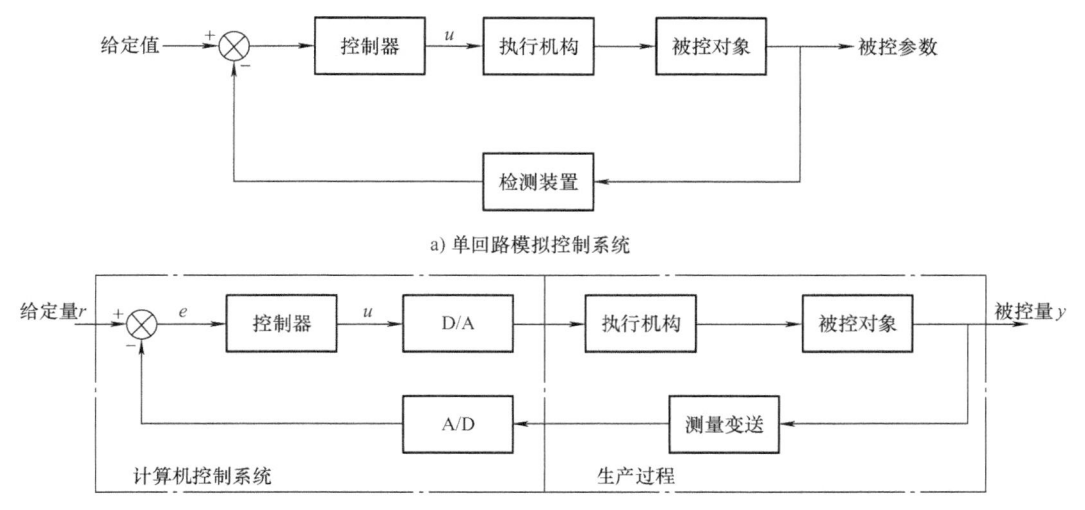

a) 单回路模拟控制系统

b) 单回路计算机控制系统

图 1-4　单回路控制系统示意图

在计算机控制系统中，计算机不仅可以完成基本的控制任务，还可以充分发挥其优势，使控制系统的功能更趋完善，在现代化的工业中起到越来越重要的作用。一般地，计算机在控制系统中至少有以下三个基本作用。

（一）实时数据处理

巡回采集来自测量变送装置的瞬时数据，并进行分析处理、性能计算以及显示、记录、制表等。

（二）实时监督决策

对系统中的各种数据进行越限报警、事故预报与处理，根据需要进行设备自动启停，对整个系统进行诊断与管理等。

（三）实时控制及输出

按照给定的控制策略和实时的生产情况，实现在线、实时控制。

二、计算机控制系统的组成

不考虑被控的工业对象，计算机控制系统的组成如图 1-5 所示。

图 1-5 中各主要部分在系统中的作用简述如下。

（一）主机

主机由 CPU、ROM、RAM 组成，是计算机控制系统的核心。它根据采集到的实时信息按照预先存在内存储器中的程序，自动进行信息处理和运算，及时选择相应的控制策略，并将控制作用立即输出到生产过程。

（二）外设

常用的外设（外部设备）按功能不同可分为输入设备、输出设备和外存储器。常用的输入设备如键盘终端，用来输入程序、数据和操作命令；常用的输出设备如 CRT 显示器、打印机、绘图机等，用于显示、打印生产的操作状况、性能指标、生产报表等；常见的外存储器是磁盘、磁带、光盘等，它们兼有输入和输出两种功能。

（三）过程输入/输出接口

过程输入/输出接口包括模拟量和开关量两大类。它们是计算机与生产过程之间信息交换的桥梁，是计算机控制系统中必不可少的部分。

（四）人机接口设备

人机接口设备包括显示器、键盘、专用的操作显示面板或操作显示台等。它们一方面显示生产过程状况，另一方面供生产操作人员操作和显示操作结果。操作人员通过人机接口设备与计算机进行信息交换。

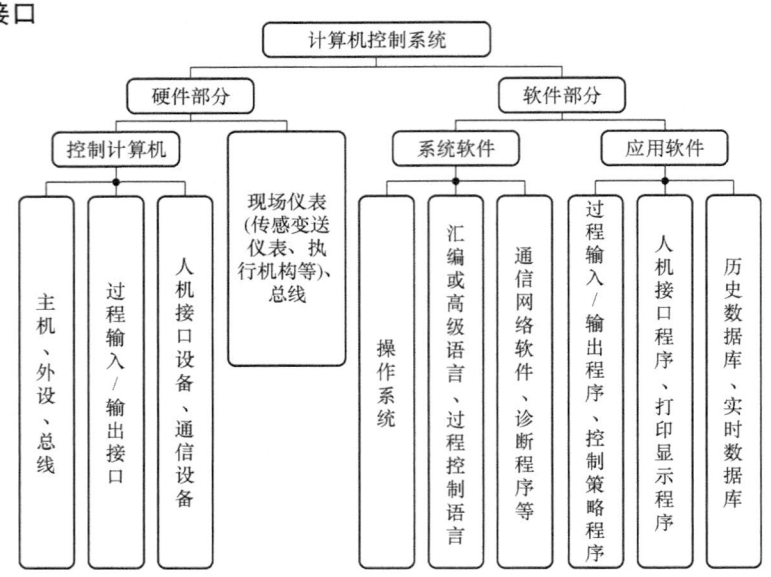

图1-5　计算机控制系统的组成

（五）通信设备

通过通信设备，不同地理位置、不同功能的计算机之间或计算机与设备之间可以进行信息交换。当多台计算机或设备构成计算机网络时，通信设备尤显重要。

（六）现场仪表

现场仪表包括检测设备和执行机构。检测设备的任务是信号的检测、变换、放大和传送，将生产过程中的各种物理量转换成计算机能接收的电信号；执行机构则完成计算机输出控制的执行任务。由于直接与生产过程连接，因此它们在计算机控制系统中占有重要的地位。

（七）总线

总线分为内部总线、系统总线与外部总线三大类。其中，内部总线是计算机内部各外围芯片与处理器之间的总线，用于芯片一级的互联；系统总线是计算机中各插件板与系统板之间的总线，用于插件板一级的互联；外部总线则是微机和外部设备之间的总线，微机作为一种设备，通过该总线和其他设备进行信息与数据交换，它用于设备一级的互联。

（八）系统软件

系统软件可分为通用和专用两类。通用软件指一般计算机使用的软件，如Windows、Visual Basic和Oracle等；专用软件指控制计算机特有的软件，如组态软件。它管理计算机的内存、外设等硬件设备，为用户使用计算机创造条件，同时为用户编制应用软件提供环境和方便。

（九）应用软件

应用软件是系统设计人员针对具体生产过程编制的控制和管理程序，是控制计算机在特定环境中完成某种控制功能所必需的软件。一般包括过程输入/输出程序、过程控制程序、人机接口程序、打印显示程序及各种公共子程序等。应用软件涉及生产工艺、控制理论、控制设备等各方面知识，通常由用户自行编制或根据具体情况在商品化软件的基础上自行组态以及做少量特殊应用的开发。

三、计算机控制技术的发展概况

计算机从根本上改变了自动化控制的实现方式。计算机属于数字化设备，用作控制器时，控制方法和控制参数在计算机里只是一组程序，可以很方便地进行修改，而且，无论是简单还是复杂的控制算法，都一样可以实现，因此计算机在控制领域迅速得以推广和普及。目前，实际运行的控制系统绝大部分都是数字化的，包括很多家用电器以及汽车的控制装置。

计算机控制中的计算机不是狭义的 PC，一般泛指数字化控制装置，主要包括单片机、数字信号处理器（Digital Signal Processor，DSP）、工业控制计算机（Industrial Personal Computer，IPC，简称"工控机"）和可编程控制器（Programmable Logic Controller，PLC）等。

单片机在计算机家族里体积小、价格便宜，但应用非常普遍，例如，在一辆普通轿车里常常有几十片单片机在工作；另外，控制仪表、空调、洗衣机等的核心控制芯片一般也是单片机。DSP（见图 1-6）的计算和处理功能相当强大，早期主要用

图 1-6　数字信号处理器（DSP）

于信号处理领域，价格比较昂贵，但随着计算机技术的发展，其价格不断降低，近年来，DSP 在控制领域的应用也越来越多。

工控机（见图 1-7）的工作原理与普通计算机大同小异，主要区别是配备了一些专门用于工业控制的输入/输出接口，提高了工作可靠性，并特别加强了针对工业环境的抗干扰措施。另外，为了满足不同控制任务的可扩展需求，采用了无源底板结构，扩展插槽的数量和位置可根据需要进行选择。

a) 机箱

b) 无源底板

图 1-7　工控机

PLC（见图1-8）包含了逻辑运算、顺序控制、算术运算及定时和计数等功能，是专为工业应用而设计的，早期主要在工业生产中用于逻辑及顺序控制，以取代传统的继电器控制方式。后来PLC又增加了PID控制、电动机调速控制等新的功能模块，可以进行不间断的反馈调节，应用范围越来越广。现在的PLC产品几乎都已具备联网和通信功能，可与计算机构成网络化的控制系统。

图1-8 可编程控制器（PLC）

早期的计算机价格比较昂贵、体积也比较庞大，因此，用于控制领域时，一般采用"集中控制"方式，即用一台计算机同时控制多台机器或设备，检测装置轮流采集机器或设备的相关信息，传送给计算机，计算机按事先确定好的方式和算法计算出所需要的控制量，并轮流输出给每台机器或设备。后来，由于计算机价格不断下降，体积也不断缩小，出现了一台计算机只完成相对单一的控制任务的方式，这种方式在今天也很常见，如冰箱、空调等通常用一个单片机就能完成控制任务。本书将这类计算机控制技术归为"计算机控制的单元技术"，重点在于设计控制器或模块，主要针对小型控制系统。

网络技术的发展给自动化控制提供了新的契机，通过网络把各个系统连接起来，可以实现管理与控制功能的一体化，可以对各个系统的相关参数进行统一调整，使所有的系统都能够协调地工作，实现整体的优化运行。具有代表性的主要有用于机械制造业的计算机集成制造系统（Computer Integrated Manufacturing System，CIMS），用于石油、化工、钢铁等生产过程的集散控制系统（Distributed Control System，DCS）和计算机集成过程系统（Computer Integrated Process System，CIPS），以及将控制彻底分散化的现场总线控制系统（Fieldbus Control System，FCS）等。本书将这类计算机控制技术归为"计算机控制的集成技术"，重点在于利用商业化的设备进行集成，主要针对大中型控制系统。

四、计算机控制系统的设计步骤

计算机控制是一门实践性非常强的技术，不但需要有自动控制理论和计算机控制技术作为基础，而且需要熟悉被控工业过程，并对组成自动化系统所必需的自动化仪表有相当的了解。虽然工业过程计算机控制系统所控制的对象各不相同，控制方案与具体设计指标也不同，但是系统设计与实现的原则却是相同的，即可靠性高，操作性好，实时性强，具有一定的通用性（至少在同行业可以推广），潜在经济效益高。

设计与实现过程计算机控制系统的一般步骤可分成如下几步。

（一）总体设计

在设计控制系统之前，要全面了解该被控工业过程，与工艺技术人员一起在需求分析的基础上确定总体的控制方案，包括确定计算机控制系统的结构，系统中的被控变量、控制变量、检测量及现场仪表安装位置、报警参数等，并计算出系统总的资金投入与实施计算机控制系统后可获得的社会效益和经济效益。

（二）建立数学模型

采用过程机理分析、系统辨识或两者相结合的方法，建立被控对象的静态和动态的数学模型，并在可能的条件下进行模型的校正。

（三）控制系统综合

对设计的控制系统提出满足一定经济指标及技术指标的目标函数，并寻求合适的满足所提出目标函数的控制规律。例如，在最优控制中广泛采用二次型目标函数，运用极大值原理或动态规划，求出最优控制规律，使目标函数取到极小值。这里往往利用已建好的数学模型，采用计算机辅助方法设计控制系统，并进行各种条件下的计算机数字仿真。

（四）计算机硬件与控制系统工程化设计

对计算机控制系统的硬件提出具体的设计要求，包括对计算机主机及相应外部设备、过程信号检测及变送仪表、过程输入/输出接口设备、供电电源及机房、抗干扰措施等提出要求并予以实现。

（五）计算机软件设计

在硬件设计的基础上或在硬件设计的同时，确定该计算机控制系统的系统软件，包括建立管理和控制该生产过程的实时操作系统，选择软件开发平台等，然后针对实际问题开发具体的应用软件。

（六）调试与完善

在计算机控制系统安装完毕之后，对控制系统进行试运行，例如，先进行控制系统的开环运行，然后在确保无误的前提下投入闭环。在此过程中，针对投运中出现的具体问题进行及时处理与改进，逐步完善系统的所有功能。

由于不同的被控对象对控制系统的控制要求不同，所以上述设计与实现的步骤也可能不会与实际完全相符，有些步骤可根据具体情况进行调整。

思 考 题

1. 计算机控制系统是在第几次工业革命中产生的？
2. 计算机控制系统与模拟控制系统相比有什么异同？
3. 计算机控制系统有哪些组成部分？
4. 计算机控制中的计算机不是狭义的PC，请列举常用的数字化控制装置有哪些？
5. 设计一个计算机控制系统有哪些主要步骤？

第二章 计算机控制系统基础

计算机控制系统的理论基础是自动控制理论与技术、计算机技术。本章首先从计算机控制系统的信号特点出发，简要介绍计算机控制系统的基础理论，主要包括采样、采样定理、采样周期的概念以及离散系统的数学模型、离散控制系统的分析方法等。

第一节 计算机控制系统的采样及信号特点

一、计算机控制系统的信号形式

计算机控制系统控制的往往是随时间连续变化的物理量，而计算机 CPU 是以数字量形式处理信息的，所以计算机控制系统往往是模拟信号与数字信号并存的混合系统。从信息传输的观点，系统中信息的变换与处理过程如图 2-1 所示。从图中可以看出：物理模拟量通过测量变送后转换成相应的电压或电流信号 $y(t)$，采样器定时采入此模拟信号，通过 A/D 转换器转换成计算机能够处理的数字量 $y(kT)$ 并送入计算机。计算机按预定控制策略经数学运算和逻辑处理等，得到应该输出的数字信号 $u(kT)$，经 D/A 转换器和保持器，将离散信号 $u(kT)$ 转换为连续信号 $u(t)$，再把此信号输出到执行机构上，施加于被控对象。所以计算机控制系统的工作过程可以看成是信号的采集、处理和输出的过程。在这个过程中，信号在时间上有连续信号与离散信号之分，在量值上有模拟量与数字量之分，综合起来共有以下四种形式。

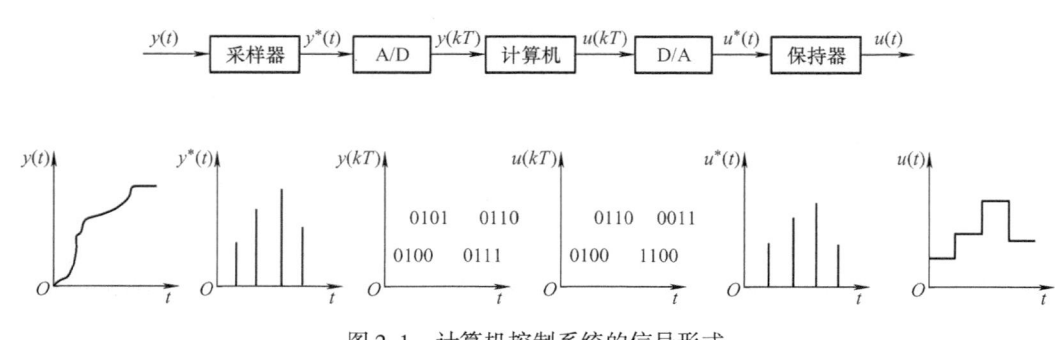

图 2-1 计算机控制系统的信号形式

1) 连续模拟信号如各测量变送器的输出信号 $y(t)$ 及经 D/A 转换后保持器的输出信号 $u(t)$ 均为连续时间与量值的信号。

2) 离散模拟信号如采样器的输出 $y^*(t)$ 和 D/A 转换器的输出 $u^*(t)$，它们是周期性或非周期性的脉冲序列信号，在相邻两脉冲之间没有输出。对周期性信号而言，任何相邻两脉冲之间的间隔就叫采样周期 T。

3）连续数字信号在时间上虽是连续的，但在量值上已由模拟量转化为由数码表示信号的大小，如在计算机内部存储和处理的信号。

4）离散数字信号在时间上是离散的，量值由数码表示，如 A/D 转换器的输出 $y(kT)$ 及计算机输出 $u(kT)$。

从离散模拟信号 $y^*(t)$ 到数字信号 $y(kT)$ 的变化过程称为量化，即用一组二进制数码来逼近采样得到的模拟信号值。由于计算机字长有限，所以量化过程会带来量化误差。量化误差的大小取决于量化单位 q，若被转换的模拟量电信号满量程为 M，转换成二进制数字量（A/D）的位数为 n，则量化单位 q 定义为 $q = M/2^n$，而量化误差定义为 $e = \pm q/2$。显然，n 越大，量化误差越小；但 n 过大会导致计算上有效字长的增加。

二、信号的采样、采样周期和采样定理

把时间和量值上均连续的模拟信号，按一定的时间间隔 T（该间隔称为采样周期）转变为只在瞬时 $0, 1T, 2T, \cdots, kT$ 才有脉冲输出信号的过程称为采样过程。实现采样的装置称为采样器或采样开关，如图 2-2 所示。采样器的输入信号 $y(t)$ 称为原信号，采样器的输出信号 $y^*(t)$ 称为采样信号。

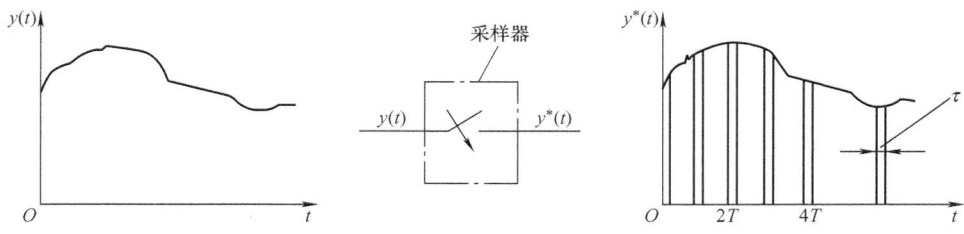

图 2-2 采样过程示意图

在图 2-2 中，当采样开关的闭合时间 τ 远远小于采样周期 T 时，可以将实际采样开关看成是理想采样开关（接通电阻为零，断开电阻为无穷大），并认为采样信号 $y^*(t)$ 是原信号 $y(t)$ 在采样开关闭合时的瞬时值。经 A/D 转换后，采样信号 $y^*(t)$ 转变成数字脉冲序列 $y(T), y(2T), \cdots, y(kT)$。$y^*(t)$ 和 $y(kT)$ 之间仅差 A/D 转换过程中的量化误差。采样信号 $y^*(t)$ 可以描述为

$$y^*(t) = y(t) \sum_{k=0}^{+\infty} \delta(t - kT) \tag{2-1}$$

式中，$\delta(t - kT)$ 表示发生在 $t = kT$ 时刻的理想采样脉冲。

因为已假设为理想采样脉冲，所以 $y^*(t)$ 只与 $y(t)$ 在脉冲出现瞬间的值 $y(kT)$ 有关，而与采样时刻以外的值无关。因而，可将式(2-1)改写为

$$y^*(t) = \sum_{k=0}^{+\infty} y(kT) \delta(t - kT) \tag{2-2}$$

在计算机控制系统中，合理选择采样周期 T 是非常必要的，T 过大会损失必要的信息，T 过小会使计算机的负担加重，即存储与运算的数据过多。香农采样定理给出了合理选择 T

的理论指导原则。设原信号频谱的最高频率为 $\omega_{\max}$，采样频率为 ω_s，则采样定理指出，采样信号 $y^*(t)$ 唯一地复现原信号 $y(t)$ 所必需的最低采样频率 ω_s 必须满足 $\omega_s \geq 2\omega_{\max}$ 或 $T \leq \pi/\omega_{\max}$ 的条件。也即采样频率必须大于原信号频谱中最高频率的两倍，才能根据采样信号 $y^*(t)$ 唯一地复现原信号 $y(t)$。τ 的选择应保证在 τ 间隔内，原信号基本保持不变，同时 τ 应尽可能小些，以便在采样时间 T 以内实现多路采样。

三、信号的保持

由于采样信号仅在采样时刻有输出值，其余时刻的输出均为零，所以在两次采样的中间，如何保持采样信号是实现计算机控制的另一个重要问题，即在满足采样定理的条件下，应该将离散采样信号恢复为被控对象能够感知的连续模拟信号。恢复的方法是采用保持器。

保持器的原理是根据现在或过去时刻的采样值，用常数、线性函数和抛物线函数等去逼近两个采样时刻之间的原信号，相应的保持器可分为零阶保持器、一阶保持器和高阶保持器。其中零阶保持器是最常用的一种信号保持器，其信号的保持过程如图 2-3 所示。

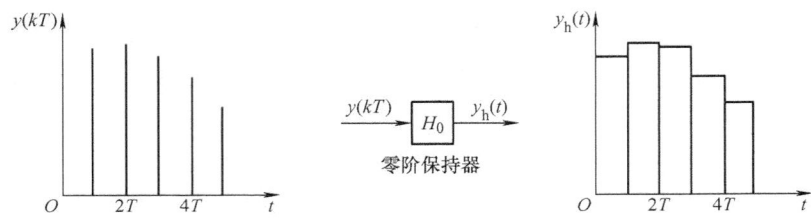

图 2-3 零阶保持器的信号保持过程

从图 2-3 中可以看出，零阶保持器的作用是把当前采样时刻 kT 的采样值 $y(kT)$ 简单地保持到下一个采样时刻 $(k+1)T$，也就是说，零阶保持器由 kT 时刻的采样值 $y(kT)$ 按常数外推，直至下一个采样时刻 $(k+1)T$ 到来后，换成新的采样值 $y[(k+1)T]$，继续外推。即
$$y_h(kT+t) = y(kT), 0 \leq t < T, k = 0, \pm 1, \pm 2, \cdots$$

由零阶保持器将采样信号 $y(kT)$（图 2-3 中折线的顶点值）转换成的连续模拟信号 $y_h(t)$ 与原信号 $y(t)$ 的比较如图 2-4 所示。由图可知，只有当采样周期 T 足够小时，保持器的恢复信号 $y_h(t)$ 才会比较接近原信号 $y(t)$。根据零阶保持器的特性，可得其传递函数为
$$H(s) = \frac{1 - e^{-Ts}}{s} \qquad (2-3)$$

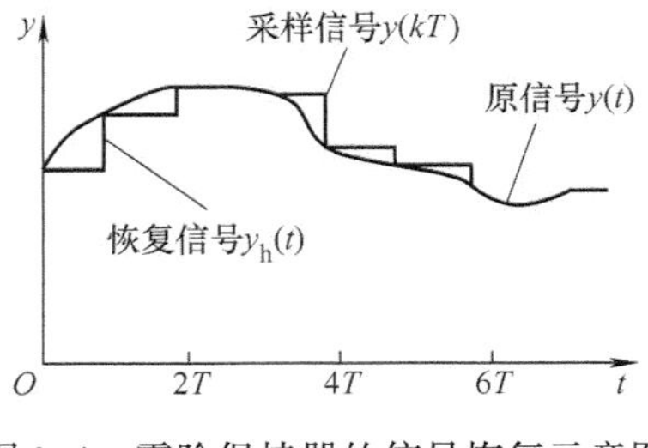

式中，T 为采样周期；s 为拉普拉斯（Laplace）算子。在计算机控制系统中，D/A 转换器通常具有零阶保持器的功能。

图 2-4 零阶保持器的信号恢复示意图

一阶保持器具有一阶多项式的形式，即
$$y_h(kT+t) = a_1 t + a_0 \qquad (2-4)$$

由于 $y_h(kT) = y(kT)$
$$y_h[(k-1)T] = y[(k-1)T]$$

令 $t=0$ 和 $t=-T$，可得到

$$a_0 = y(kT)$$

$$a_1 = \frac{y(kT) - y[(k-1)T]}{T}$$

故一阶保持器可用下式来描述

$$y_h(kT+t) = \frac{y(kT) - y[(k-1)T]}{T}t + y(kT), 0 \leq t < T, k = 0, \pm 1, \pm 2, \cdots \quad (2\text{-}5)$$

同理可得高阶保持器的描述形式，但一般不予采用。因为虽然它可以减少输出的波动程度，但把固有的滞后引入了系统的响应中；同时对噪声太灵敏，且实现起来比较麻烦。

第二节　计算机控制系统的数学模型

一、Z 变换

Z 变换是由拉普拉斯变换引出的，可以看作是拉普拉斯变换的变形。

（一）Z 变换的定义

设连续函数 $y(t)$ 是可以进行拉普拉斯变换的，它的拉普拉斯变换被定义为

$$y(s) = L[y(t)] = \int_{-\infty}^{+\infty} y(t)e^{-st}dt \quad (2\text{-}6)$$

$y(t)$ 被采样后的脉冲采样函数 $y^*(t)$ 为

$$y^*(t) = \sum_{k=0}^{+\infty} y(kT)\delta(t-kT) \quad (2\text{-}7)$$

它的拉普拉斯变换式为

$$Y^*(s) = L[y^*(t)] = \int_{-\infty}^{+\infty} y^*(t)e^{-st}dt$$

$$= \int_{-\infty}^{+\infty} \left[\sum_{k=0}^{+\infty} y(kT)\delta(t-kT)\right]e^{-st}dt \quad (2\text{-}8)$$

$$= \sum_{k=0}^{+\infty} y(kT)\left[\int_{-\infty}^{+\infty} \delta(t-kT)\right]e^{-st}dt$$

根据广义脉冲函数 $\delta(t)$ 的性质：

$$\int_{-\infty}^{+\infty} \delta(t-kT)e^{-st}dt = e^{-skt} \quad (2\text{-}9)$$

所以

$$Y^*(s) = \sum_{k=0}^{+\infty} y(kT)e^{-skT} \quad (2\text{-}10)$$

式(2-10) 中，$Y^*(s)$ 是脉冲采样函数的拉普拉斯变换式，因复变量 s 含在指数 e^{-skT} 中不便计算，故引进一个新变量。令

$$z = e^{sT} \quad (2\text{-}11)$$

将式(2-11) 代入式(2-10) 中，可以得到以 z 为变量的函数，即

$$Y^*(z) = \sum_{k=0}^{+\infty} y(kT)z^{-k} \tag{2-12}$$

式(2-12)被定义为采样函数 $y^*(t)$ 的 Z 变换。在 Z 变换过程中,由于仅仅考虑采样时刻的采样值,所以式(2-12)只能表征采样函数 $y^*(t)$ 的 Z 变换,即只能表征连续时间函数 $y(t)$ 在采样时刻上的特性,而不表征采样点之间的特性。我们习惯称 $Y(z)$ 是 $y(t)$ 的 Z 变换,指的是 $y(t)$ 经采样后 $y^*(t)$ 的 Z 变换,即

$$z[y(t)] = z[y^*(t)] = Y(z) = \sum_{k=0}^{+\infty} y(kT)z^{-k} \tag{2-13}$$

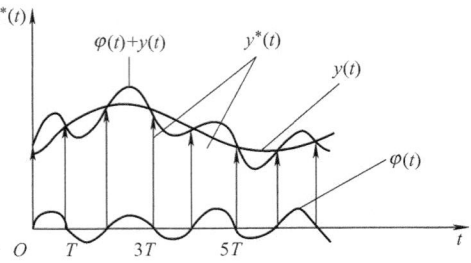

图 2-5 采样时刻为零的函数 $\varphi(t)$ 的影响

这里应特别指出 Z 变换的非一一对应性,任何采样时刻为零的函数 $\varphi(t)$（见图 2-5）与 $y(t)$ 相加,得曲线 $y(t) + \varphi(t)$,将不改变 $y^*(t)$ 的采样值,因而它们的 Z 变换相同。由此可见,采样函数 $y^*(t)$ 与 $Y(z)$ 是一一对应的,$Y(s)$ 与 $y(t)$ 是一一对应的,而 $Y(z)$ 与 $y(t)$ 不是一一对应的,一个 $Y(z)$ 可有无穷多个 $y(t)$ 与之对应。

（二）Z 变换的方法

求取采样函数的 Z 变换有多种方法,下面介绍几种常用方法。

1. 级数求和法

它是利用式(2-13)直接展开而得,下面举例说明。

【例 2-1】 求单位阶跃函数 $1(t)$ 的 Z 变换

解: 单位阶跃函数 $1(t)$ 在任何采样时刻的值均为 1（见图 2-6）,即
$$y(kT) = 1(kT) = 1, k = 0,1,2,\cdots$$

代入式(2-13)中,得

$$Y^*(z) = \sum_{k=0}^{+\infty} y(kT)z^{-k} = 1z^0 + 1z^{-1} + 1z^{-2} + \cdots + 1z^{-k} + \cdots \tag{2-14}$$

将式(2-14)两边乘以 z^{-1},有

$$z^{-1}Y^*(z) = z^{-1} + z^{-2} + z^{-3} + \cdots + z^{-k} + \cdots \tag{2-15}$$

上两式相减,得

$$Y^*(z) - z^{-1}Y^*(z) = 1 \tag{2-16}$$

所以

$$Y^*(z) = \frac{1}{1 - z^{-1}} = \frac{z}{z-1} \tag{2-17}$$

式(2-14)为单位阶跃函数 Z 变换的级数展开式,式(2-17)为其闭合形式。

从式(2-14)可以清楚地看出原函数在各个采样时刻采样值的大小及分布情况,z^{-k} 可以看作时序变量。另外从式(2-14)也可以看出,已知一连续函数 $y(t)$,可以很容易地写出 Z 变换的级数展开式。但是由于无穷级数是

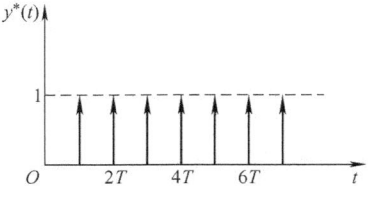

图 2-6 单位阶跃函数序列

开放的,在运算中不方便,因此往往希望求出其闭合形式,这就需要一定技巧。

2. 部分分式法

设连续函数 $y(t)$ 的拉普拉斯变换 $Y(s)$ 为有理函数,具体形式如下:

$$Y(s) = \frac{M(s)}{N(s)} \tag{2-18}$$

式中,$M(s)$ 与 $N(s)$ 都是复变量 s 的多项式,若将 $Y(s)$ 分解成部分分式形式:

$$Y(s) = \sum_{i=1}^{n} \frac{A_i}{s + a_i} \tag{2-19}$$

它是相应的连续时间函数,$y(t)$ 为诸指数函数 $A_i e^{-a_i t}$ 之和,这样利用已知的典型函数 Z 变换,便可求出相应的 Z 变换。现举例说明此方法。

【例 2-2】 求 $Y(s) = \dfrac{a}{s(s+a)}$ 的 Z 变换。

解:因为 $Y(s) = \dfrac{a}{s(s+a)} = \dfrac{1}{s} - \dfrac{1}{s+a}$ 与 $\dfrac{1}{s}$ 相对应的连续时间函数是 $1(t)$,相应的 Z 变换是 $\dfrac{1}{1-z^{-1}}$,它与 $\dfrac{1}{s+a}$ 相对应的连续时间函数是 e^{-at},相应的 Z 变换是 $\dfrac{1}{1-e^{-aT}z^{-1}}$,因而

$$Y(z) = \frac{1}{1-z^{-1}} - \frac{1}{1-e^{-aT}z^{-1}} = \frac{(1-e^{-aT})z^{-1}}{(1-z^{-1})(1-e^{-aT}z^{-1})}$$

部分分式法是在工程计算中常用的方法,即将 $Y(s)$ 分解成部分分式后,可由拉普拉斯变换和 Z 变换表直接写出 Z 变换式。

3. 留数计算法

若已知连续时间函数 $y(t)$ 的拉普拉斯变换式 $Y(s)$ 及全部极点 s_i($i=1,2,3,\cdots,m$),则 $y(t)$ 的 Z 变换可由下面留数计算公式求得:

$$Y(z) = \sum_{i=1}^{m} \text{Res}\left[Y(s_i) \frac{z}{z - e^{s_i T}}\right] \tag{2-20}$$

式中,$\text{Res}\left[Y(s_i) \dfrac{z}{z - e^{s_i T}}\right]$ 表示 $s = s_i$ 处的留数。

极点上的留数分两种情况求取:

(1)单极点情况

$$\text{Res}\left[Y(s_i) \frac{z}{z - e^{s_i T}}\right] = \left[(s - s_i) Y(s) \frac{z}{z - e^{s_i T}}\right]_{s = s_i} \tag{2-21}$$

(2)n 阶极点情况

$$\text{Res}\left[Y(s_i) \frac{z}{z - e^{s_i T}}\right] = \frac{1}{(n-1)!} \frac{d^{n-1}}{ds^{n-1}}\left[(s - s_i)^n Y(s) \frac{z}{z - e^{s_i T}}\right]_{s = s_i} \tag{2-22}$$

用留数计算法求取 Z 变换,对有理函数与无理函数都是有效的。

【例 2-3】 求 $Y(s) = \dfrac{1}{(s+1)(s+3)}$ 的 Z 变换。

解:上式有两个单极点 $s_1 = -1$,$s_2 = -3$,利用式(2-21)可得

$$Y(z) = \left[(s+1)\frac{1}{(s+1)(s+3)}\frac{z}{z-e^{sT}}\right]_{s=-1} + \left[(s+3)\frac{1}{(s+1)(s+3)}\frac{z}{z-e^{sT}}\right]_{s=-3}$$

$$= \frac{z}{2(z-e^{-T})} + \frac{z}{(-2)(z-e^{-3T})} \quad (2-23)$$

$$= \frac{z(e^{-T}-e^{-3T})}{2(z-e^{-T})(z-e^{-3T})}$$

二、数学模型

计算机控制系统属于离散系统，其数学模型反映各采样时刻的输出和输入之间的关系。常用的数学模型有差分方程、脉冲传递函数、权序列和离散状态空间方程等。

（一）差分方程

在连续时间系统中，微分方程是很重要的时域模型表达形式。在离散系统中，与其对应的是差分方程。

差分方程的一般形式为

$$a_0 y(k+n) + a_1 y(k+n-1) + \cdots + a_{n-1} y(k+1) + a_n y(k) \\ = b_0 y(k+m) + b_1 y(k+m-1) + \cdots + b_{m-1} y(k+1) + b_m y(k) \quad (2-24)$$

式中，$k = 0, 1, 2, \cdots$，表示采样时刻；n 为差分方程的阶次，且要求 $m \leq n$。为不失一般性，可设 $a_0 = 1$。

（二）脉冲传递函数

对于线性时不变连续系统，常用传递函数来表示系统特性，在分析设计线性时不变离散系统时，用脉冲传递函数来描述系统特性。

脉冲传递函数又称为 z 传递函数，其定义为：在零初始条件下，系统输出采样函数的 Z 变换和输入采样函数的 Z 变换之比。如图2-7所示，输入信号为 $x(t)$，经采样后 $x^*(t)$ 的 Z 变换为 $X(z)$，连续部分输出为 $y(t)$，采样后 $y^*(t)$ 的 Z 变换为 $Y(z)$，则开环脉冲传递函数可以表示为

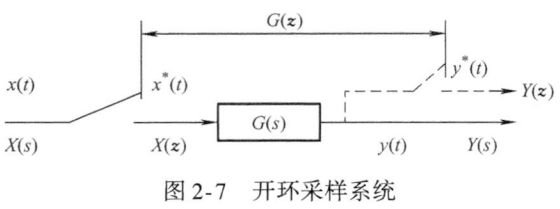

图 2-7　开环采样系统

$$G(z) = \frac{Y(z)}{X(z)} \quad (2-25)$$

若已知系统的脉冲传递函数 $G(z)$ 及输入信号的 Z 变换 $X(z)$，则输出响应就可求得，即

$$y^*(t) = Z^{-1}[Y(z)] = Z^{-1}[G(z)X(z)] \quad (2-26)$$

（三）权序列（单位脉冲响应）

若对初始条件为零的系统施加一单位脉冲序列 $\{\delta(k)\}$，则其输出响应称为该系统的权序列 $\{h(k)\}$，又称为单位脉冲响应。单位脉冲序列 $\{\delta(k)\}$ 的定义是

$$\delta(k) = \begin{cases} 1, & k=0 \\ 0, & k \neq 0 \end{cases} \quad (2-27)$$

若输入序列为任意一个 $\{u(k)\}$，则根据卷积公式可得此时的系统输出响应 $y(k)$ 为

$$y(k) = \sum_{i=0}^{k} u(i)h(k-i) \tag{2-28}$$

可以证明，$\{h(k)\}$ 的 Z 变换即为系统的脉冲传递函数。

(四) 离散状态空间方程

连续系统中状态变量、状态方程以及系统的输入输出模型和状态空间模型之间的转换等一系列概念可以推广到离散系统的分析中。线性定常离散系统的状态空间模型可以描述为

$$\begin{cases} X(k+1) = AX(k) + BU(k) \\ Y(k) = CX(k) + DU(k) \end{cases} \tag{2-29}$$

式中，$X(k)$ 为 n 维状态向量；$U(k)$ 为 m 维控制向量；$Y(k)$ 为 p 维输出向量；A 为 $n \times n$ 阶系统矩阵；B 为 $n \times m$ 阶输入矩阵；C 为 $p \times n$ 阶输出矩阵；D 为 $p \times m$ 阶前馈矩阵。

若已经获得系统的差分方程模型，则可以将其转化为离散状态空间方程。同样，脉冲传递也可以转化为状态方程，称为实现问题。若已知离散状态方程，则通过 Z 变换求出脉冲传递函数。具体方法为：对式 (2-29) 两边求取 Z 变换，得

$$\begin{cases} zX(z) - zX(0) = AX(z) + BU(z) \\ Y(z) = CX(z) + DU(z) \end{cases} \tag{2-30}$$

式 (2-30) 中第一个方程可写为

$$X(z) = (zI - A)^{-1}zX(0) + (zI - A)^{-1}BU(z) \tag{2-31}$$

代入第二个方程可得

$$Y(z) = C(zI - A)^{-1}zX(0) + C(zI - A)^{-1}BU(z) + DU(z) \tag{2-32}$$

假设初始条件为零，则可整理得

$$G(z) = \frac{Y(z)}{U(z)} = C(zI - A)^{-1}B + D \tag{2-33}$$

即为描述离散输入输出关系的脉冲传递函数矩阵。

思 考 题

1. 试描述计算机控制系统的信号形式的变化过程。
2. 请考虑 Z 变换在计算机控制系统设计中有什么作用？
3. 计算机控制系统的数学模型主要有哪几种形式？

第三章
计算机控制系统中的检测设备和执行机构

在计算机控制系统中，为了正确地指导生产操作，保证生产安全和产品质量，需要准确及时地检测生产过程中的各个有关参数，例如：压力、温度、流量和位移等。通过传感器，将非电信号的物理量转换为电信号，为了保证互用性，变送器将这些电信号转变为标准信号进行传送。控制器在接收到检测信息的基础上，与给定值进行比较，通过控制算法计算控制量，需要执行机构将控制作用于被控对象，使被控变量符合预期要求。本章主要介绍计算机控制系统中常用的检测设备和执行机构。

第一节 检测设备

检测设备主要包括传感器和变送器两部分。传感器将各种被测非电信号转换为电信号，其输出根据原理以及检测电路的不同有多种形式，如电压、电流和频率等。变送器则在传感器的基础上，将传感器的输出信号转换为该系统统一的标准信号。

一、传感器

（一）传感器概述

传感器是一种将各种被测非电信号转换成可用电信号的测量装置或元件。应当指出，这里所谓的"可用信号"是指便于传输、处理、显示、记录和控制的信号。目前只有电信号满足上述要求，因此，可把传感器狭义地定义为把非电信号转换成电信号的输出装置。

在一个现代控制系统中，如果没有传感器，就无法监测与控制表征生产过程中各个环节的各种参量，也就无法实现自动控制。

传感器的应用领域主要包括如下几个方面：

1) 生产过程的测量与控制。在工农业生产过程中，对温度、压力、流量、位移、液位和气体成分等参量进行检测，从而实现对工作状态的控制。

2) 报警与环境保护。传感器可对高温、放射性污染以及粉尘弥漫等恶劣工作条件下的过程参量进行远距离测量与控制，可用于监控、防灾、防盗等方面的报警系统。在环境保护方面，可用于对大气与水质污染的监测、放射性与噪声的测量等。

3) 自动化设备和机器人。传感器可提供各种反馈信息，尤其是传感器与计算机的结合，使生产设备的自动化程度大大提高。现代机器人中大量使用了传感器，其中包括力、转矩、位移、超声波、转速和射线等传感器。

4) 交通运输和资源探测。传感器可用于交通工具、道路和桥梁的管理，以保证运输的效率并防止事故的发生，还可用于陆地与海洋资源探测以及空间环境、气象等方面的监测。

5）医疗卫生和检测检疫。利用传感器可实现对患者的自动监测与监护，还可进行微量元素的测定、食品卫生检疫等。

（二）常用传感器传感原理

1. 电阻式传感器

电阻式传感器种类繁多，应用广泛，其基本原理是将被测非电信号的变化转换成电阻的变化。电阻值可表示为

$$R = \frac{l}{\sigma S} \tag{3-1}$$

式中，σ 为电导率；l 为长度；S 为截面积。

导电材料的电阻不仅与材料的类型、尺寸有关，还与温度、湿度和变形等因素有关。不同导电材料对同一非电物理量的敏感程度不同，有时甚至差别很大。因此，利用某种导电材料的电阻对某一非电物理量具有较强的敏感性的特性，就可制成测量该物理量的电阻式传感器。

常用的电阻式传感器有电位器式、电阻应变式、热敏电阻、气敏电阻、光敏电阻、湿敏电阻等。利用电阻式传感器可以测量应变、力、位移、荷重、加速度、压力、转矩、温度、湿度、气体成分及浓度等参数指标。图 3-1 是电阻应变式荷重传感器产品图。

图 3-1 电阻应变式荷重传感器产品图

2. 电容式传感器

电容式传感器是把各种类型的电容器作为敏感元件，将被测物理量的变化转换为电容量的变化，再将测量电路转换为电压、电流或频率的变化，以达到检测的目的。电容值可表示为

$$C = \frac{\varepsilon S}{d} = \frac{\varepsilon_0 \varepsilon_r S}{d} \tag{3-2}$$

式中，S 为极板间相互覆盖面积；d 为两极板间的距离；ε 为两极板间的介电常数；ε_0 为真空介电常数，$\varepsilon_0 = \frac{1}{4\pi \times 9 \times 10^{11}} \text{F/cm} = \frac{1}{3.6\pi} \text{pF/cm}$；$\varepsilon_r$ 为介质的相对介电常数。

凡是能引起电容量变化的有关非电信号均可用电容式传感器进行测量。根据变换原理的不同，电容式传感器有变极距型、变面积型、变介质型三种。该类传感器不仅能测量荷重、位移、振动、角度、加速度等机械量，还能测量压力、液位、物位、成分含量等热工量，具有结构简单、灵敏度高、动态特性好等优点，在机电控制系统中占有十分重要的地位。图 3-2 是电容式差压变送器产品图。

图 3-2 电容式差压变送器产品图

3. 电感式传感器

电感式传感器是利用线圈自感或互感系数的变化来实现非电信号测量的一种装置。电感式传感器一般分为自感式、互感式和电涡流式三大类。习惯上将自感式传感器称为电感式传感器，而由于互

感式传感器是利用变压器原理，又往往做成差动式，故常被称为差动变压器式传感器。

电感式传感器能对位移、压力、振动、应变、流量等参数进行测量，具有结构简单、灵敏度高、输出功率大、输出阻抗小、抗干扰能力强及测量精度高等优点，因此在机电控制领域应用广泛。主要缺点是响应速度较慢，不宜快速动态测量。图3-3是电感式传感器产品图。

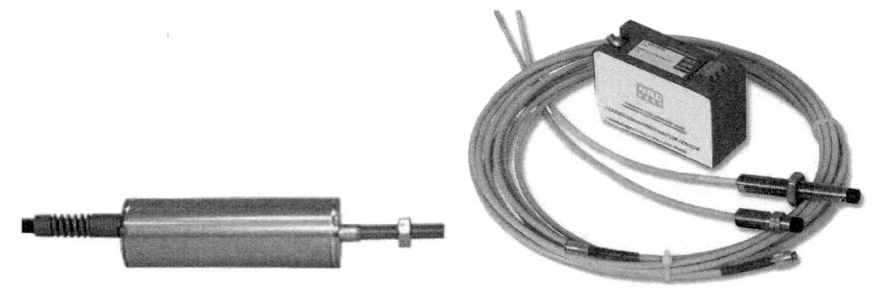

图3-3　电感式传感器产品图

4. 压电式传感器

压电式传感器利用某些电介质材料具有压电效应的特性而制成。当有些电介质材料在一定方向上受到外力（压力或拉力）作用而变形时，在其表面上会产生电荷；当外力去掉后，又回到不带电状态，这种将机械能转换成电能的现象，称为压电效应。

具有压电效应的物质很多，如石英晶体、人工制造的压电陶瓷（如锆钛酸铅、钛酸钡等）都具有良好的压电式效应。压电式传感器主要用来测量力、加速度、振动等动态物理量。图3-4是压电式力和加速度传感器产品图。

图3-4　压电式力和加速度传感器产品图

5. 光电式传感器

光电式传感器是将光信号转化为电信号的一种传感器，其理论基础是光电效应。光电效应大致可分为如下三类：第一类是外光电效应，即在光照射下，能使电子逸出物体表面，利用这种效应做成的器件有真空光电管、光电倍增管等；第二类是内光电效应，即在光线照射下，能使物质的电阻率改变，这类器件包括各类半导体光敏电阻；第三类是光生伏特效应，即在光线作用下，物体内产生电动势的现象，此电动势称为光生电动势，这类器件包括光电池、光电二极管和光电晶体管等。

光电开关是一种广泛应用于工业控制、自动化包装线及安全装置中的光电式传感器,它利用感光元件接收变化的入射光,再通过光电转换和处理电路获得最终的"开"或"关"信号输出,如图3-5所示。光电开关既可作为光控制和光探测装置,还可应用于物体检测、产品计数、料位检测、尺寸控制、安全报警等。

图3-5 光电开关

6. 热电式传感器

热电式传感器利用某些材料或元件的性能随温度变化的特性进行测量,主要包括热电偶传感器和热电阻传感器。

热电偶传感器的测温原理是热电效应。常用的热电偶有铂铑-铂(分度号为S)、镍铬-镍硅(分度号为K)、镍铬-铜镍(分度号为E)等。图3-6所示为热电偶传感器产品图。

图3-6 热电偶传感器产品图

热电阻传感器测温基于热电阻现象,即导体或半导体的电阻率随温度的变化而变化的现象。利用物质的这一特性制成的温度传感器有金属热电阻传感器(简称热电阻)和半导体热电阻传感器(简称热敏电阻)。在工业上使用最多的热电阻是铂电阻和铜电阻,常用的分度号是Pt100和Cu50。

7. 数字式传感器

常用的数字式传感器有光栅式、码盘式、磁栅式和感应同步器等。这类传感器具有很高的测量精度,易于实现系统的快速化、自动化和数字化,易于与微处理器配合,组成数控系统,在机械工业的生产、自动测量以及机电控制系统中得到广泛的应用。图3-7为数字式传感器产品图。

图3-7 数字式传感器产品图

（三）传感器的选用

现代传感器在原理与结构上千差万别，即便测量对象种类相同，也可采用不同工作原理的传感器，因此，根据具体的测量条件、使用条件以及传感器的性能指标合理地选用传感器是进行某个量测量时首先要解决的问题。当传感器确定之后，与之相配套的测量方法和测量设备也就可以确定了。可以从以下几个方面来选用传感器。

1. 传感器的类型

要进行一项具体的测量工作，首先要考虑采用何种原理的传感器，这需要分析多方面的因素之后才能确定。因为即使是测量同一物理量，也有基于不同测量原理的传感器可供选用，哪一种原理的传感器更为合适，则需要根据被测量的特点和传感器的使用条件考虑以下一些具体问题：量程的大小，被测位置对传感器体积的要求，测量方式是接触式还是非接触式；信号的引出方法，是有线还是非接触测量；传感器的来源，是国产还是进口；价格能否承受，是购买还是自行研制等。在考虑上述问题之后，就能确定选用何种类型的传感器，然后再考虑传感器的具体性能指标。

2. 灵敏度

通常在传感器的线性范围内，希望传感器的灵敏度越高越好。因为只有灵敏度高，被测量变化时所对应的输出信号的值才比较大，有利于信号处理。但是，传感器的灵敏度越高，与被测量无关的外界噪声也越容易混入，并被放大系统放大，从而影响测量精度。因此，要求传感器本身应具有较高的信噪比，尽量减少从外界引入的干扰信号。

传感器的灵敏度是有方向性的。如果被测量是单向量，而且对其方向性要求较高，则应选择方向灵敏度小的传感器；如果被测量是多维向量，则要求传感器的交叉灵敏度越小越好。

3. 准确度

准确度是传感器的一个重要的性能指标，它是关系到整个测量系统测量准确度的一个重要环节。传感器的准确度指标常与经济性联系在一起，准确度越高，其价格越昂贵，因此，传感器的准确度只要满足整个测量系统的准确度要求就可以，不必选得过高。这样就可以在满足同一测量目的的诸多传感器中选择比较便宜和简单的传感器。

如果测量是为了定性分析，则选用重复精度高的传感器即可，而不宜选用绝对量值准确度高的；如果是为了定量分析，必须获得准确的测量值，就需选用准确度等级能满足要求的传感器。

4. 线性度

线性度反映了输出量与输入量之间保持线性关系的程度。一般来说，人们都希望输出量与输入量之间呈线性关系。因为在线性情况下，模拟式仪表的刻度就可以做成均匀刻度，而数字式仪表就可以不必加入线性化环节；此外，当线性的传感器作为控制系统的一个组成部分时，它的线性性质常常可使整个系统的设计分析得到简化。

实际上，任何传感器都不能保证绝对的线性，其线性度是相对的。当所要求的测量准确度比较低时，在一定的范围内，可将非线性误差较小的传感器近似看成线性的，这会给测量带来极大的方便。

5. 稳定性

传感器使用一段时间后，其性能保持不变的能力称为稳定性。通常在不指明影响量时，它反映的是传感器不受时间变化影响的能力。稳定性有短期稳定性和长期稳定性之分。

影响传感器长期稳定性的因素除传感器本身的结构外,主要是传感器的使用环境。因此要使传感器具有良好的稳定性,传感器必须有较强的环境适应能力。在某些要求传感器能长期使用而又不能轻易更换或标定的场合,稳定性要求更严格,须能够经受住长时间工作的考验。

6. 频率响应特性

传感器的频率响应特性决定了被测量的频率范围,必须在允许频率范围内保持不失真的测量条件,实际上传感器的响应总有一定延迟,我们希望延迟时间越短越好。

传感器的频率响应越高,可测的信号频率范围就越宽。在动态测量中,应根据信号的特点(稳态、瞬态、随机等)来确定所需传感器的频率响应特性,以免产生过大的误差。

总之,应从传感器的基本工作原理出发,所选择的传感器最好既能满足使用性能要求又价格低廉。

二、变送器

变送器在控制系统中起着至关重要的作用,它将工艺变量(如温度、压力、流量、液位、成分等)和电、气信号(如电流、电压、频率和气压信号等)转换成该系统统一的标准信号。通常,变送器安装在现场,它的气源或电源从控制室送来,而其输出信号被送到控制室。

根据所使用的能源不同,变送器分为气动变送器和电动变送器两种。气动变送器的信号标准为 0.02~0.1MPa;电动变送器又分为电流输出型变送器和电压输出型变送器。目前,工业上最广泛采用的标准模拟量电信号是用 4~20mA 电流来传输信号。

采用电流信号的原因是不容易受干扰,并且电流源内阻无穷大,导线电阻串联在回路中不影响准确度,在普通双绞线上可以传输数百米。工业上 4~20mA 的电流环是用 20mA 表示信号的满刻度,用 4mA 表示零信号,而低于 4mA 和高于 20mA 的信号用于各种故障的报警。这里上限取 20mA 是因为防爆的要求(20mA 的电流通断引起的火花能量不足以引燃瓦斯);当传输线因故障发生断路时,环路电流降为 0,通常取 2mA 作为断线报警值,故正常工作时不会低于 4mA。

电流输出型变送器将物理量转换成 4~20mA 电流输出,必然要有外电源为其供电,如图 3-8 所示。四线制变送器需要两根电源线,加上两根信号线,总共要接四根线。三线制变送器的信号输出与电源共用一根线(共用 V_{CC} 或者 GND)。二线制变送器的信号传输与供电共用两根导线,即这两根导线既从控制室向变送器传送电源,变送器又通过这两根导线向控

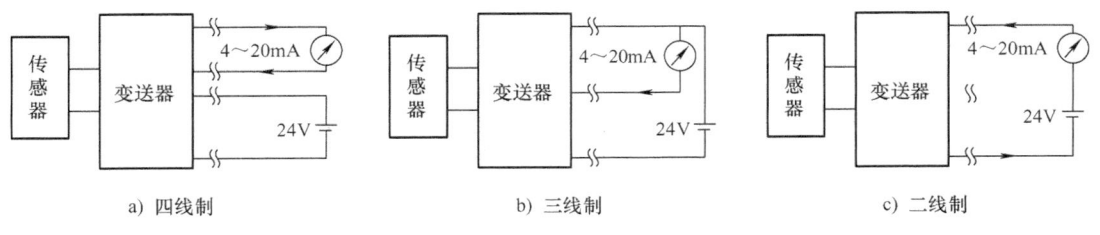

图 3-8 电流输出型变送器

制室传送现场检测到的信号。与非二线制变送器相比,二线制变送器节省了导线,有利于抗干扰及防爆,因此,虽然现场总线技术快速发展,但二线制变送器依然在工业现场应用非常广泛。

图 3-9 为二线制变送器的结构。从整体结构上来看,二线制变送器由三大部分组成:传感器、调理电路、二线制 V/I 变换电路。传感器将温度、压力等非电物理量转化为电参量;调理电路将传感器输出的微弱或非线性的电信号进行放大、调理并转化为线性的电压输出;二线制 V/I 变换电路根据调理电路的输出控制总体耗电电流,同时从环路上获得电压并稳压,供调理电路和传感器使用。

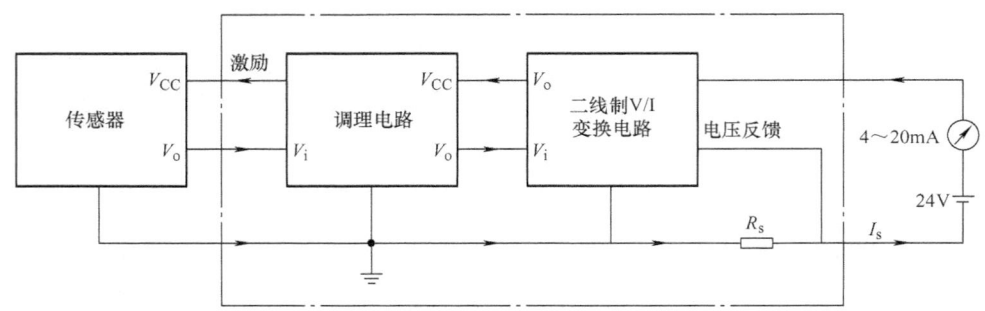

图 3-9 二线制变送器的结构

二线制变送器利用了 4~20mA 信号为自身提供电能。如果变送器自身耗电电流大于 4mA,那么将不可能输出下限 4mA 值。除了 V/I 变换电路之外,电路中每个部分都有其自身的耗电电流,二线制变送器的核心设计思想是将所有的电流都包括在 V/I 变换的反馈环路内。如图 3-9 所示,采样电阻 R_s 串联在电路的低端,所有的电流都将通过 R_s 流回到电源负极。从 R_s 上取到的反馈信号,包含了所有电路的耗电。在二线制变送器中,所有的电路总功耗电流不能大于 3.5mA,这是二线制变送器的设计根本原则之一。因此电路的低功耗成为主要的设计难点。

第二节 执行机构

在计算机控制系统中,必须将经过采集、转换、处理的被控参量(或状态)与给定值(或事先安排好的动作顺序)进行比较,然后根据偏差来控制相关输出部件,以达到自动调节被控量(或状态)的目的。例如,在机床加工工业中,经常控制电动机的正、反转及其转速,以完成进刀、退刀及进给的任务;在雷达天线位置跟踪系统中,需要控制伺服阀液压缸的位置;在各种温湿度控制系统中,经常需要控制阀门的开闭或开度,以控制液体和气体的流量;在机器人控制系统中,经常要控制各关节上伺服电动机的转动方向和速度;在程控交换系统和配料过程控制系统中,经常要控制继电器、接触器,以满足各种动作的需要等。所有这些伺服电动机、电动机、阀门、继电器、接触器等输出部件,统称为执行机构,也称为执行装置或执行器。

执行机构的作用是接收计算机发出的控制信号,并把它转换成调整机构的动作,使生产过程按照预先规定的要求正常进行。

执行机构有各种各样的形式,按所需能量的形式可分为气动执行机构、电动执行机构和液压执行机构。常用的执行机构为气动和电动两种类型。

一、气动执行机构

以压缩空气为动力的执行机构称为气动执行机构。气动执行机构接收的信号标准为 0.02~0.1MPa。

气动执行器由执行机构和控制机构(阀)两部分组成。执行机构是执行器的推动装置,按控制信号压力的大小产生相应的推力,推动控制机构动作,所以它是将信号压力的大小转换为阀杆位移的装置。控制机构是执行器的控制部分,它直接与被控介质接触,控制流体的流量,所以它是将阀杆的位移转换为流过阀的流量的装置。

图 3-10 是一种常用气动执行器的示意图。气压信号由上部引入,作用在薄膜上,推动阀杆产生位移,改变了阀芯与阀座之间的流通面积,从而达到了控制流量的目的。图中上半部为执行机构,下半部为控制机构。

气动执行器有时还配备一定的辅助装置,常用的有阀门定位器和手轮机构。阀门定位器的作用是利用反馈原理来改善执行器的性能,使执行器能按控制器的控制信号,实现准确的定位。手轮机构的作用是当控制系统因停电、停气、控制器无输出或执行机构失灵时,利用它可以直接操纵控制阀,以维持生产的正常进行。

(一) 执行机构

执行机构主要分为薄膜式与活塞式两大类。

薄膜式执行机构可以用作一般控制阀的推动装置,组成气动薄膜式执行器。气动薄膜式执行机构的信号压力作

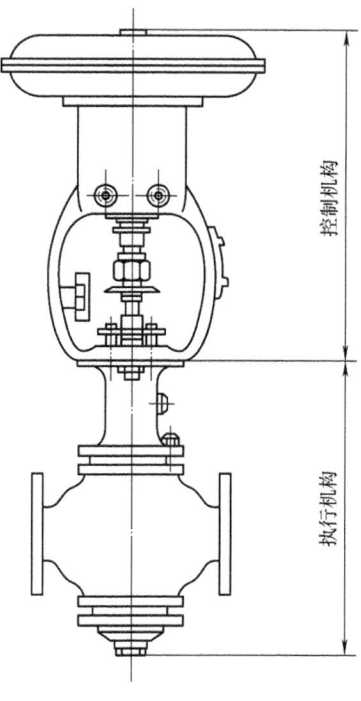

图 3-10 气动执行器示意图

用于膜片,使其变形,带动膜片上的推杆移动,使阀芯产生位移,从而改变阀的开度。它结构简单、价格便宜、维修方便,应用广泛。气动活塞执行机构使活塞在气缸中移动产生推力,显然,活塞式的输出力远大于薄膜式。因此,薄膜式适用于输出力较小、精度较高的场合;活塞式适用于输出力较大的场合,如大口径、高压降控制或蝶阀的推动装置。除薄膜式和活塞式之外,还有一种长行程执行机构,它的行程长、转矩大,适用于输出角位移和大力矩的场合。

气动薄膜执行机构输出的位移 L 与信号压力 p 的关系为

$$L = \frac{A}{K}p \quad (3-3)$$

式中,A 为波纹膜片的有效面积;K 为弹簧的刚度。

推杆受压移动,使弹簧受压,当弹簧的反作用力与推杆的作用力相等时,输出的位移 L 与信号压力 p 成正比。执行机构的输出(即推杆输出的位移)也称行程。气动薄膜执行机构的行程规格有 10mm、16mm、25mm、60mm、100mm。气动薄膜执行机构的输入、输出特

性是非线性的,且存在正反行程的变差。实际应用中常用上阀门定位器,可减小一部分误差。

气动薄膜执行机构有正作用和反作用两种形式。当来自控制器或阀门定位器的信号压力增大时,阀杆向下动作的叫作正作用执行机构(ZMA 型);当信号压力增大时,阀杆向上动作的叫作反作用执行机构(ZMB 型)。正作用执行机构的信号压力是通入波纹膜片上方的薄膜气室;反作用执行机构的信号压力是通入波纹膜片下方的薄膜气室。通过更换个别零件,两者能互相改装。

气动活塞执行机构的主要部件为气缸、活塞、推杆,气缸内活塞随气缸内两侧压差的变化而移动,根据特性分为比例式和两位式两种。两位式根据输入活塞两侧操作压力的大小,活塞从高压侧被推向低压侧。比例式是在两位式的基础上加入阀门定位器,使推杆位移和信号压力呈比例关系。

由于气动执行机构结构简单、价格低廉、输出推力大、动作可靠、维修方便,适用于防火、防爆场合,因此广泛应用在化工、炼油生产、冶金、电力、纺织等领域。

气动执行机构与计算机的连接极为方便,只要将电信号经电气转换器转换成标准的气压信号,即可与气动执行机构配套使用。

(二)控制机构

控制机构即控制阀,实际上是一个局部阻力可以改变的节流元件。它通过阀杆上部与执行机构相连,下部与阀芯相连。由于阀芯在阀体内移动,改变了阀芯与阀座之间的流通面积,即改变了阀的阻力系数,被控介质的流量也就相应地改变,从而达到控制工艺参数的目的。

根据不同的使用要求,控制阀的结构形式很多,主要有以下几种。

1. 直通单座控制阀

这种阀的阀体内只有一个阀芯与阀座,如图 3-11 所示。其特点是结构简单、泄漏量小,易于保证关闭,甚至完全切断。但是在压差大的时候,流体对阀芯上下作用的推力不平衡,这种不平衡会影响阀芯的移动。因此这种阀一般应用在小口径、低压差的场合。

2. 直通双座控制阀

这种阀的阀体内有两个阀芯和阀座,如图 3-12 所示。这是最常用的一种类型。由于流体流过的时候,作用在上下两个阀芯上的推力方向相反而大小近于相等,可以互相抵消,所以不平衡力小。但是,由于加工的限制,上下两个阀芯与阀座不易保证同时密闭,因此泄漏量较大。

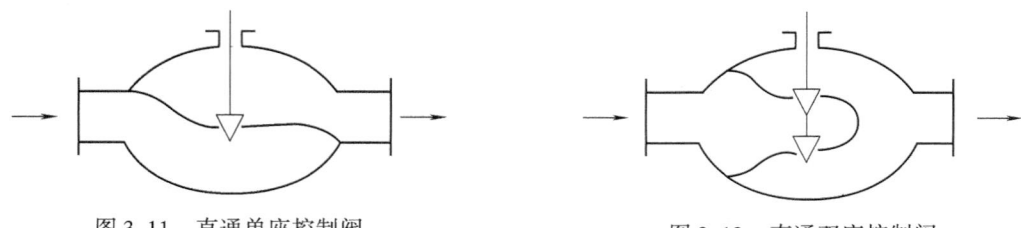

图 3-11　直通单座控制阀　　　　图 3-12　直通双座控制阀

根据阀芯与阀座的相对位置,这种阀可分为正作用式与反作用式(或称正装与反装)两种形式。当阀体直立,阀杆下移时,阀芯与阀座间的流通面积减小的称为正作用式,图 3-12 所示的为正作用式时的情况。如果将阀芯倒装,则当阀杆下移时,阀芯与阀座间流通面积增大，称为反作用式。

3. 角形控制阀

这种阀的两个接管呈直角形，一般为底进侧出，如图 3-13 所示。这种阀的流路简单、阻力较小，适用于现场管道要求直角连接，介质为高黏度、高压差和含有少量悬浮物和固体颗粒状的场合。

4. 三通控制阀

这种阀共有三个出入口与工艺管道连接。其流通方式有合流（两种介质混合成一路）型和分流（一种介质分成两路）型两种，分别如图 3-14a、b 所示。这种阀可以用来代替两个直通阀，适用于配比控制与旁路控制。它与直通阀相比，组成同样的系统可省掉一个二通阀和一个三通接管。

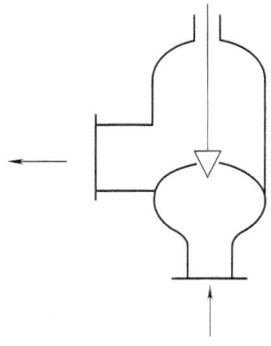

图 3-13 角形控制阀

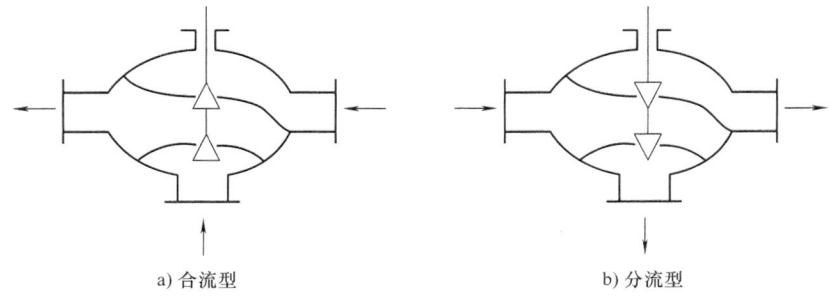

a) 合流型　　　　　　　b) 分流型

图 3-14 三通控制阀

5. 隔膜控制阀

它采用耐腐蚀衬里的阀体和隔膜，如图 3-15 所示。隔膜控制阀结构简单、流阻小、流通能力比同口径的其他种类的阀要大。由于介质用隔膜与外界隔离，故无填料，介质也不会泄漏。这种阀耐腐蚀性强，适用于强酸、强碱、强腐蚀性介质的控制，也能用于高黏度及悬浮颗粒状介质的控制。

选用隔膜阀时应注意执行机构需有足够的推力。一般隔膜阀直径大于 100mm 时，均采用活塞式执行机构。由于受衬里材料性质的限制，故这种阀的使用温度在 150℃ 以下，压力在 1MPa 以下。

6. 蝶阀

蝶阀又名翻板阀，如图 3-16 所示。蝶阀具有结构简单、重量轻、价格便宜、流阻极小的优点，但泄漏量大，适用于大口径、大流量、低压差的场合，也可以用于含少量纤维或悬浮颗粒状介质的控制。

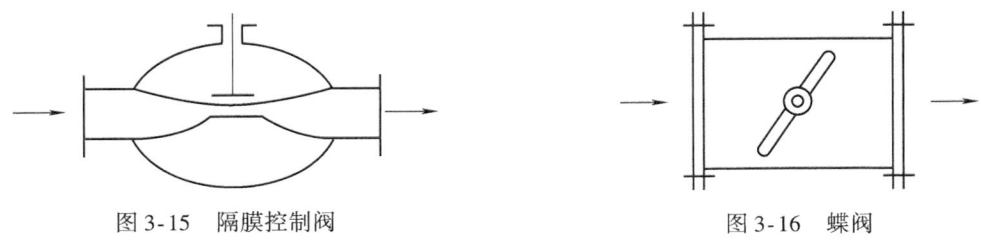

图 3-15 隔膜控制阀　　　　　　　　图 3-16 蝶阀

7. 球阀

球阀的阀芯与阀体都呈球形体，转动阀芯使之与阀体处于不同的相对位置时，就具有不同的流通面积，以达到控制流量的目的，如图 3-17 所示。

球阀阀芯有 "V" 形和 "O" 形两种开口形式，如图 3-18 所示。O 形球阀的节流元件是带圆孔的球形体，转动球体可起控制和切断的作用，常用于双位式控制。V 形球阀的节流元件是 V 形缺口球形体，转动球心使 V 形缺口起节流和剪切的作用，适用于高黏度和污秽介质的控制。

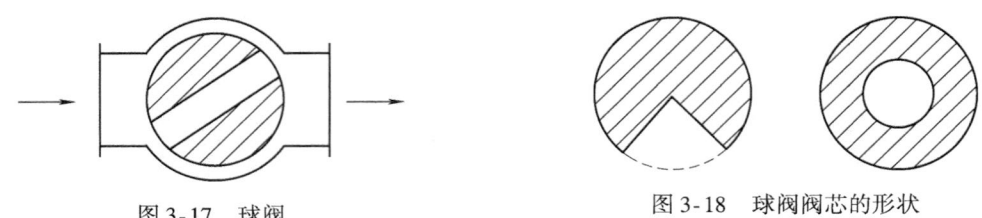

图 3-17　球阀　　　　　　　　　图 3-18　球阀阀芯的形状

8. 凸轮挠曲阀

凸轮挠曲阀又名偏心旋转阀。它的阀芯呈扇形球面状，与挠曲臂及轴套一起铸成，固定在转动轴上，如图 3-19 所示。凸轮挠曲阀的挠曲臂在压力作用下能产生挠曲变形，使阀芯球面与阀座密封圈紧密接触，密封性好。同时，它的重量轻、体积小、安装方便，适用于高黏度或带有悬浮物的介质流量控制。

9. 笼式阀

笼式阀又名套筒型控制阀，它的阀体与一般的直通单座阀相似，如图 3-20 所示。笼式阀内有一个圆柱形套筒（笼子）。套筒壁上有一个或几个不同形状的孔（窗口），利用套筒导向，阀芯在套筒内上下移动，由于这种移动改变了笼子的节流孔面积，就形成了各种特性并能实现流量控制。笼式阀的可调比大、振动小、不平衡力小、结构简单、套筒互换性好，更换不同的套筒（窗口形状不同）即可得到不同的流量特性，阀内部件所受的气蚀小、噪声小，是一种性能优良的阀，特别适用于要求低噪声及压差较大的场合，但不适用于高温、高黏度及含有固体颗粒的流体。

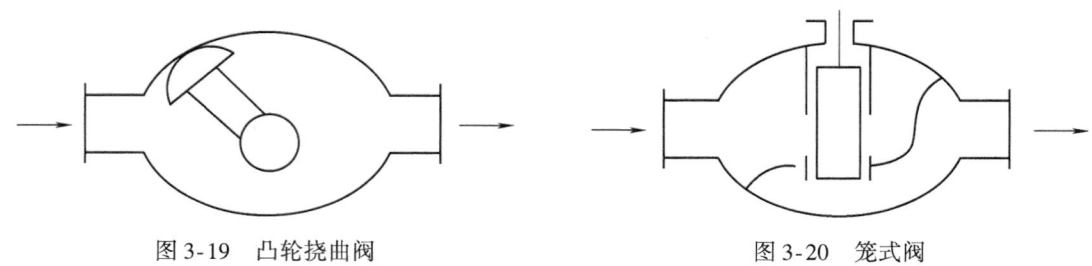

图 3-19　凸轮挠曲阀　　　　　　　图 3-20　笼式阀

除以上所介绍的阀以外，还有一些特殊的控制阀。例如，小流量阀适用于小流量的精密控制，超高压阀适用于高静压、高压差的场合。

二、电动执行机构

电动执行机构是工程上应用最多、使用最方便的一种执行器，其特点是体积小、种类多、使用方便。下面简单介绍几种常用的电动执行机构。

(一) 电磁式继电器

电磁式继电器是一种用小电流的通断控制大电流通断的常用开关控制器件，主要由线圈、铁心、衔铁和触点四部分组成。

继电器的触点是与线圈分开的，通过控制继电器线圈上的电流可以使继电器上的触点断开，从而使外部高电压或大电流与微机隔离。

电磁式继电器线圈的驱动电源可以是直流的，也可以是交流的，电压规格也有很多种。输出触点的电流、电压也有很多种规格。电磁式继电器的线圈、触点可以使用各自独立的电源，两者之间相互绝缘，耐压可达千伏以上。

电磁式继电器还有电流放大作用，因此，它是一种很好的开关量输出隔离及驱动器件；电磁式继电器的不足是机械式触点动作时间较慢，在开关瞬间触点容易产生火花，引起干扰，减短使用寿命。图 3-21 所示为某型号电磁式继电器。

图 3-21 电磁式继电器

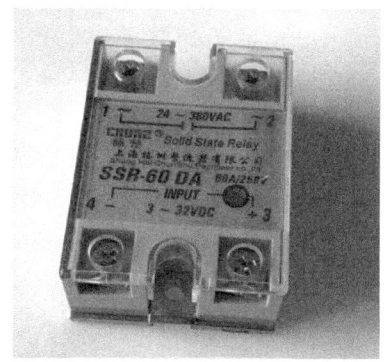

图 3-22 固态继电器

(二) 固态继电器

固态继电器简称 SSR（Solid State Relay），它利用电子技术实现了控制电路与负载电路之间的电隔离和信号耦合。虽然没有任何可动部件或触点，却能实现电磁式继电器的功能，故称为固态继电器，它实际上是一种带光电耦合器的无触点开关。

由于固态继电器输入控制电流小，输出无触点，所以与电磁式继电器相比，具有体积小、重量轻、无机械噪声、无抖动和回跳、开关速度快、工作可靠、寿命长等优点。因此，在微机控制系统中得到了广泛的应用，大有取代电磁式继电器之势。图 3-22 所示为某型号固态继电器。

固态继电器内部结构由三部分组成：输入电路、隔离（耦合）电路和输出电路，如图 3-23 所示。按输入电压的不同类别，输入电路可分为直流输入电路、交流输入电路和交直流输入电路三种。有些输入控制电路还具有与 TTL/CMOS 兼容、正负逻辑控制和反相等功能。固态继电器的输入与

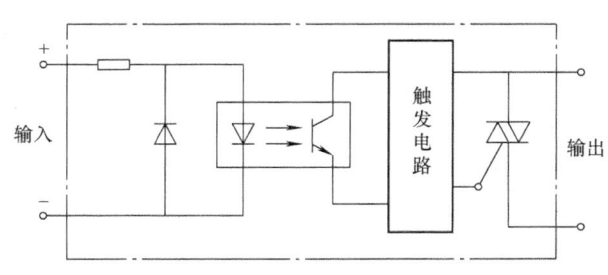

图 3-23 固态继电器内部结构示意图

输出电路的隔离和耦合方式有光电耦合和变压器耦合两种：光电耦合通常使用光电二极管—光电晶体管、光电二极管—双向光控晶闸管、光伏电池实现控制侧与负载侧的隔离控制；变压器耦合是利用输入的控制信号产生的自激高频信号耦合到二次侧，经检波整流，由逻辑电路处理形成驱动信号。SSR 的功率开关直接接入电源与负载端，实现对负载电源的通断切换。主要使用的功率开关有大功率晶体管、单向晶闸管、双向晶闸管、功率场效应晶体管、绝缘栅型双极晶体管。固态继电器的输出电路也可分为直流输出电路、交流输出电路和交直流输出电路等形式。按负载类型，可分为直流固态继电器和交流固态继电器。直流输出时可使用双极性器件或功率场效应晶体管，交流输出时通常使用两个晶闸管或一个双向晶闸管。而交流固态继电器又可分为单相交流固态继电器和三相交流固态继电器。交流固态继电器按导通与关断的时机，可分为随机型交流固态继电器和过零型交流固态继电器。

在使用固态继电器时还应注意：

1）存在通态压降，一般为 1~2V。
2）半导体器件关断后仍可有数微安至数毫安的漏电流，因此不能实现理想的电隔离。
3）电流负载能力随温度升高而下降，选用时应留有余量。
4）SSR 过载能力差，当用于感性负载时需加压敏电阻保护，电压选 1.6~1.9 倍电源电压。
5）输出负载短路会造成 SSR 损坏。

（三）电磁阀

电磁阀是在气体或液体流动的管路中受电磁力控制开闭的阀体，如图 3-24 所示，其广泛应用于液压机械、空调系统、热水器、自动机床等系统中。

电磁阀由线圈、固定铁心、可动铁心和阀体等组成。当线圈不通电时，可动铁心受弹簧作用与固定铁心脱离，阀门处于关闭状态；当线圈通电时，可动铁心克服弹簧力的作用而与固定铁心吸合，阀门处于打开状态。这样，就控制了液体和气体的流动，再通过流动的液体或气体推动液压缸或气缸来实现物体的机械运动。

图 3-24　电磁阀

电磁阀通常是处于关闭状态的，通电时才开启，以避免电磁铁长时间通电而发热烧毁。但也有例外，当电磁阀用于紧急切断时，则必须使其平常开启，通电时关闭。这种紧急切断用的电磁阀，结构与普通电磁阀不同，使用时必须采取一些特殊措施。

电磁阀有交流和直流之分。交流电磁阀使用方便，但容易产生颤动，起动电流大，并会引起发热；直流电磁阀工作可靠，但需专门的直流电源，电压分为 12V、24V 和 48V 三个等级。

（四）调节阀

调节阀是用电动机带动执行机构连续动作以控制开度大小的阀门，又称为电动阀，如图 3-25 所示。由于电动机可完成直线行程也可完成旋转的角度行程，所以有可以带动直线移动的调节阀，如直通单座阀、直通双座阀、三通阀、隔膜阀、角形阀等，也有可以带动叶片旋转的蝶阀。

根据流体力学的观点，调节阀是一个局部阻力可变的节流元件，通过改变阀芯的行程可改变调节阀的阻力系数，从而达到控制流量的目的。

（五）伺服电动机

伺服电动机也称为执行电动机，是控制系统中应用十分广泛的一类执行元件，如图3-26所示。它可以将输入的电压信号变换为轴的角位移和角速度输出。在信号到来之前，转子静止不动；信号到来之后，转子立即转动；信号消失之后，转子又能及时自行停转。由于这种"伺服"性能，将这种控制性能较好、功率不大的电动机称作伺服电动机。

伺服电动机有直流和交流两大类。直流伺服电动机的输出功率常为1～600W，往往用于功率较大的控制系统；交流伺服电动机的输出功率较小，一般为0.1～100W，用于功率较小的控制系统。

（六）步进电动机

步进电动机是工业过程控制和仪器仪表中重要的控制元件之一，它是一种将电脉冲信号转换为直线位移或角位移的执行器。

图3-25 调节阀

步进电动机按其运动方式可分为旋转式步进电动机和直线式步进电动机，前者每输入一个电脉冲转换成一定的角位移，后者每输入一个电脉冲转换成一定的直线位移。由此可见，步进电动机的工作速度与电脉冲频率成正比，基本上不受电压、负载及环境条件变化的影响，与一般电动机相比能够提供较高精度的位移和速度控制。

此外，步进电动机还有快速起停的显著特点，并能直接接收来自计算机的数字信号，而无须经过D/A转换，使用十分方便，所以在定位场合中得到了广泛的应用，如在数控线切割机床上用于带动丝

图3-26 伺服电动机

杠、控制工作台运动；在绘图仪、打印机、光学仪器中用于定位的绘图笔、打印头、光学镜头等。

思 考 题

1. 常用的传感器有哪些？
2. 二线制变送器为什么需具有低功耗的特征？
3. 请查找常用的变送器接口芯片，并比较二线制与其他线制的区别。
4. 常用的电动执行机构有哪些？

第四章

计算机控制系统中的总线技术

总线,即一组公用信号线的集合。其定义了各引线的信号、时序、电气和机械特性,为计算机系统内部各部件、各模块间或计算机各系统之间提供了标准的公共信息通路。

总线一般有内部总线、系统总线和外部总线。内部总线是计算机内部各外围芯片与处理器之间的总线,用于芯片一级的互联;系统总线是微机中各插件板与系统板之间的总线,用于插件板一级的互联;外部总线则是微机和外部设备之间的总线,微机作为一种设备,通过该总线和其他设备进行信息与数据交换,它用于设备一级的互联。

第一节 内 部 总 线

SPI(Serial Peripheral Interface)总线和 I^2C(Inter-Integrated Circuit)总线是两种常用的芯片级连接同步串行总线,这两种总线一般只需2、3位 I/O 引脚即可与具有该接口的 A/D 转换器、LCD 显示驱动器和 EEPROM 等进行通信,对比常规的并行总线扩展设计,这种接口可大大简化电路设计。

一、SPI 总线

SPI 总线技术是 Motorola 公司推出的一种同步串行接口。在主器件的移位脉冲下,数据按高位在前、低位在后的顺序进行传输。

图 4-1 所示为 SPI 总线接口,各引脚功能如下:

1) MOSI:主器件数据输出,从器件数据输入。

2) MISO:主器件数据输入,从器件数据输出。

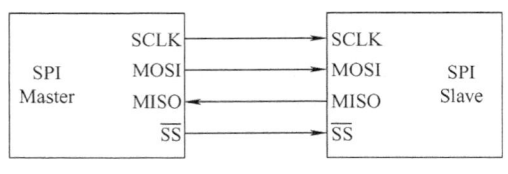

图 4-1 SPI 总线接口

3) SCLK:时钟信号,由主器件产生,串行数据的输入和输出都通过该时钟同步。

4) $\overline{SS}$:从器件使能信号,由主器件控制,有的芯片会标注为 CS。

在点对点的通信中,SPI 接口不需要进行寻址操作,且为全双工通信,显得简单高效。在多个从器件的系统中,每个从器件需要独立的使能信号 $\overline{SS}$ 进行选通。

SPI 接口内部硬件实际上是两个简单的移位寄存器,在 SCLK 的上升沿数据改变,同时一位数据被存入移位寄存器。

二、I²C 总线

I²C 总线是由 Philips 公司开发的一种简单、双向二线制同步串行总线，只需要两根线即可在连接于总线上的器件之间传送信息。

I²C 总线接口如图 4-2 所示。SDA（串行数据线）和 SCL（串行时钟线）都是双向 I/O 线，接口电路为开漏输出，需通过上拉电阻接电源 V_{CC}。当总线空闲时，两根线都是高电平，连接总线的外部器件都是 CMOS 器件，输出级也是开漏电路，在总线上消耗的电流很小。因此，总线上扩展的器件数量主要由电容负载来决定。因为每个器件的总线接口都有一定的等效电容，而线路中电容会影响总线传输速率，当电容过大时，有可能造成传输错误，所以，其负载能力为 400pF，因此可以估算出总线允许长度和所接器件数量。

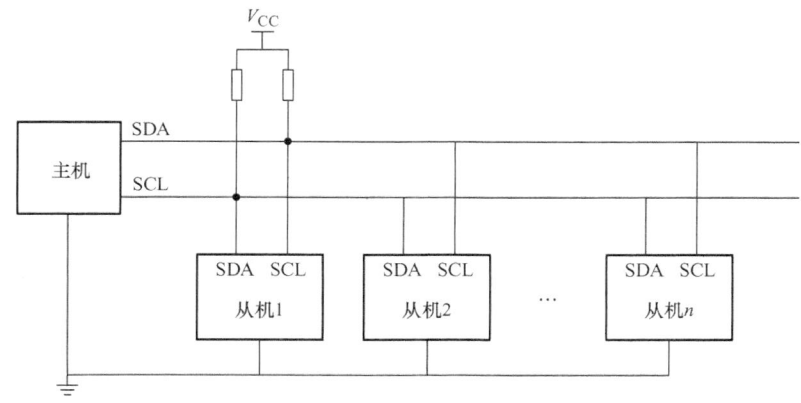

图 4-2　I²C 总线接口

数据传送按图 4-3 所示格式进行。在 I²C 总线上一个数据字节由 8 位组成，总线对每次传送的字节数没有限制，但每个字节后必须跟一位应答位。

数据传输时，在时钟线 SCL 高电平期间，数据线 SDA 上的信息要保持不变；在 SCL 低电平期间，SDA 上的电平才允许变化。每个 SCL 脉冲对应 SDA 上的一位数据。

如果在时钟线 SCL 高电平期间，SDA 上的电平出现了下降沿，这种状态规定为起始信号（S）；如果在时钟线 SCL 高电平期间，SDA 上的电平出现上升沿，这种状态规定为终止信号（P）。

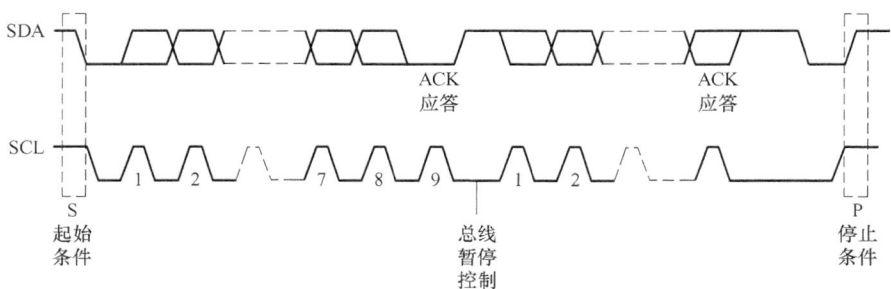

图 4-3　I²C 总线的数据传送

起始信号后的第一个字节是寻址字节。寻址字节的高 7 位是接收设备的地址，第 8 位是传送方向位，0 表示主控设备发送数据，1 表示主控设备接收数据。寻址字节后面可以是很多数据字节，每个字节后都要有一位发自接收设备的应答信号。在结束与该接收设备的通信时，主控设备必须发出终止信号（P），或者发出对另一个设备传输数据的起始信号（S）。

第二节　系统总线

本节重点介绍 ISA（Industry Standard Architecture）、PCI（Peripheral Component Interconnect）和 PC/104 三种总线。

ISA 总线是 8/16 位的系统总线，由于兼容性好，在 20 世纪 80 年代是应用非常广泛的系统总线。随着技术的发展，在 PC′98 规范中，开始放弃 ISA 总线，Intel 公司从 i810 芯片组开始，也不再提供对 ISA 接口的支持，但在工控机领域，ISA 总线仍在被使用。取代 ISA 总线的是 PCI 总线，目前在工控机领域已被广泛采用。

PC/104 总线是一种工业计算机总线标准。PC/104 有两个版本，8 位和 16 位，分别与 PC 总线和 PC/AT 总线相对应。PC/104PLUS 则与 PCI 总线相对应。

一、ISA 总线

IBM 公司于 1981 年推出基于 8 位机的 PC/XT 总线，即 PC 总线；1984 年推出基于 16 位机的 PC/AT 总线，即 PC/AT 总线。IEEE 将 ISA 总线作为 IEEE P996 推荐标准，这是一个 16 位兼 8 位的总线标准，如果忽略标准化细节，16 位 ISA 总线和 PC/AT 总线一致，8 位 ISA 总线和 PC 总线一致。

ISA 总线分为三类子总线，即数据总线、地址总线和控制总线，具体定义如图 4-4 所示。数据宽度为 8 位的 ISA 总线由 62 根信号线组成，扩展槽使用 62 线双面插槽，引脚分别

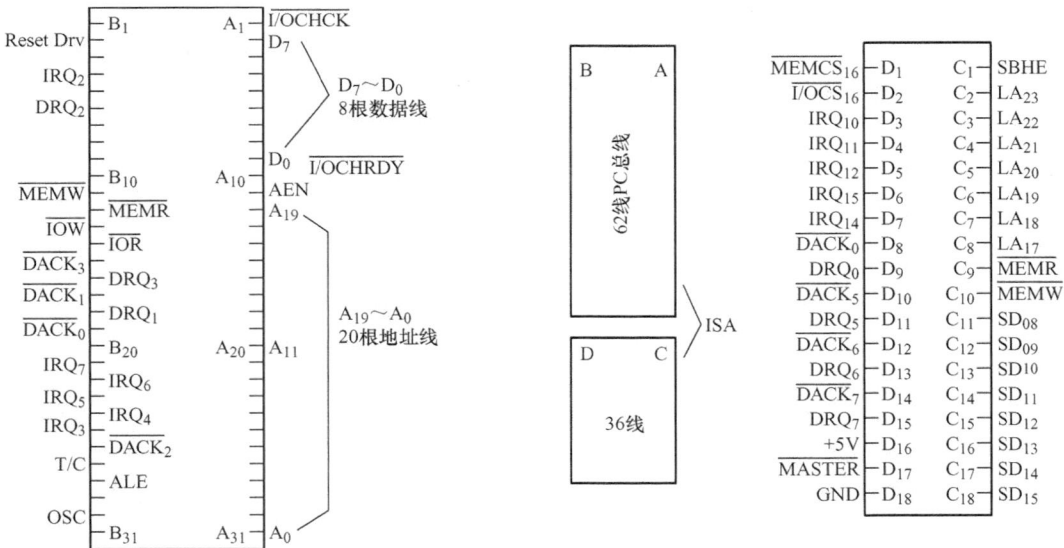

图 4-4　ISA 总线信号线定义

排列为 $A_1 \sim A_{31}$ 和 $B_1 \sim B_{31}$，插件板 A 面是元件面，B 面是焊接面。16 位 ISA 总线在 8 位总线的基础上增加了 36 根信号线，在 36 线的双面插槽中，C 面为元件面，排列为 $C_1 \sim C_{18}$，D 面为焊接面，排列为 $D_1 \sim D_{18}$。ISA 总线插槽照片如图 4-5 所示。

图 4-5　ISA 总线插槽

CPU 在执行 IN 或 OUT 指令时就进入 I/O 端口读或写总线周期。端口读写方式是外部设备与 CPU 交换数据最常用也是最基本的方式，接口电路均设有 I/O 端口逻辑部件，控制 I/O 端口的译码和读写。

二、PCI 总线

由于 ISA 总线标准制定的时间较早，不可避免地带有一些局限性，如数据宽度仅为 16 位，总线同步时钟频率也仅有 8.33MHz 等。而目前 CPU 的数据宽度和工作频率都有了很大的提高，同时面向图形的操作系统如 Windows 等的引入，使 ISA 总线已经很难满足系统的要求。如果外设在与微处理器具有数据总线宽度的高带宽总线实现高速数据交换，这个瓶颈就可以消除。因此，PC 引入了高带宽总线（通常称为"局部总线"），在多种局部总线中，PCI 总线是最有代表性的总线，从 1992 年创立规范到如今，已成为了计算机的一种标准总线。

PCI 总线是一种同步的独立于处理器的 32 位或 64 位局部总线。从结构上看，PCI 是在 CPU 和系统总线之间插入的一级总线，即由一个桥接电路实现对这一层的管理，并实现上下接口之间数据的协调传送。

在 PCI 总线中有三类设备：PCI 主设备、PCI 从设备和桥设备。其中 PCI 从设备只能被动地接收来自 Host 主桥，或者其他 PCI 设备的读写请求；而 PCI 主设备可以通过总线仲裁获得 PCI 总线的使用权，主动地向其他 PCI 设备或者主存储器发起存储器读写请求；而桥设备的主要作用是管理下游的 PCI 总线，并转发上下游总线之间的总线事务。

PCI 总线结构如图 4-6 所示（插槽照片见图 4-7）。PCI 总线是一种树形结构，并且独立于 CPU 总线，可以和 CPU 总线并行操

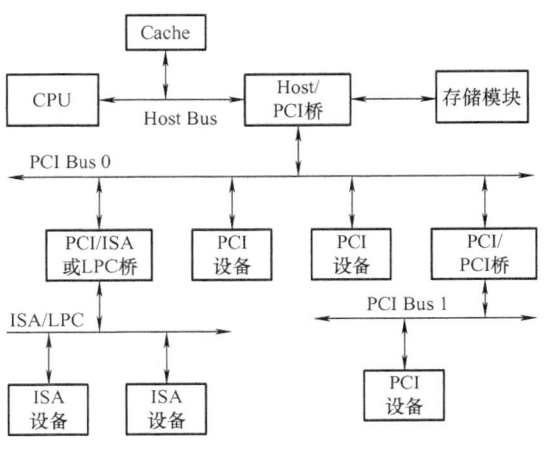

图 4-6　PCI 总线结构

作。PCI 总线上可以挂接 PCI 设备和 PCI 桥片，但只允许有一个 PCI 主设备，其他的均为 PCI 从设备，而且读写操作只能在主从设备之间进行，从设备之间的数据交换需要通过主设备中转。PCI 总线由 Host 主桥或者 PCI 桥管理，用来连接各类设备，如声卡、网卡和 IDE 接口卡等。与 Host 主桥直接连接的 PCI 总线通常被命名为 PCI 总线 0。

PCI 总线标准所定义的信号线通常分成必需的和可选的两大类。其信号线总数为 120 条（包括电源、地、保留引脚等）。其中，必需信号线：主控设备 49 条，从设备 47 条；可选信号线：51 条（主要用于 64 位扩展、中断请求、高速缓存支持等）。

图 4-7　PCI 总线插槽

对比 ISA 总线，PCI 总线优势明显：

1）数据宽度和速度的提升：从数据宽度上看，PCI 总线已从 32 位发展到了 64 位；从总线速度上看，从 33MHz 到 66MHz 不断提高，改良的 PCI 系统——PCI-X，从 133MHz 开始，可以提高到 533MHz。

2）即插即用的实现：即插即用就是当板卡插入系统时，系统会自动对板卡所需资源进行分配，如基地址、中断号等，并自动寻找相应的驱动程序，简化了 ISA 板卡需要进行复杂的手动配置的操作。这是通过在 PCI 板卡中被称为"配置空间"（Configuration Space）的一组寄存器实现的，在该寄存器中存放了基地址与内存地址，以及中断等信息，操作系统根据这些信息分配内存。

3）PCI 总线实现了中断共享：ISA 卡的一个重要局限在于中断是独占的，而计算机的中断号只有 16 个，系统又用掉了一些，这样当有多块 ISA 卡要用中断时就会有问题了。PCI 总线的中断共享由硬件与软件两部分组成。

硬件上，采用电平触发的办法。中断信号在系统一侧用电阻接高，而在要产生中断的板卡上利用晶体管的集电极将信号拉低。这样不管有几块板产生中断，中断信号都是低；而只有当所有板卡的中断都得到处理后，中断信号才会恢复高电平。软件上，采用中断链的方法，当多个板卡用了同一中断号时，形成一个中断链，按顺序进行判断和处理。

三、PC/104 总线

第一块 PC/104 产生于 1987 年。但是，1992 年 IEEE 才开始着手为 PC 总线和 PC/AT 总线制定一个精简的 IEEE P996 标准，PC/104 作为基本文件被采纳，叫作 IEEE P996.1 兼容 PC 嵌入式模块标准。可见，PC/104 是一种专门为嵌入式控制而定义的工业控制总线。

PC/104 的信号定义和 ISA 总线基本一致，但电气和机械规范却完全不同，它采用了一种优化的、小型、堆栈式结构（见图 4-8），特点如下：

1) 小尺寸结构：标准模块的机械尺寸是 96mm×90mm。

2) 堆栈式连接：去掉总线背板和插板滑道，总线以"针"和"孔"形式层叠连接，即 PC/104 总线模块之间总线的连接是通过上层的针和下层的孔相互咬合相连，这种层叠封装有极好的抗振性。

3) 轻松总线驱动：减少元器件数量和电源消耗，4mA 总线驱动即可使模块正常工作，每个模块的能耗为 1~2W。

图 4-8　PC/104 总线模块

PC/104 PLUS 是专为 PCI 总线设计的，可以连接高速外接设备。PC/104 PLUS 包括了 PCI 规范 2.1 版要求的所有信号，在硬件上通过一个 120 孔堆栈插座连接。为了向下兼容，PC/104 PLUS 保持了 PC/104 的所有特性。

PC/104 PLUS 与 PC/104 相比有以下 3 个特点：

1) 相对 PC/104 连接，增加了第三个连接接口，支持 PCI 总线。

2) 加入了控制逻辑单元，以满足高速度总线的需求。

3) 改变了组件高度的需求，增加模块的柔韧性。

第三节　外　部　总　线

本节重点介绍 RS-232、RS-485 和 USB（Universal Serial Bus）三种总线。

RS-232 是早期 PC 的标配外部总线，现在，已经被 USB 总线所取代。RS-485 则是在 RS-232 的基础上发展起来的传输距离更远、可靠性更高，可以多节点联网的总线标准。

一、RS-232 总线

RS-232 是由美国电子工业协会（EIA）联合贝尔等公司共同制定的用于数据终端设备（DTE）和数据通信设备（DCE）之间串行二进制数据通信的标准。该标准对 DB-25 连接器的引脚的电平和功能等加以规定。后来 IBM 公司的 PC 将 RS-232 简化成了 DB-9 连接器。

（一）机械特性和引脚功能

RS-232 的 DB-25 和 DB-9 连接器及引脚功能如图 4-9 所示。表 4-1 以 DB-25 连接器为例说明引脚功能。

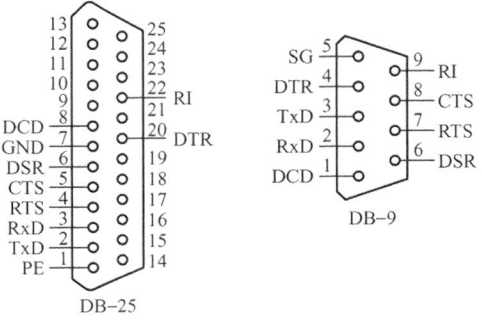

图 4-9　RS-232 的 DB-25 和 DB-9 连接器及引脚功能

表 4-1 RS-232 的 DB-25 引脚功能说明

引脚	符号	方向	功能
2	TxD	输出	发送数据
3	RxD	输入	接收数据
4	RTS	输出	请求发送
5	CTS	输入	清除发送
6	DSR	输入	数据通信设备准备好
7	GND		信号地
8	DCD	输入	数据载体检测
20	DTR	输出	数据终端准备好
22	RI	输入	振铃指示

（二）RS-232 的电气特性

RS-232 采用负逻辑，规定 -3～-15V（一般用 -12V）表示逻辑"1"；规定 +3～+15V（一般用 +12V）表示逻辑"0"。

为了能够同计算机接口或终端的 TTL 器件连接，必须在 RS-232 与 TTL 电路之间进行电平和逻辑关系的变换，实现转换的常用芯片包括：MAX232、MAX3232 等。

RS-232C 标准规定，若不使用 MODEM，在码元畸变小于 4% 的情况下，DTE 和 DCE 之间最大传输距离为 15m（大约 50ft）。可见这个最大的距离是在码元畸变小于 4% 的前提下给出的。为了保证满足码元畸变小于 4% 的要求，接口标准在电气特性中规定，驱动器的负载电容应小于 2500pF。

（三）RS-232 的常用连接方式

RS-232 的常用连接方式如图 4-10 所示。

虽然当前 PC 中的 RS-232 已被 USB 总线所取代，但在工业控制领域，RS-232 总线依然应用普遍。在工业领域应用时，一般只使用 RxD、TxD、GND 三条线，采用最简单连接方式进行连接。

二、RS-485 总线

RS-232 可以实现点对点的通信方式，但这种方式不能实现联网功能，RS-485 解决了这个问题。RS-485 是一个定义平衡数字多点系统中的驱动器和接收器的电气特性的标准，该标准由电信行业协会和电子工业联盟定义。使用该标准的数字通信网络能在远距离条件下以及电子噪声大的环境下有效传输信号，使得连接本地网络以及多支路通信链路的配置成为可能。

（一）RS-485 的接口与电气性能

RS-485 与 RS-232 不同，它的数据信号采用差分传输方式，也称作平衡传输，如图 4-11 所示，它使用一对双绞线，将其中一线定义为 A，另一线定义为 B。"使能"端用于控制发送驱动器与传输线的切断与连接。当"使能"端起作用时，发送驱动器处于高阻状态。

RS-485 传输电压范围如图 4-12 所示。发送驱动器 A、B 之间的正电平在 +2～+6V，表示逻辑"1"，负电平在 -2～-6V，表示逻辑"0"。当接收端 AB 之间有大于 +200mV 的电平时，输出正逻辑电平，表示逻辑"1"，小于 -200mV 时，输出负逻辑电平，表示逻辑"0"。

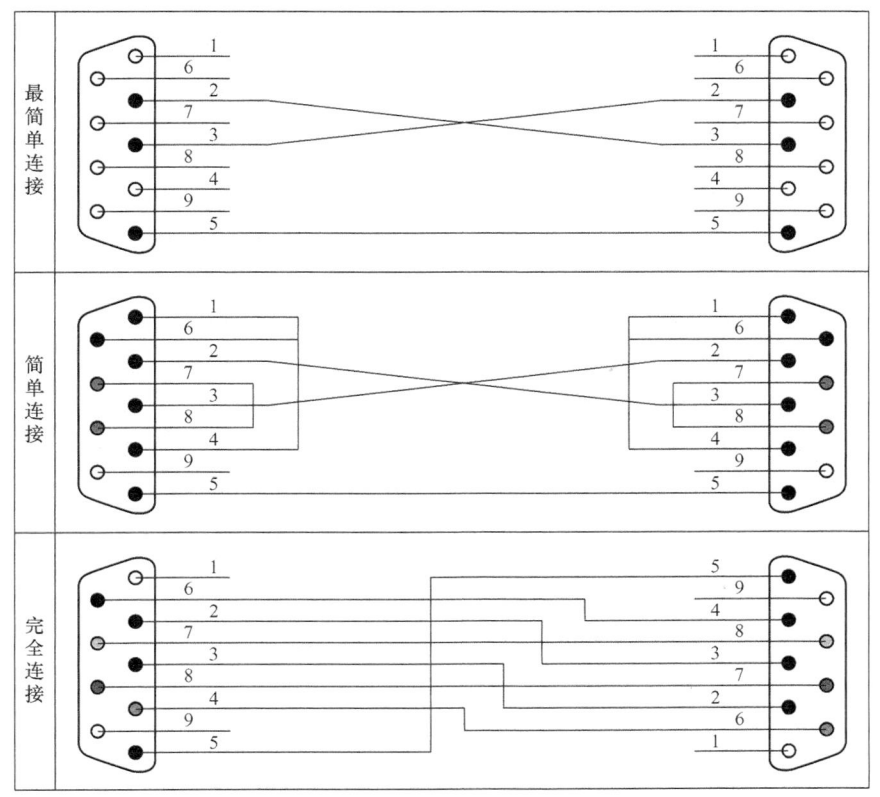

图 4-10 RS-232 的常用连接方式

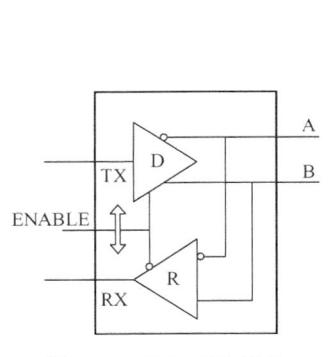

图 4-11 RS-485 接口

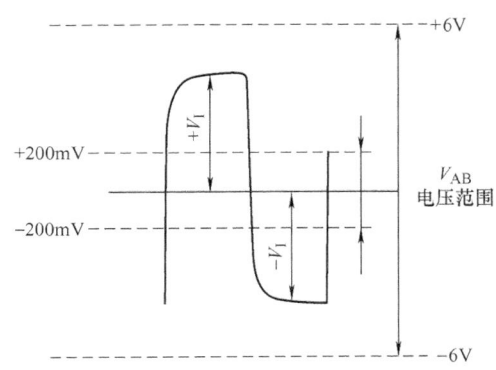

图 4-12 RS-485 传输电压范围

(二) RS-485 的网络连接

RS-485 本身只是物理层的接口规范,只规定了物理接口的机械、电气特性等,并没有对通信中的链路连接、网络控制权问题做出相关规定。因而,在实际应用中,由 RS-485 构成的网络往往还需自定义通信协议或与其他规范中的高层通信协议结合使用。

一些通信协议采用 RS-485 作为其物理层的接口标准,如 PROFIBUS、BACnet 和 SAEJ1708 等。

在 RS-485 网络中，每个节点都具有发送和接收的能力，但同一时刻只能有一个节点向总线上发送报文，因此一般采用主从方式进行通信。主从方式通信是将网段的一个节点指定为主节点，其他节点为从节点。由主节点负责控制该网段上的所有通信连接。任一时刻都只允许一个节点向总线发送报文。所有从节点只有在得到主节点许可的条件下才能有发送报文的机会，且从节点与从节点之间不能直接通信。

RS-485 网络一般采用总线拓扑结构（见图 4-13），每个网段最多连接 32 个节点，传输距离不超过 1200m，如果应用需要超过这个限制，可利用中继器进行扩展。为了减少信号长线传输时因阻抗不连续造成的波反射问题，应在总线的两端配置终端电阻。

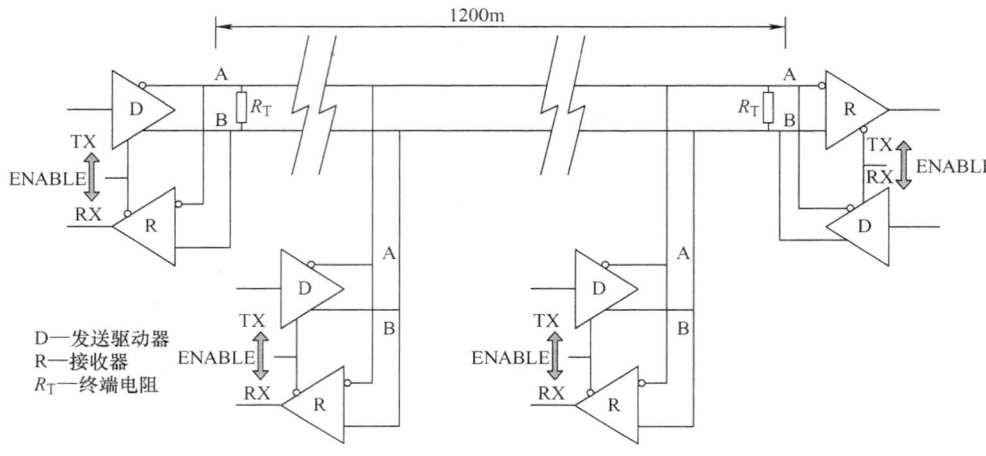

图 4-13　RS-485 总线拓扑的网络连接

RS-485 接口采用差分方式传输信号，并不需要相对于某个参照点来检测信号。但人们往往忽视了收发器有一定的共模电压范围，RS-485 收发器共模电压范围为 $-7 \sim +12V$，只有满足上述条件，整个网络才能正常工作。当网络线路中共模电压超出此范围时就会影响通信的稳定可靠，甚至损坏接口，这时，就需要增加一条地线，按照 RS-485 规范建议，在每个节点的信号地与该地线之间串接一个 $100\Omega/0.5W$ 的电阻。

三、USB 总线

USB 总线是一个用于规范计算机与外部设备的连接和通信的外部总线标准，最初由 Intel 与 Microsoft 等公司倡导发起，其最大的特点是支持热插拔和即插即用。推出后，成功地替代了串口（RS-232）和并口，并成为 21 世纪个人计算机和大量智能设备的必配的接口之一。

随着 IT 行业的不断进步，USB 版本也不断更新，其发展见表 4-2。

表 4-2　USB 版本的发展

USB 版本	理论最大传输速率	速率称号	推出时间
USB1.0	1.5Mbit/s	低速（Low-Speed）	1996 年 1 月
USB1.1	12Mbit/s	全速（Full-Speed）	1998 年 9 月
USB2.0	480Mbit/s	高速（High-Speed）	2000 年 4 月
USB3.0	5Gbit/s	超高速（Super-Speed）	2008 年 11 月
USB 3.1	10Gbit/s	超高速+（Super-Speed+）	2013 年 12 月

USB 可为设备提供电源,基于差分信号传输,其接口标准也在不断演化。USB 2.0 基于半双工二线制总线,只能提供单向数据流传输;而 USB 3.0 采用四线制差分信号线,故而支持双向并发数据流传输。接口类型常见的有 Type-A、Type-B 和 Type-C 等(见图 4-14)。随着技术的发展,接口类型也在不断改进,感兴趣的读者可关注 USB 3.0 和 USB 3.1 等接口形式的变化。

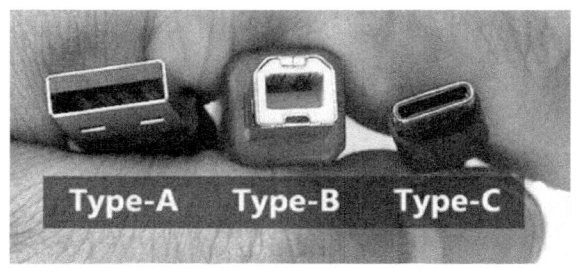

图 4-14 USB 接口常见类型

思 考 题

1. 总线一般分为哪三种?有何异同?
2. 请对比 I^2C 总线和 SPI 总线的异同。
3. PC/104 总线与 ISA 和 PCI 总线有关系吗?
4. RS‑232 和 RS‑485 有什么区别?

第五章 计算机控制系统中的过程通道技术

第一节 概　述

在计算机控制系统中，为了实现计算机对生产过程的控制，必须在计算机和生产过程之间设置信息传递和变换的连接通道。这个通道称之为过程通道。

根据信号的类型和输入、输出关系，过程通道包括：

1) 数字（开关）量输入（Digital Input，DI）通道：来自键盘、接触开关和继电器等输入信息，一般是二进制或 ASCII 码表示的数或字符，将这些开关量所对应的输入值通过适当的变换，经数字接口读入微机。

2) 脉冲量输入（Pulse Input，PI）通道：利用微机的硬件与软件将数字传感器（例如测量水流量的涡轮传感器）的脉冲信号转换成被测量的数字量。

3) 模拟量输入（Analog Input，AI）通道：检测温度、压力、流量、液位、电流、转速等通过传感器或变换电路变换成二进制信号送入微机。

4) 数字（开关）量输出（Digital Output，DO）通道：计算机控制输出的数字信号（0或1）通过控制功率放大器，用于控制继电器的开与关、阀门的开合、电源的启动与停止等，实现对生产过程的控制。

5) 脉冲量输出（Pulse Output，PO）通道：将预输出的数字量转换为脉冲宽度信号输出，如 PWM。

6) 模拟量输出（Analog Output，AO）通道：将计算机输出的数字量转换成模拟的电流或电压信号，以便驱动相应的执行机构，达到控制的目的。

本章在介绍通道接口技术的基础上，重点介绍数字量输入通道、数字量输出通道、模拟量输入通道和模拟量输出通道。

第二节　通道接口技术

过程通道与 CPU 连接，或通过总线与 CPU 连接，需要通道的接口技术。

一、通道地址译码技术

不同编址方式，引脚的功能定义存在区别，在进行地址译码设计时，要对此进行考虑。同时，底层的指令也存在区别。

（一）编址方式

编址方式分为存储器统一编址方式和 I/O 接口编址方式两种。

存储器统一编址方式没有专用的 I/O 指令，存储器与 I/O 设备的读写操作都是通过 WR（写）和 RD（读）进行控制的，因此，I/O 设备会占用存储空间地址。

I/O 接口编址方式则有专用的 I/O 指令，功能引脚方面有两种形式：一种是 MREQ/IORQ 与 WR/RD 配合使用，MREQ/IORQ 分别表示存储器操作和 I/O 操作两种状态，而具体的读或写，则由 WR/RD 进行控制；另一种是存储器读和写操作由 RD 和 WR 控制，I/O 设备的读和写操作则由 IOR 和 IOW 控制。

（二）地址译码

采用不同的器件可以构造不同的译码电路，形成不同的电路形式，但其目的相同，即用不同地址实现对不同的 I/O 设备的操作。

1. 组合逻辑器件译码

用组合逻辑器件（与、或、非门等）构造的译码电路最直观，在数字电子类课程中一般都会涉及这类电路。该方法构成的译码电路地址单一且固定。对于可扩展的工业计算机控制系统，灵活地改变接口电路的地址是非常必要的。

2. 比较器器件译码

为了扩大灵活译码的方位，在工业应用中，多采用 8 位比较器 74LS688 作为比较译码芯片进行地址译码，如图 5-1 所示。通过改变拨码开关，可变地址范围可达到 256 个。

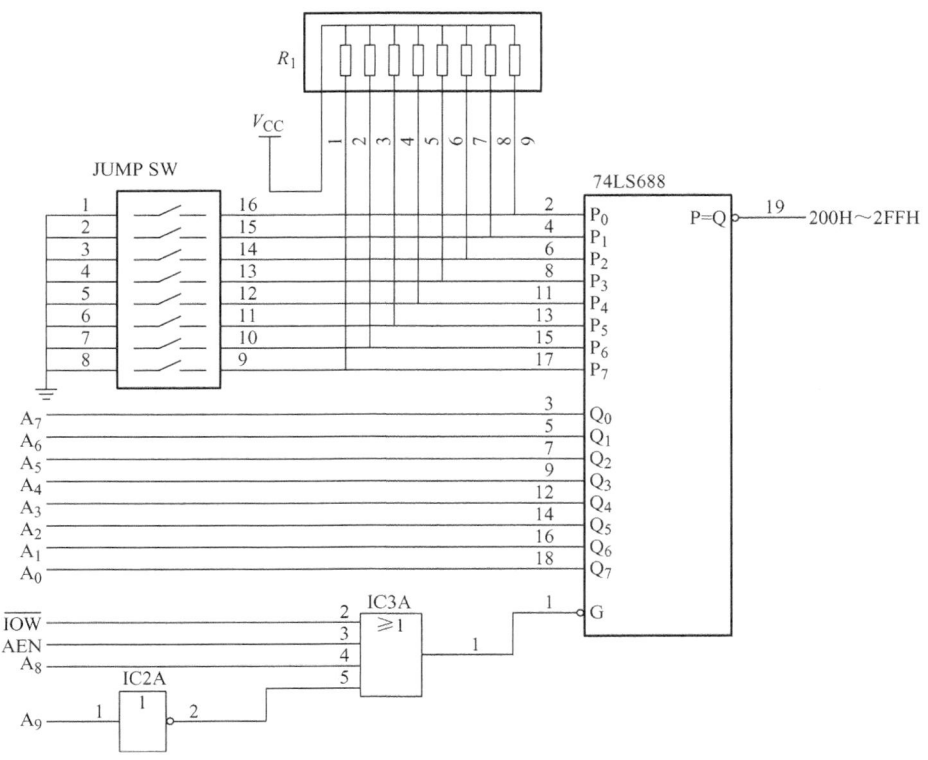

图 5-1　用 74LS688 构成的地址译码电路

3. 译码器器件译码

采用组合逻辑器件或比较器器件译码，往往一个输出地址就要对应一套译码电路；而采用译码器器件与其他逻辑器件相配合，特别适合连续多个地址的译码电路设计。

最常用的译码器器件为 3-8 译码器 74LS138。其引脚图和真值表如图 5-2 所示。除此之外，4-16 译码器 74LS154 也比较常用。

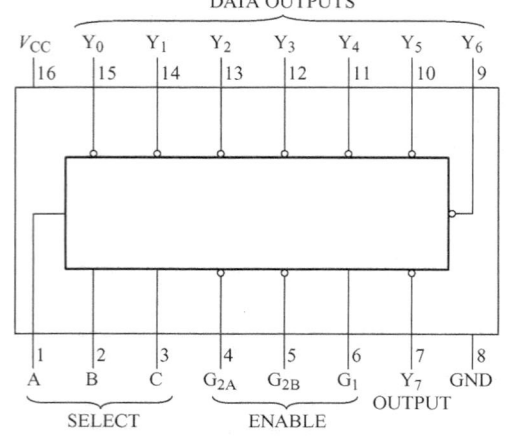

输入引脚					输出引脚							
使能		通道选择										
G_1	G_2	C	B	A	Y_0	Y_1	Y_2	Y_3	Y_4	Y_5	Y_6	Y_7
×	H	×	×	×	H	H	H	H	H	H	H	H
L	×	×	×	×	H	H	H	H	H	H	H	H
H	L	L	L	L	L	H	H	H	H	H	H	H
H	L	L	L	H	H	L	H	H	H	H	H	H
H	L	L	H	L	H	H	L	H	H	H	H	H
H	L	L	H	H	H	H	H	L	H	H	H	H
H	L	H	L	L	H	H	H	H	L	H	H	H
H	L	H	L	H	H	H	H	H	H	L	H	H
H	L	H	H	L	H	H	H	H	H	H	L	H
H	L	H	H	H	H	H	H	H	H	H	H	L

图 5-2　74LS138 引脚图和真值表

【例 5-1】　利用 74LS138 设计 2E0H～2E7H 的连续 8 个地址的译码电路，如图 5-3 所示。

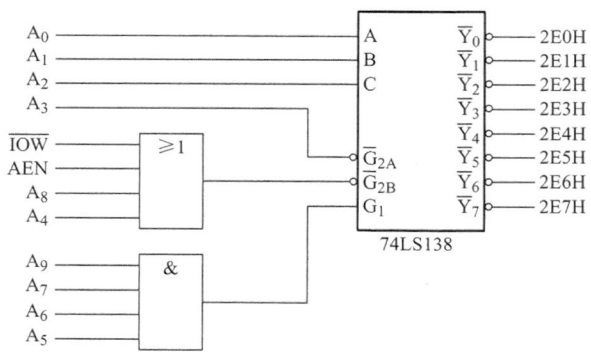

图 5-3　2E0H～2E7H 的连续 8 个地址的 74LS138 译码设计

在设计时，可给出对应的地址与地址总线状态关系列表（见表 5-1），然后根据地址线的有效电平逻辑状态确定连接关系。

表 5-1　地址与地址总线状态关系表

A_9	A_8	A_7	A_6	A_5	A_4	A_3	A_2	A_1	A_0	地　址
1	0	1	1	1	0	0	0	0	0	2E0H
1	0	1	1	1	0	0	0	0	1	2E1H
1	0	1	1	1	0	0	0	1	0	2E2H

（续）

A_9	A_8	A_7	A_6	A_5	A_4	A_3	A_2	A_1	A_0	地 址
1	0	1	1	1	0	0	0	1	1	2E3H
1	0	1	1	1	0	0	1	0	0	2E4H
1	0	1	1	1	0	0	1	0	1	2E5H
1	0	1	1	1	0	0	1	1	0	2E6H
1	0	1	1	1	0	0	1	1	1	2E7H

【例 5-2】 采用 3 片 74LS138 译出 24 个 I/O 接口芯片地址，如图 5-4 所示。

采用 3 片 74LS138 译码器，经 $A_0 \sim A_4$ 5 根地址线，就可以译出 24 个 I/O 接口端口号地址。$\overline{IORQ}$ 是来自 CPU 的 I/O 请求信号，以实现 CPU 和 I/O 接口之间的传送控制，其余两个扩展端当地址端使用。3 片 74LS138 译码器与地址总线低 5 位连接。其对应的逻辑关系见表 5-2。

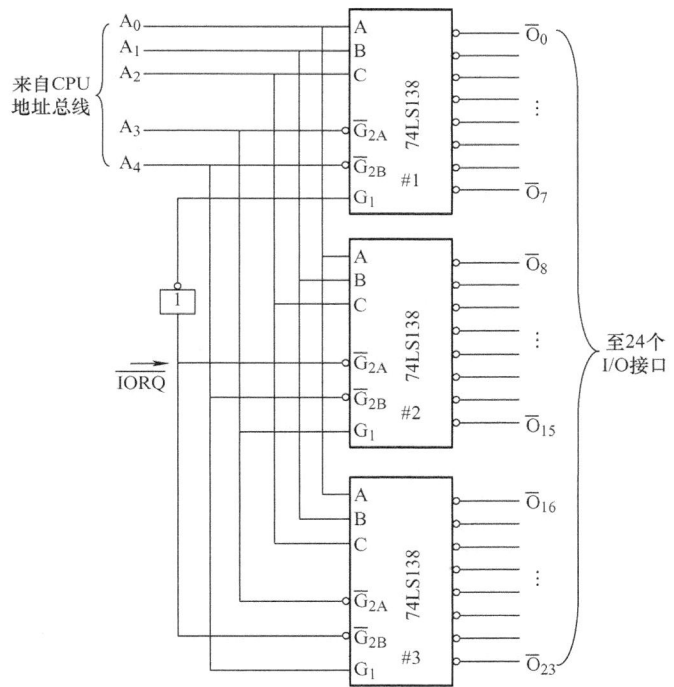

图 5-4 24 个地址译码设计

表 5-2 地址与地址总线状态关系表

A_8	A_7	A_6	A_5	A_4	A_3	A_2	A_1	A_0	地 址
0	0	0	0	0	0	×	×	×	74LS138 1 号 00H ~ 07H
0	0	0	0	0	1	×	×	×	74LS138 2 号 08H ~ 0FH
0	0	0	0	1	0	×	×	×	74LS138 3 号 10H ~ 17H

4. GAL 器件译码

由译码器构成的译码电路虽然能很好地完成译码功能，但是都需要不止一个器件来构成译码电路。在实际应用中需要较大的安装空间和较多种类的产品备件，这将影响最终产品的成本、可靠性及可维护性新型器件——通用阵列逻辑器件（Generic Array Logic，GAL）在功能上几乎可以取代整个 74 系列或 4000 系列的器件。GAL 器件有如下特点：

1）具有可编程的与门及或门阵列，可模拟任何组合逻辑器件的功能，并减少分立组合逻辑器件的使用数量。

2）GAL 的每个输出引脚上都有输出逻辑宏单元 OLMC（Output Logic Macro Cell），使用者定义每个输出的结构和功能，使用户能完成任何所需的功能。

3）GAL 器件可在线电擦写、编程，数据保持时间在 10 年以上。

4）GAL 器件有较高的响应速度，与 TTL 兼容。

5）GAL 器件具有电信号标签，便于使用者在芯片预留可读的注释等条目。

6）GAL 器件具有可编程的保密位，可防止对 GAL 器件的内容非法读取和复制。

显然，GAL 器件特别适合于译码电路的设计。常用的 GAL 器件有 GAL16v8、GAL20v8 等芯片，可依据应用条件不同而选取。GAL16v8 器件具有 20 个引脚，最多可具有 16 个输入端（这时仅有 2 个输出端）或 8 个输出端（这时仅有 10 个输入端）。该特性与其名字的命名相对应。

二、总线接口常用芯片

在应用系统中，几乎所有系统扩展的外围芯片都是通过总线与 CPU 连接的，但是，以下问题需要在总线接口设计中进行考虑：

1）总线的数目是有限的。

2）外围芯片工作时有一个输入电流，不工作时也有漏电流存在，因此总线只能带动一定数量的电路。

3）对于多电压系统，不同电平标准芯片的连接也需要电平的匹配。

除了译码器件之外，锁存器和缓冲器也是通道接口的常用芯片。

（一）锁存器器件

最常用的锁存器器件是 74LS574 和 74LS573。图 5-5 和图 5-6 是这两款芯片的引脚图和真值表。

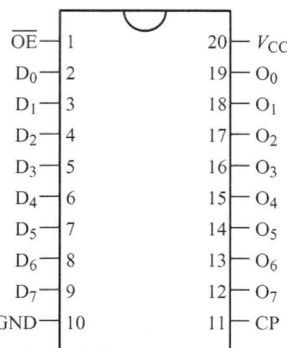

输入引脚		输出引脚	
D_n	CP	$\overline{OE}$	O_n
H	↗	L	H
L	↗	L	L
×	×	H	Z

图 5-5　74LS574 引脚图和真值表

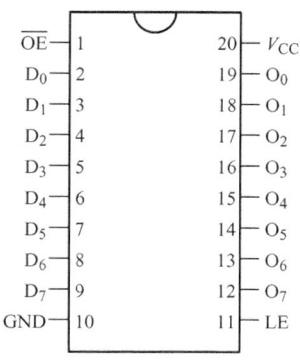

图 5-6 74LS573 引脚图和真值表

输入引脚			输出引脚
输出使能 $\overline{OE}$	锁存使能 LE	输入 D_n	输出 O_n
L	H	H	H
L	H	L	L
L	L	×	Q_0
H	×	×	Z

【例 5-3】 在利用 74LS138 设计 2E0H ~ 2E7H 的连续 8 个地址的译码电路的基础上，通过锁存器，实现当向地址 2E0H 写一字节数据时，将这个数据锁存于锁存器的输出，如图 5-7 所示。

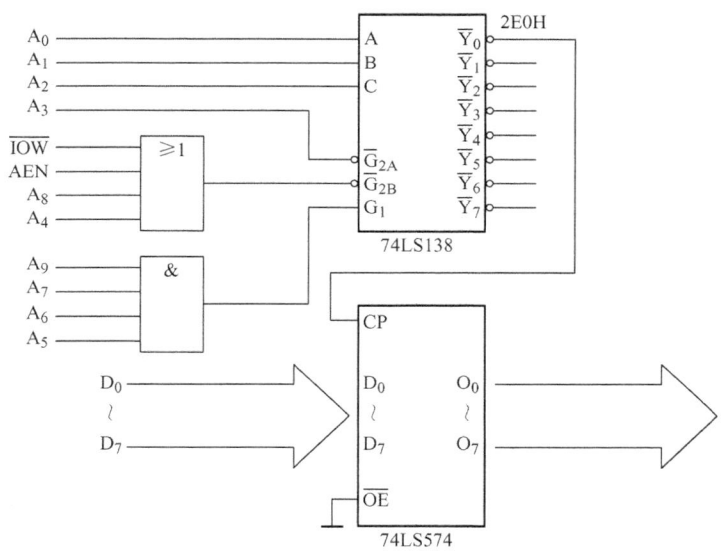

图 5-7 数据锁存电路

（二）缓冲器器件

最常用的缓冲器器件是 74LS244 和 74LS245。图 5-8 和图 5-9 是这两款芯片的功能表。

输入引脚		输出引脚
使能 $\overline{G}$	输入 A_n	Y_n
L	L	L
L	H	H
H	×	Z

图 5-8 74LS244 功能表

使能 $\overline{G}$	方向控制 DIR	操作
L	L	B 总线数据输向 A 总线
L	H	A 总线数据输向 B 总线
H	×	两总线隔离

图 5-9 74LS245 功能表

另外，还有一些缓冲器可以实现 3V 和 5V 电平标准的转换，如 74LVTH16244 和 74LVTH16245。

第三节　数字量输入通道

一、数字量输入通道的结构

数字量输入通道主要由输入缓冲器、输入调理电路、地址译码电路等组成，如图 5-10 所示。

前一节已经介绍了地址译码电路和输入缓冲器，根据数字量输入通道的结构，本节需要解决输入调理电路的设计问题。

二、输入调理电路

数字量输入通道的基本功能是接收外部装置或生产过程的状态信号。这些状态信号的形式可能是电压、电流、开关的触点，因此容易引起瞬时的高压、过电压、接触抖动等现象。为了将外部开关量信号输入到计算机，必须将现场输入的状态信号经转换、保护、滤波、隔离等措施转换成计算机能够接收的逻辑信号，这些功能称为信号调理。

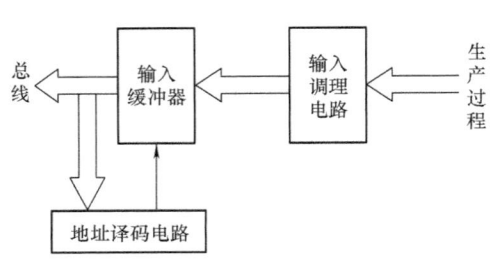

图 5-10　数字量输入通道结构图

（一）对抖动的调理

图 5-11 所示为从开关、继电器等触点输入信号的电路。该电路将触点的接通和断开动作转换成 TTL 电平与计算机连接，用于消除机械抖动而产生的振荡信号。图 5-11a 是一种简单的采用积分电路消除开关抖动的方法，图 5-11b 为 R-S 触发器消除开关抖动的方法。

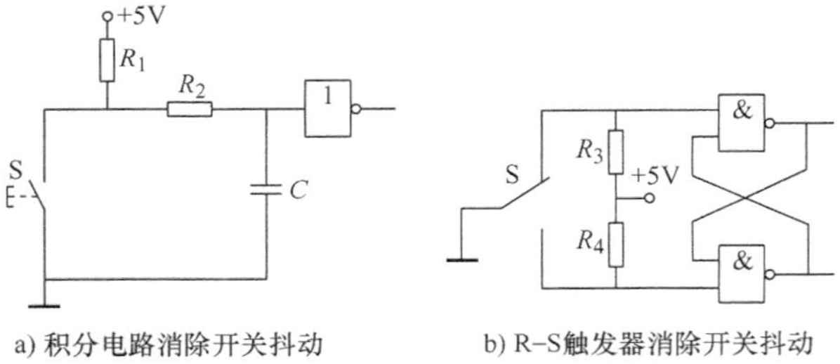

a) 积分电路消除开关抖动　　b) R-S 触发器消除开关抖动

图 5-11　开关或触点类对抖动的调理

（二）保护

现场获得的数字信号可能存在极性、高频干扰、高电压或过电流等现象，对计算机部分的保护电路如图 5-12 所示。图中，VD_1 为二极管，用于极性保护；R_1 和 C 构成低通滤波器，滤除高频干扰；VS 为稳压二极管，用于过电压保护；FU 为熔丝，用于过电流保护。

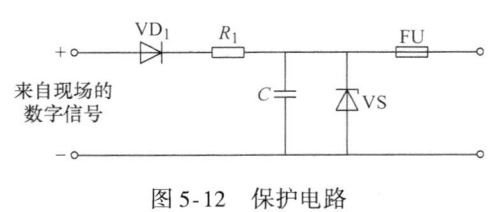

图 5-12　保护电路

（三）隔离

在工业现场获取的开关量或数字量的信号电平往往高于计算机系统的逻辑电平，即使输入数字量电压本身不高，也可能从现场引入意外的高压信号，因此必须采取电隔离措施，以保障系统安全。光电耦合器就是一种常用且非常有效的电隔离器件,由于它价格低廉、可靠性好,被广泛地应用于现场输入设备与计算机系统之间的隔离保护。

光电耦合器由封装在一个管壳内的发光二极管和光电晶体管组成,如图 5-13 所示。此外,光电耦合器还可以起到电平转换的作用,如图 5-14 所示。

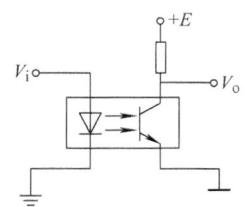 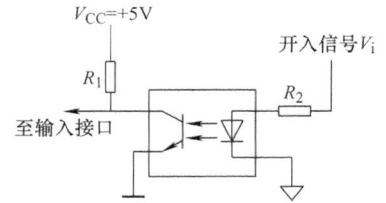

图 5-13　光电耦合器电路　　　　　　图 5-14　适于非 TTL 电路输入的隔离电路

第四节　数字量输出通道

一、数字量输出通道的结构

数字量输出通道主要由输出锁存器、输出驱动电路、输出口地址译码电路等组成,如图5-15所示。

地址译码电路的设计和锁存器前面已经进行了介绍,根据数字量输出通道的结构,本节需要解决输出驱动电路的设计问题。

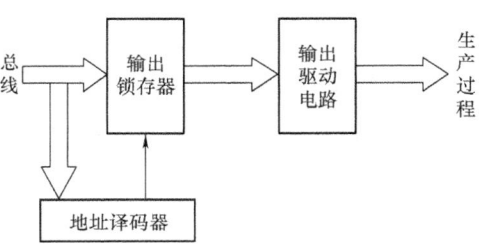

图 5-15　数字量输出通道结构图

二、输出驱动电路

数字量输出的信号调理主要是进行功率放大,使控制信号具有足够的功率去驱动执行机构或其他负载。

(一) 小功率直流驱动电路

对于低压小功率开关量输出,驱动电路可采用晶体管、OC 门或运算放大器等方式输出,图 5-16 给出的几种电路一般仅能够提供几十毫安级的输出驱动电流,可以驱动低压电磁阀、指示灯等。

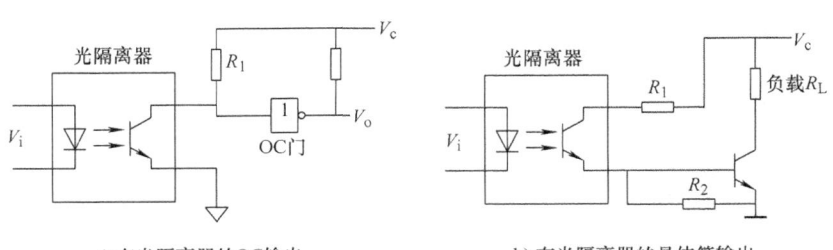

a) 有光隔离器的OC输出　　　　　　b) 有光隔离器的晶体管输出

图 5-16　低压小功率开关量输出电路

(二) 继电器输出技术

继电器经常用于计算机控制系统中的开关量输出功率放大，即利用继电器作为计算机输出的第一级执行机构，通过继电器的触点控制大功率接触器的通断，从而完成从直流低压到交流高压、从小功率到大功率的转换。图 5-17 给出了两种继电器式开关量输出电路。

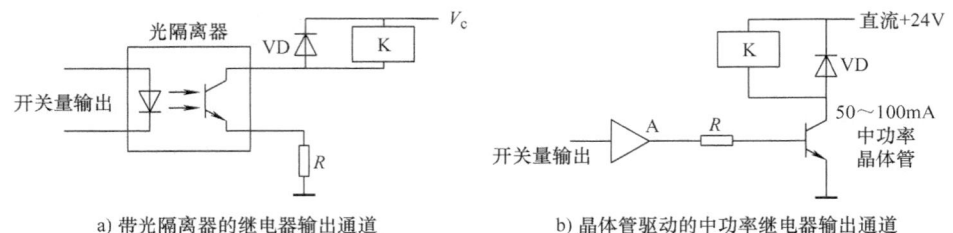

a) 带光隔离器的继电器输出通道　　　　b) 晶体管驱动的中功率继电器输出通道

图 5-17　继电器式开关量输出电路

(三) 固态继电器输出技术

图 5-18 给出了固态继电器的两种应用电路。其中图 5-18a 为 TTL 驱动，图 5-18b 为 CMOS 驱动。SSR 一般要求 0.5～20mA 的驱动电流，最小工作电压可达 3V，对 TTL 电路可直接驱动，对 CMOS 电路需加放大电路。图中，R_M 为过载保护电阻；R_P 和 C_P 分别为浪涌保护电阻和电容。

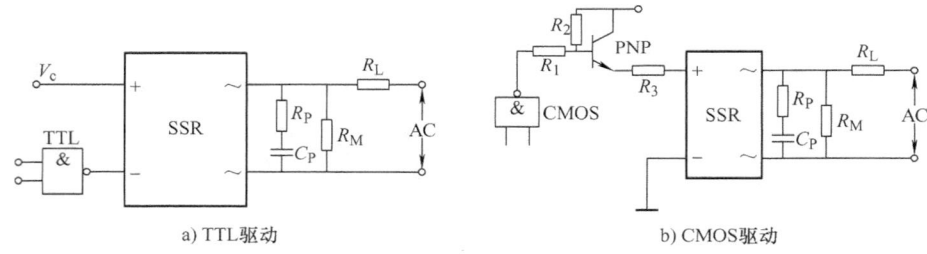

a) TTL驱动　　　　　　　　　　　　b) CMOS驱动

图 5-18　固态继电器的两种应用电路

第五节　模拟量输出通道

模拟量输出通道是计算机控制系统实现控制输出的关键，它的任务是把计算机输出的数字量转换成模拟电压或电流信号，以便驱动相应的执行机构，达到控制的目的。

一、模拟量输出通道的结构

一个实际的计算机控制系统中，往往需要多路模拟量输出，采用的结构可分为数字保持式结构和模拟保持式结构。

(一) 数字保持式结构

一个通路接一个 D/A 转换器，CPU 与 D/A 之间通过独立的接口缓冲器传送信息。如图 5-19 所示。这种结构的优点是速度快、精度高、可靠、互不影响，但是需要的 D/A 多。

(二) 模拟保持式结构

多个通路共用一个 D/A 转换器，CPU 分时将各路 D/A 转换的信号通过多路开关分送到

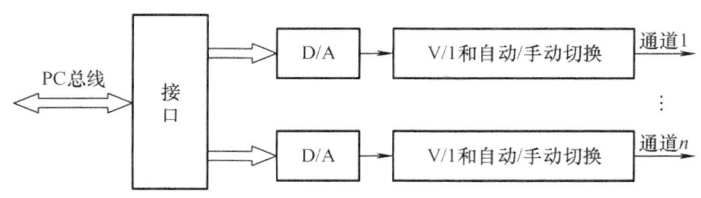

图 5-19 数字保持式结构

各路保持电路中,如图 5-20 所示。这种结构具有节省 D/A 的优点,但是速度慢、可靠性较差。

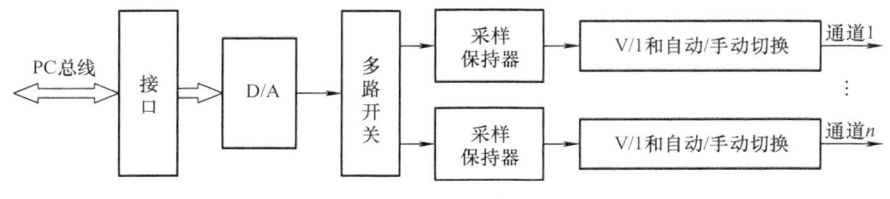

图 5-20 模拟保持式结构

二、多路转换器(多路开关)

多路转换器又称多路开关,是用来切换模拟电压信号的关键元件。利用多路开关可将各个输入信号依次地或随机地连接到公共端。

为了提高过程参数的测量精度,对多路开关提出了较高的要求。理想的多路开关其开路电阻为无穷大,接通时的导通电阻为零。此外,还希望切换速度快,噪声小,寿命长,工作可靠。

常用的多路开关有 CD4051(或 MC14051、AD7501、LF13508 等),如图 5-21 所示。图中逻辑转换单元用于完成 CMOS 到 TTL 电平的转换,因此,这种多路开关输入电平范围广,数字量为 3~15V,模拟量可达 $15V_{PP}$。但要注意输入电平范围大小与电源电压大小有关,即应根据模拟输入信号幅度变化范围和极性确定 V_{DD} 和 V_{EE} 所接电源种类和极性,如输入模拟信号范围为 -5~+5V,通道开关受 TTL 电平控制,则应取 $V_{DD} = +5V$,$V_{EE} = -5V$。由 3 根二进制的控制输入端 A、B、C 和 1 根禁止输入端 INH(高电平禁止)进行控制。当 INH 为低时,A、B、C 按逻辑表关系确定某一路选通;当 INH 为高时,8 个通道都不通。

三、采样/保持器

采样/保持器(S/H)一般由模拟开关、储能元件(电容)、输入和输出缓冲放大器组成,如图 5-22 所示。采样保持电路有两个工作状态,即采样状态和保持状态。

采样/保持器的主要参数包括:

1) 采样/保持器的孔径时间 t_{AP}:保持命令发出后 S 完全断开所需时间。

2) 采样/保持器的捕捉时间 t_{AC}:由保持到采样时输出 U,从原保持值过渡到跟踪信号的时间。

3) 保持电压变化率: $$dU/dt = I_D/C$$

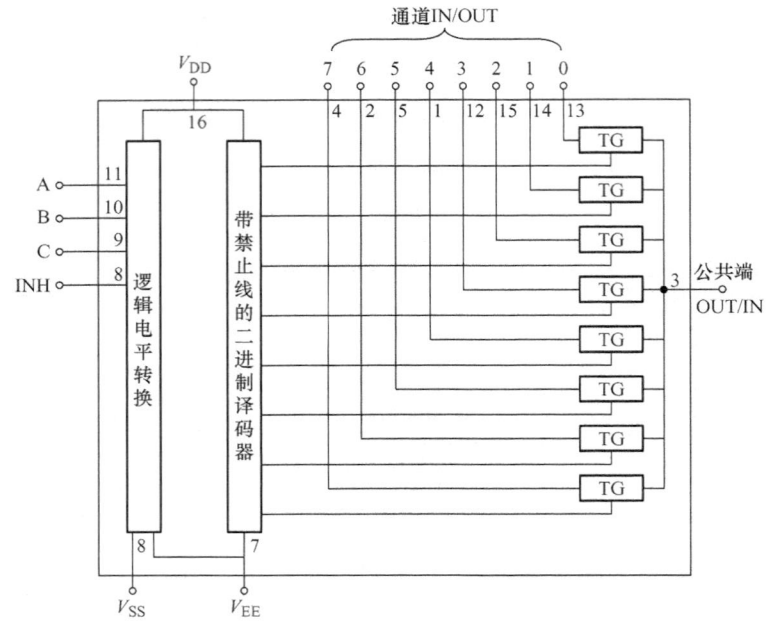

图 5-21　CD4051 原理图

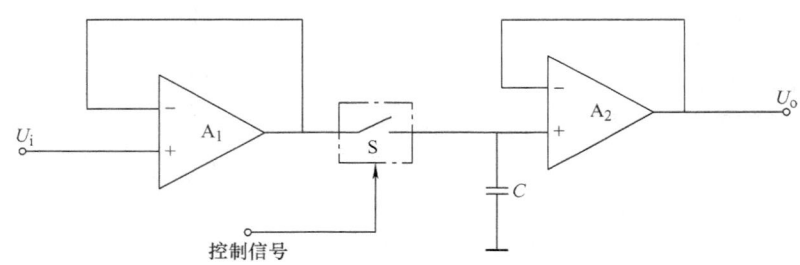

图 5-22　采样/保持器内部结构图

式中，I_D 是流入 C 或流出 C 总的漏电流。由 C 的漏电流引起保持电压发生变化。

实际应用中，应选择 t_{AP}、t_{AC} 小且保持电压变化率小的采样/保持器。

下面以图 5-23 所示 LF-398 为例说明其工作原理。在输入控制信号（0/1）作用下，使开关 S 通断。当 S 闭合时，S/H 工作在采样方式下，运放 U_1、U_2 组成闭环系统，输出跟踪模拟输入；当 S 断开时，S/H 工作在保持方式，U_2 工作在跟随器状态。由于 U_2 为一高输入阻

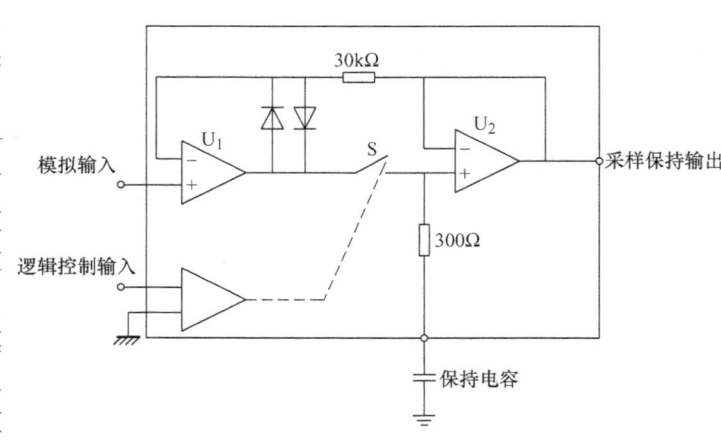

图 5-23　LF-398 原理图

抗运放,故保持电容上的电压跌落很慢,S/H 的输出基本维持采样结束时的值。

四、D/A 转换技术

(一) D/A 转换原理

D/A 转换器根据电阻网络不同,可分为权电阻 D/A 转换器、倒 T 形网络 D/A 转换器等。

1. 权电阻 D/A 转换原理

权电阻 D/A 转换器就是将某一数字量的二进制代码各位按它的"权"的数值转换成相应的电流,"权"越大(即位数越高),对应的电阻值越小;再将代表各位数值的电流加起来。

原理如图 5-24 所示,$D_i = 0$ 时,开关接地;$D_i = 1$ 时,开关接基准电压 U_R。

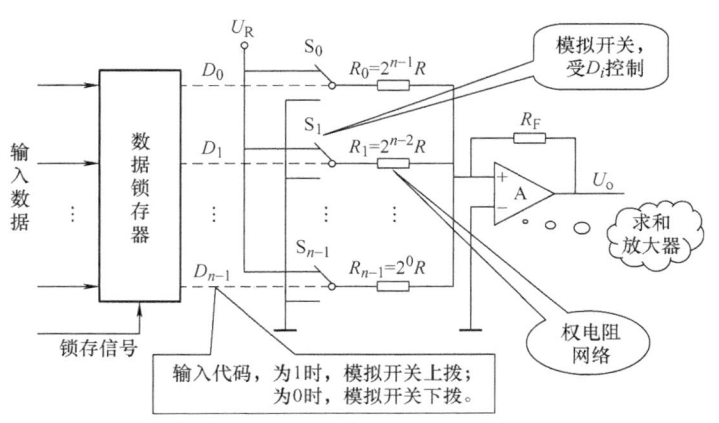

图 5-24 权电阻 D/A 转换原理图

所以各支路电流

$$I_i = \frac{U_R}{2^{n-1}R} 2^i D_i \quad (i = 0, \cdots, n-1) \tag{5-1}$$

运算放大器输出

$$U_o = -\sum_{i=0}^{n-1} I_i R_F = -\frac{R_F U_R}{2^{n-1} R} \sum_{i=0}^{n-1} (2^i D_i) \tag{5-2}$$

2. 倒 T 形网络 D/A 转换

图 5-25 为倒 T 形网络 D/A 转换原理。

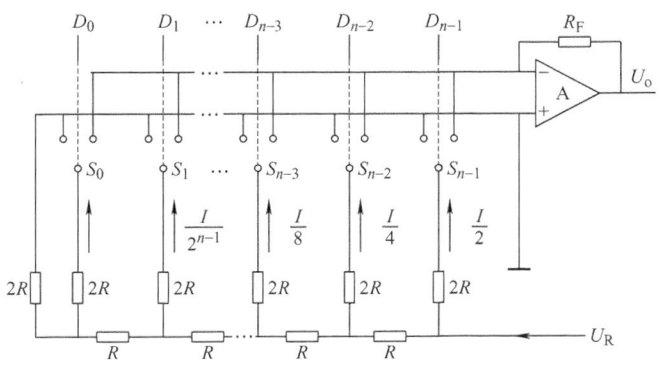

图 5-25 倒 T 形网络 D/A 转换原理

当 $D_i = 1$ 时,S_i 将电阻接到运放反相输入端;当 $D_i = 0$ 时,S_i 将电阻接到运放同相输入端;都是虚地,各支路电流不会变化。流入 2R 支路的电流是依 2 的倍速递减。

$$I_\Sigma = D_{n-1}\frac{I}{2^1} + D_{n-1}\frac{I}{2^2} + \cdots + D_1\frac{I}{2^{n-1}} + D_0\frac{I}{2^n}$$

$$= \frac{I}{2^n}(D_{n-1}2^{n-1} + D_{n-2}2^{n-2} + \cdots + D_1 2^1 + D_0 2^0) \tag{5-3}$$

$$= \frac{I}{2^n}\sum_{i=0}^{n-1} D_i 2^i$$

运算放大器的输出电压为

$$U = -I_\Sigma R_F = -\frac{IR_F}{2^n}\sum_{i=0}^{n-1} D_i 2^i \tag{5-4}$$

若 $R_F = R$，并将 $I = U_R/R$ 代入上式，则有

$$U = -\frac{U_R}{2^n}\sum_{i=0}^{n-1} D_i 2^i \tag{5-5}$$

可见，输出模拟电压正比于数字量的输入。

（二）D/A 转换器技术指标

D/A 的常用技术指标主要包括：

1）分辨率：指当输入数字量变化 1 时，输出模拟量变化的大小。分辨率通常用数字量的位数来表示，如 8 位、12 位、18 位。

2）稳定时间：指 D/A 转换器所有输入二进制数变化是满刻度时，模拟量输出稳定到 $\pm\frac{1}{2}$LSB 范围内所需要的时间。一般完成一次转换所需要的时间为几十纳秒到几微秒。

3）输入编码：可为二进制编码、BCD 码、符号-数值码等，一般采用二进制编码，可使计算机的运算结果直接输出，比较方便。

4）线性度：一个理想的 D/A 转换器输出应是一条直线，但是，元件的非线性使之存在非线性误差。因此，可用非线性误差的大小表示 D/A 转换的线性度。非线性误差是实际转换性曲线与理想直线特性之间的最大偏差，常以相对于满量程的百分数表示，如 ±1% 是指实际输出值与理论值之差在满刻度的 ±1% 以内。

5）温度范围：一般为 -40~85℃，较差的为 0~70℃。

6）输出方式与极性：包括电流输出（一般为 0~10mA 或 4~20mA）和电压输出；输出极性包括单极性和双极性。

（三）D/A 实现设计

以 DAC0832 为例进行说明。

1. DAC0832 的特性

DAC0832 系列芯片是一种具有两个输入数据寄存器的 8 位 D/A，内部结构如图 5-26 所示，其主要特性参数如下：

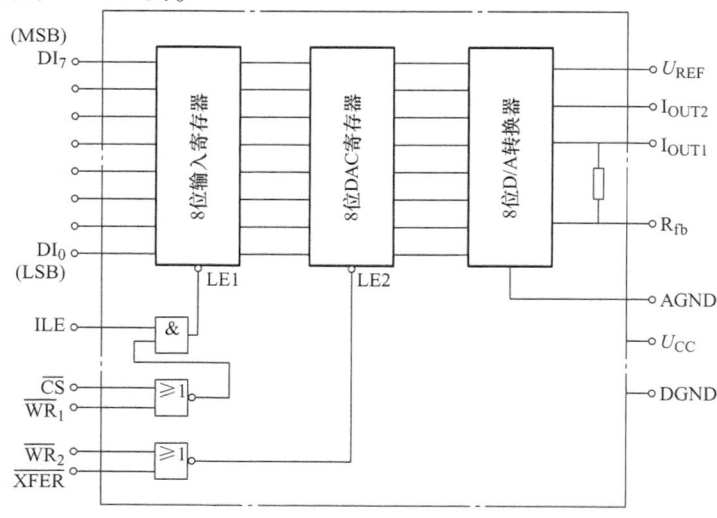

图 5-26　DAC0832 内部结构

1) 分辨率为 8 位。
2) 电流稳定时间为 1μs。
3) 可单缓冲、双缓冲或直接数字输入。
4) 只需在满量程下调整其线性度。
5) 单一电源供电（+5～+15V）。
6) 功耗低，一般为 200mW。

2. 模拟输出极性变换

（1）单极性输出

采用图 5-27a 的方式可实现单极性输出；采用图 5-27b 的方式可实现输出电压可调。

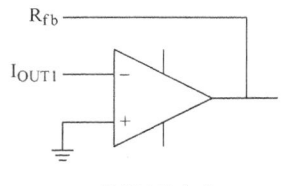 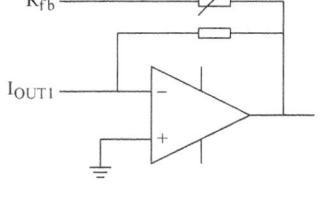

a) 简单连接方式　　　　b) 输出电压可调连接方式

图 5-27　单极性输出

（2）双极性输出

双极性输出如图 5-28 所示。

根据节点电流的关系可知：

$$\frac{U_o}{2R} + \frac{U_{REF}}{2R} = \frac{U_1}{R} \quad (5-6)$$

$$U_o = 2U_1 - U_{REF} \quad (5-7)$$

如果 $U_{REF} = 5V$，单极性输出 $U_1 = 0V$ 时，则双极性输出 $U_o = -5V$；单极性输出 $U_1 = 5V$ 时，则双极性输出 $U_o = 5V$。

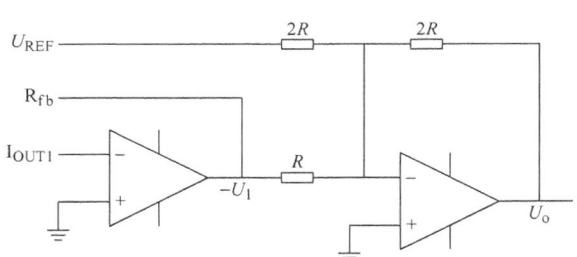

图 5-28　双极性输出

3. 与 CPU 接口

（1）单缓冲方式接口

单缓冲方式采用图 5-29 所示进行电路设计，由于数据直接锁存于 DAC 寄存器，因此，成为单缓冲方式。

（2）双缓冲方式接口

双缓冲方式如图 5-30 所示。对于多路 D/A 转换接口，要求同步进行 D/A 转换输出时，必须采用双缓冲器同步方式接法。采用这种接法时，数字量的输入锁存和 D/A 转换输出是分两步完成的，即 CPU 的数据总线分时地向各路 D/A 转换器

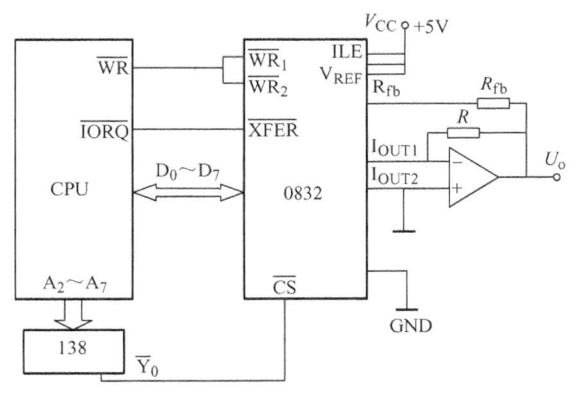

图 5-29　单缓冲方式

输入要转换的数字量并锁存在各自的输入寄存器中，然后 CPU 对所有的 D/A 转换器发出控制信号，使各个 D/A 转换器输入寄存器中的数据进入 DAC 寄存器，实现同步转换输出，如图 5-31 所示。

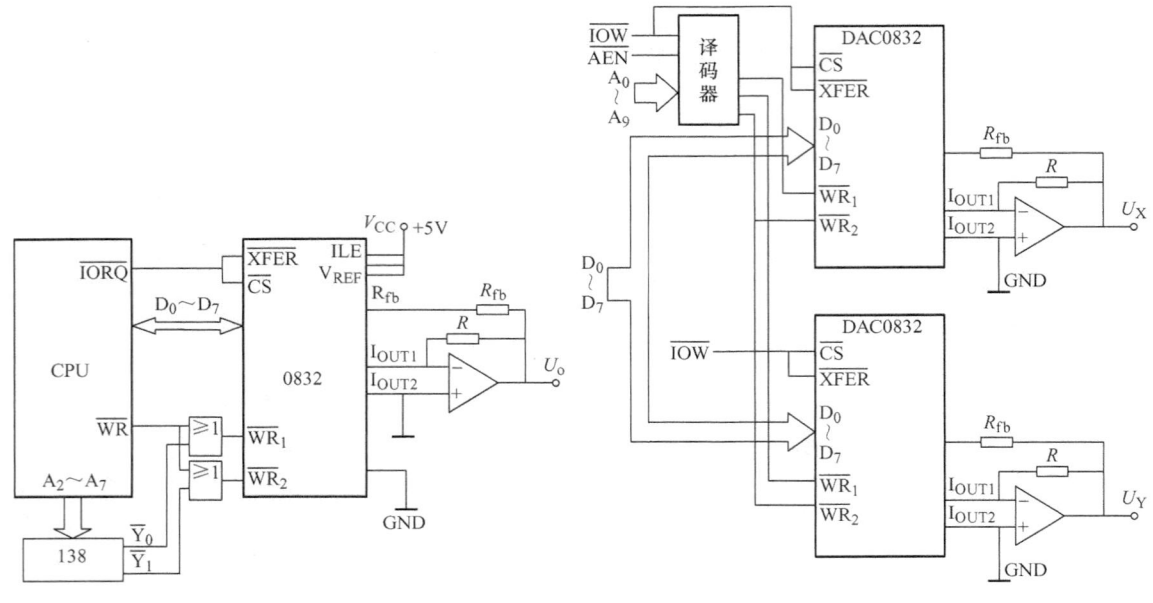

图 5-30　双缓冲方式　　　　　　　图 5-31　两个 DAC0832 同步转换输出

第六节　模拟量输入通道

模拟输入通道的任务是把被控对象的模拟量信号（如温度、压力、流量等）转换成计算机可以接收的数字量信号。

一、模拟量输入通道的结构

模拟量输入通道因检测系统本身的特点、实际应用的要求等因素的不同，可以有不同的形式。比如，对于高速系统，特别是需要同时得到描述系统性能各项数据的系统，可采用图 5-32 所示的并行转换结构。其特点是速度快、工作可靠，即使某一通路有故障，也不会影响其他通路正常工作。

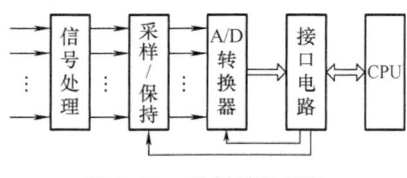

图 5-32　并行转换结构

但通道越多，成本越高。而且会使系统体积庞大，给系统的校准带来困难。如对 128 路信号巡检采集数据，采用这种结构很难实现。因此，通常采用的结构是多路通道共享采样/保持或模/数（A/D）转换电路，如图 5-33 所示。

根据上述结构，本节学习的内容主要包括信号处理和 A/D 转换技术。

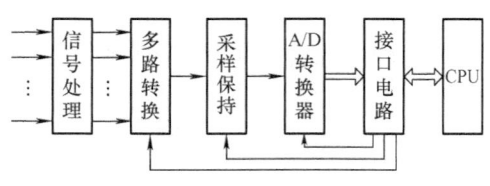

图 5-33　多路通道共享采样/保持或模/数（A/D）转换电路

二、信号处理

根据传感器信号的类型、大小等特征,信号处理也具有不同的形式。通常具有以下几种:

1) 传感器输出的信号是大信号模拟电压。
2) 传感器输出的信号是小信号模拟电压。
3) 传感器输出的信号是大电流信号。
4) 传感器输出的信号是小信号的电流。

根据上述处理形式可知,信号处理部分重点解决的设计任务是放大和 I/V 变换。

(一) 常用的放大电路

在完成一个具体的设计任务后,需根据被测对象选择合适的传感器,从而完成非电物理量到电量的转换。由于经传感器转换后的量,如电流、电压等,往往信号幅度很小,很难直接进行模/数转换,因此,需对这些模拟电信号进行放大处理。在信号输出通道、电平变换等数字信号处理中,信号放大技术也是不可缺少的基本环节。

1. 运算放大器的基本电路

(1) 反比例放大器

反比例放大器如图 5-34a 所示,对应的公式为

$$V_o = -\frac{R_f}{R} V_i \tag{5-8}$$

(2) 同比例放大器

同比例放大器如图 5-34b 所示,对应的公式为

$$V_o = \left(1 + \frac{R_f}{R}\right) V_i \tag{5-9}$$

(3) 跟随器

跟随器如图 5-34c 所示。

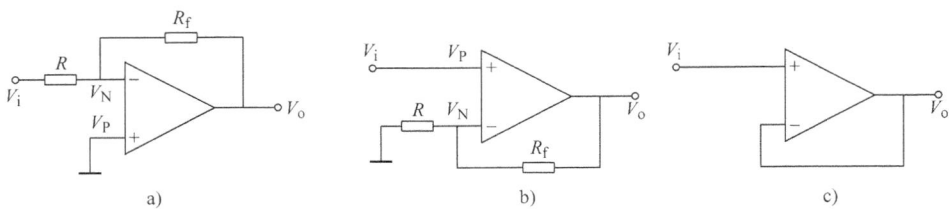

图 5-34 运算放大器的基本电路

2. 仪表放大器

在许多检测技术应用场合,传感器输出的信号往往较弱,而且其中还包含工频、静电和电磁耦合等共模干扰。对这种信号的放大就需要放大电路具有很高的共模抑制比以及高增益、低噪声和高输入阻抗。习惯上将具有这种特点的放大器称为测量放大器或仪表放大器。

仪表放大器内部结构如图 5-35 所示,对应的公式为

$$V_o = \frac{R_f}{R}\left(1 + \frac{R_{f1} + R_{f2}}{R_W}\right)(V_2 - V_1) \tag{5-10}$$

在某些只需简单放大的情况下，采用如图 5-35 所示的一般运放组成的测量放大器作为传感器的输出信号放大是可行的，但为了保证精度常需采用精密匹配的外接电阻，才能保证最大的共模抑制比，否则增益的非线性也比较大；此外还需考虑放大器的输入电路与传感器的输出阻抗的匹配问题。因此，在要求较高的场合，常采用集成测量放大器，如 AD521、AD522、INA101 等。

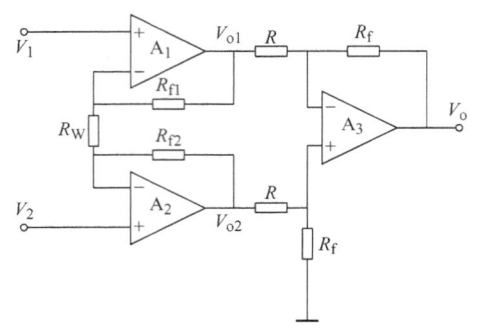

图 5-35　仪表放大器的结构

AD521 是美国 AD 公司生产的单片集成电路仪表放大器。AD521 的引脚排列和基本连接方法如图 5-36 所示。引脚 OFF SET（第 4、6 引脚）用来调节放大器的零点，如图 5-36b 所示。

放大器的放大倍数在 0.1~1000 范围内调整，由下式计算：

$$K = \frac{V_{\text{OUT}}}{V_{\text{IN}}} = \frac{R_S}{R_G} \quad (5-11)$$

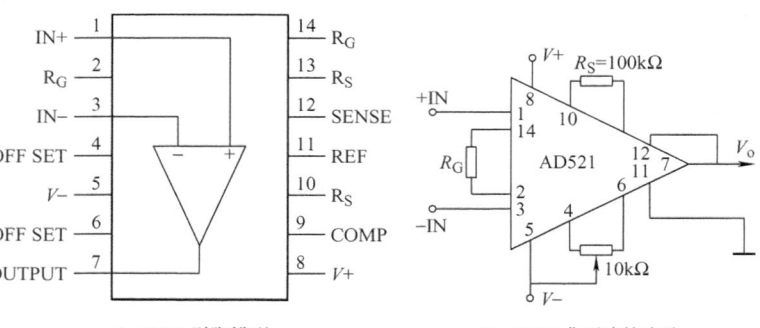

a) AD521 引脚排列　　b) AD521 典型连接电路

图 5-36　AD521 引脚排列和典型连接电路

3. 程控放大器

在模拟信号送到模/数转换系统时，为减少转换误差，一般希望送来的模拟信号尽可能大，如采用 A/D 转换器进行模/数转换时，在 A/D 输入的允许范围内，希望输入的模拟信号尽可能达到最大值。然而，当被测参量变化范围较大时，经传感器转换后的模拟小信号变化也较大，在这种情况下，如果单纯只使用一个放大倍数的放大器，就无法满足上述要求。在进行小信号转换时，可能会引入较大的误差。为解决这个问题，工程上常采用通过改变放大器放大增益的方法，来实现不同幅度信号的放大，如万用表、示波器等测量仪器的量程变换等。较容易想到的办法就是通过模拟开关改变反馈电阻阻值，如图 5-37 所示。

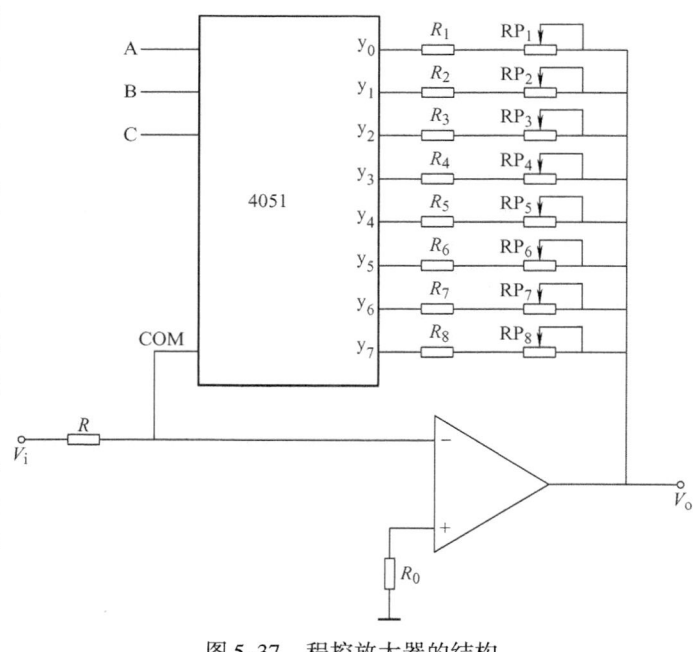

图 5-37　程控放大器的结构

也有许多集成的程控放大器，如 LH0084、AD524、AD624、PGA200 等。图 5-38 是 LH0084 的内部结构图。LH0084 是 National Semiconductor 公司生产的一款高速、高精度数字程控仪表放大器。通过 D_1 和 D_0 控制第一级增益，通过引脚 6~8 与引脚 10、引脚 11~13 与 GND 的不同连接控制第二级增益，可实现 10 种增益（1、2、4、5、8、10、20、40、50、100）。其真值表见表 5-3。

表 5-3 LH0084 真值表

输入		第一级增益	引脚连接	第二级增益	总增益
D_1	D_0				
0	0	1	6 连 10 13 连 GND	1	1
0	1	2			2
1	0	5			5
1	1	10			10
0	0	1	7 连 10 12 连 GND	4	4
0	1	2			8
1	0	5			20
1	1	10			40
0	0	1	8 连 10 11 连 GND	10	10
0	1	2			20
1	0	5			50
1	1	10			100

4. 隔离放大器

在有强电或强电磁干扰等的环境中，为了防止电网电压等对测量回路的损坏，其信号输入通道常采用隔离技术。在生物医疗仪器上，为防止漏电流、高电压等对人体的意外伤害，也常采用隔离放大技术，以确保患者安全；此外，在许多其他场合也常需要采用隔离放大技术。能完成隔离任务或具有隔离功能的放大器称为隔离放大器。

一般来讲，隔离放大器是对输入、输出和电源三者彼此相互隔离的测量放大器。

目前，隔离放大器中采用的方式主要有两种：变压器耦合和光电耦合。常用的有 AD202、ISO100 等。图 5-39 为 AD202 的内部结构图，可知其采用了变压器耦合的隔离方式。ISO100 采用了光电耦合的隔离方式，其简单原理图如图 5-40 所示。

（二）I/V 变换

在模拟输入通道中，A/D 转换器一般只能将电压信号转换成数字信号，故若传感器输出的是电流信号，就必须采用 I/V 变换电路进行变换。

无源 I/V 变换主要是利用无源器件电阻来实现，最简单的 I/V 变换电路是令电流通过一个精密电阻 R，则电阻上的电压（$V = IR$）就是所要转换的电压。若增加滤波和输出限幅等保护措施，可参考图 5-41。

对于一些小电流信号，通常利用电流放大器实现 I/V 变换，其简化原理图如图 5-42 所示。

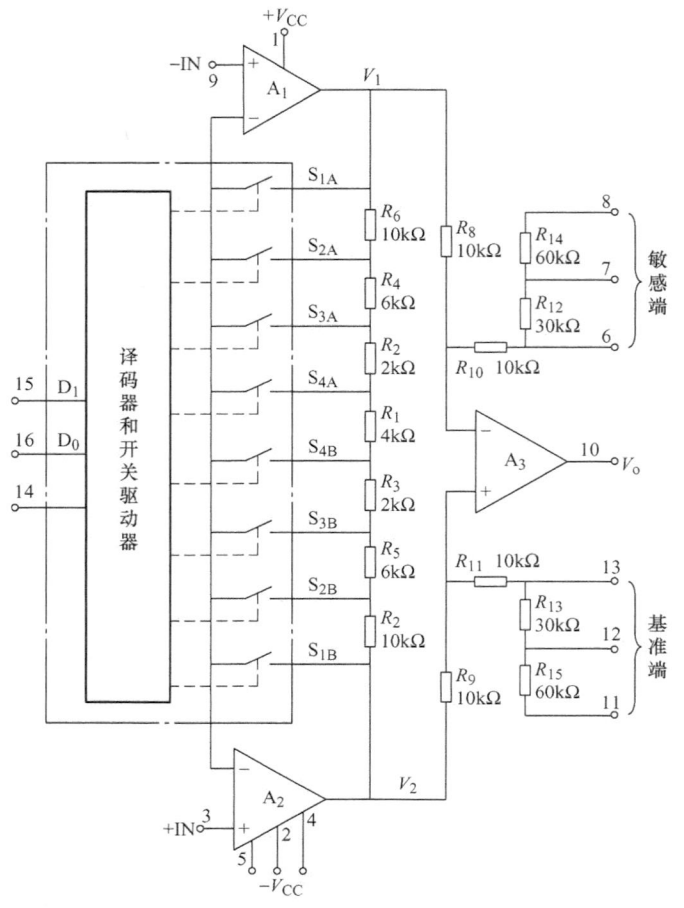

图 5-38　LH0084 的内部结构图

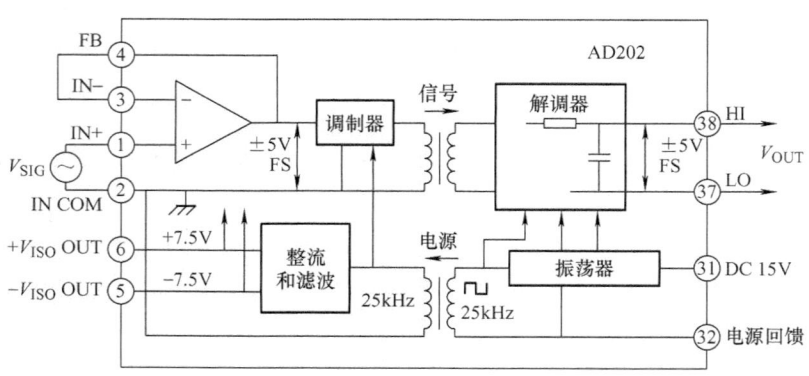

图 5-39　AD202 的内部结构图

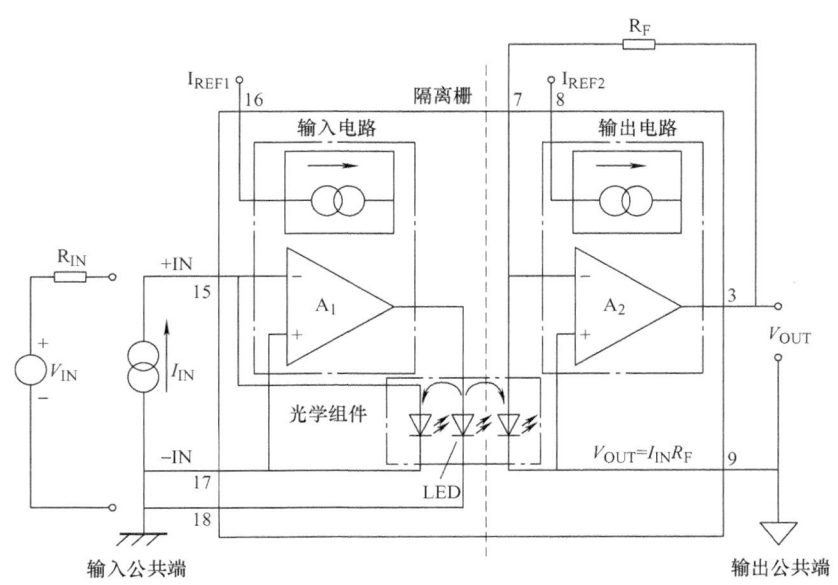

图 5-40　ISO100 的简单原理图

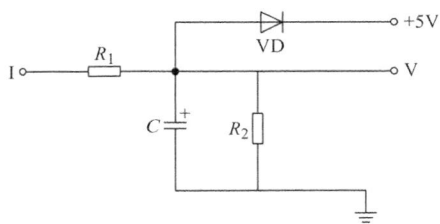

图 5-41　增加滤波和输出限幅的无源 I/V 变换

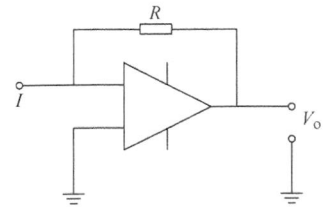

图 5-42　小电流信号的 I/V 变换

三、采样/保持的应用

A/D 转换器将模拟信号转换为数字信号需要一定的时间,对于随时间变化的模拟信号来说,转换时间决定了每个采样时刻的最大转换误差。

如图 5-43 所示的正弦模拟信号,如果从 t_0 时刻开始进行 A/D 转换,转换结束时已为 t_1,模拟信号已发生 ΔU 的变化。因此,被转换的究竟是哪一时刻的电压就很难确定,此时转换延迟所引起的可能误差是 ΔU。对于一定的转换时间,最大可能的误差发生在信号过零的时刻,因为此时 dU/dt 最大,转换时间一定,所以 ΔU 最大。

令 $U = U_m \sin\omega t$,则

$$\frac{dU}{dt} = U_m\omega\cos\omega t = U_m 2\pi f\cos\omega t$$

式中，U_m 为正弦信号的幅值；f 为信号频率。

在坐标原点

$$\frac{\Delta U}{\Delta t} = U_m 2\pi f$$

取 $\Delta t = t_{A/D}$，则得原点处转换的不确定电压误差为

$$\Delta U = U_m 2\pi f t_{A/D}$$

误差的百分数为

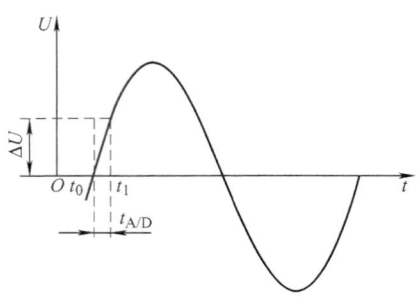

图 5-43　正弦模拟信号转换误差示意图

$$\sigma = \frac{\Delta U \times 100\%}{U_m} = 2\pi f t_{A/D} \times 100\%$$

由此可知，对于一定的转换时间，误差的百分数和信号频率成正比，为了确保 A/D 转换的精度，使它不低于 0.1%，不得不限制信号的频率范围。

【例 5-4】　一个 10 位的 A/D 转换器，若要求转换精度为 0.1%，转换时间为 10μs，则允许转换的正弦波模拟信号的最大频率为

$$f = \frac{0.1}{2\pi \times 10 \times 10^{-6} \times 10^2}\text{Hz} \approx 32\text{Hz}$$

因此，如果被采样的模拟信号的变化频率相对于 A/D 转换器的速度来说比较高，为了保证转换精度，就需要在 A/D 转换之前加上采样/保持电路，使得在 A/D 转换期间保持输入模拟信号不变。

应当指出，在模拟量输入通道中，只有在信号变化频率较高而 A/D 转换速度又不高，以致转换误差影响转换精度时，或者要求同时进行多路采样的情况下，才需要设置采样/保持电路。对于一些变化缓慢的生产过程（如石油、化工等）可以不设置保持电路。

四、A/D 转换技术

（一）A/D 转换原理

A/D 转换方法比较多，常用的转换方法包括：并行比较式、计数比较式、电压/频率转换、逐次逼近式、双斜率积分式和 Σ-Δ 型等。本节重点介绍后三种。

1. 逐次逼近式 A/D 转换

A/D 转换芯片中包括逐次逼近寄存器（SAR）、D/A 转换器、比较器、时序及控制逻辑等，如图 5-44 所示。

转换过程如下：

1) 时序及控制逻辑使 SAR 最高位为"1"，其余为"0"，经 D/A 转换为模拟电压 V_f，然后与输入电压 V_x 比较，确定该位。

2) 当 $V_x \geq V_f$ 时，此位为"1"，置下位为"1"。

3) 当 $V_x < V_f$ 时，此位为"0"，置下位为"1"。

4) 按上述方法依次类推，逐位比较判断，直至确定 SAR 的最低位为止。

【例 5-5】　以 4 位 A/D 转换为例，其中内部 D/A 基准电压为 5V，设输入电压为 2.4V，演示逐次逼近式 A/D 的转换过程和各部分的结果。

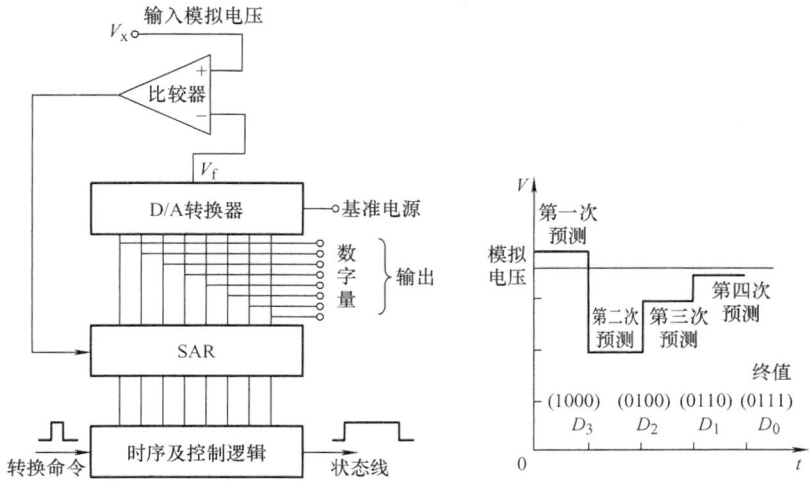

图 5-44 逐次逼近式 A/D 转换原理

序号	逐次逼近寄存器的值	D/A 输出/V	比较结果
1	1000	2.67	0
2	0100	1.33	1
3	0110	2.00	1
4	0111	2.33	1

2. 双斜率积分式 A/D 转换

双斜率积分式 A/D 转换器由基准电源、积分器、比较器、计数器、控制逻辑组成，如图 5-45 所示。

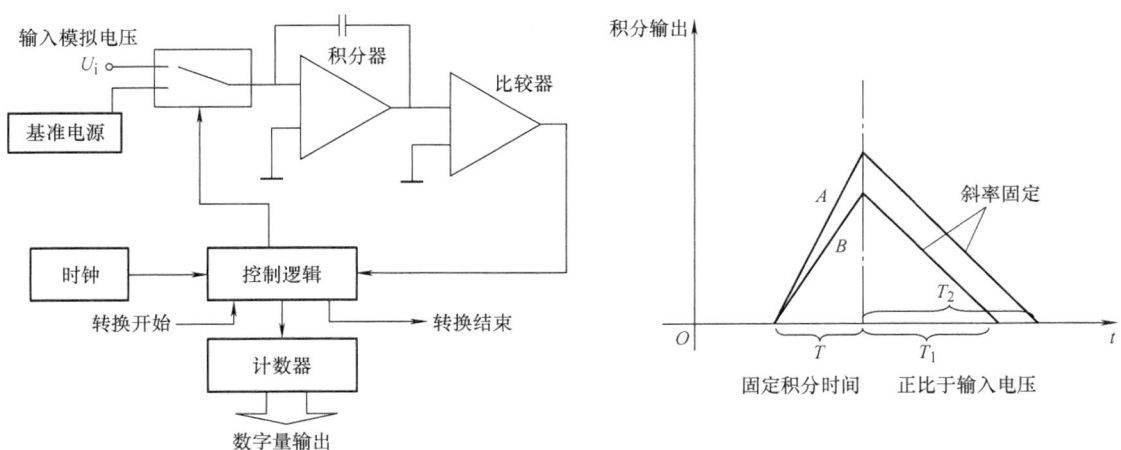

图 5-45 双斜率积分式 A/D 转换原理

在转换开始信号控制下，转换开关接到输入模拟电压端 U_i，在固定时间 T 内对积分器充电，时间到时，控制逻辑将转换开关打到基准电源（与 U_i 极性相反），开始使积分器放电，放电期间，计数器计脉冲多少反映了放电时间 T_1、T_2 的长短，从而决定模拟输入电压的大小。

比较器判定放电完毕，控制计数器停止计数，并由控制逻辑发出转换结束信号。计数器计数值的大小反映了输入电压 U_i 在固定积分时间 T 内的平均值，也即转换完的数字量。

3. $\Sigma-\Delta$ 型 A/D 转换

$\Sigma-\Delta$ 型 A/D 转换原理构成了精度最高的 A/D 转换器，其原理如图 5-46 所示。点画线框内是 $\Sigma-\Delta$ 调制器。模拟信号与移位 DAC 的输出送到减法器，经积分器后送到比较器。以 Kf_s 采样速率将输入信号转换为由 1 和 0 构成的连续串行位流。典型芯片如 AD7715。

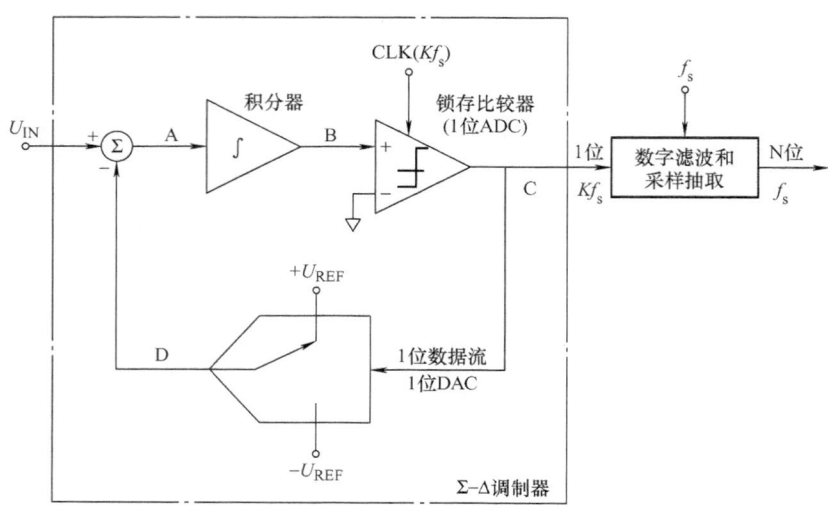

图 5-46 $\Sigma-\Delta$ 型 A/D 转换原理

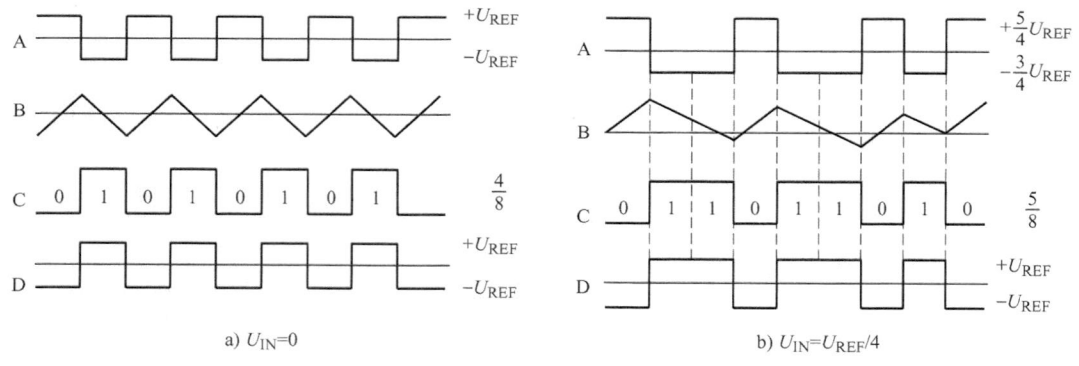

图 5-47 $\Sigma-\Delta$ 型 A/D 转换示例

以输入电压分别为 0 和 $U_{REF}/4$ 为例说明其转换过程，如图 5-47 所示。图中所示的信号波形分别对应图 5-46 中 A、B、C 和 D 各点的信号。其中，图 5-47a 是输入电压为 0 的情况，输出为 0、1 相间的数据流。如果数字滤波器对每 8 个采样值取平均，所得到的输出值为 4/8，这个值正好对应 3 位双极性输入 A/D 转换的零值。当输入电压为 $U_{REF}/4$ 时，则信号波形如图 5-47b 所示，求和输出 A 点的正、负幅度不对称，引起正、反向积分斜率不等，于是调制器输出 1 的个数多于 0 的个数。如果数字滤波器仍对每 8 个采样值取平均，所得到的输出值为 5/8，这个值正是 3 位双极性输入 A/D 转换对应的 $U_{REF}/4$ 的转换值。

(二) A/D 转换器技术指标

1. 分辨率

分辨率通常用数字输出最低有效位（Least Significant Bit，LSB）所对应的模拟量输入电压值表示，例如：AD 位数 $n=8$，满量程为 5V，则 LSB 对应 $5V/(2^8-1)=19.6mV$。

由于分辨率直接与转换位数有关，所以一般也用其位数表示分辨率，如 8 位、10 位、12 位、14 位、16 位 A/D 转换器。

通常把小于 8 位的称为低分辨率，10~12 位的称为中分辨率，14 位以上的称为高分辨率。

2. 转换时间

转换时间是从发出转换命令信号到转换结束信号的有效的时间间隔，即完成一次转换所用的时间。转换时间的倒数为转换速率。

通常转换时间从几 ms 到 100ms 称为低速，从几 μs 到 100μs 称为中速，从 10ns 到 100ns 左右称为高速。

3. 转换量程

转换量程是所能转换的模拟量输入电压范围，如 0~5V、-5~+5V 等。

(三) A/D 与 CPU 接口技术

A/D 转换器的引脚信号基本上是类似的，一般有模拟量输入信号、数字量输出信号、启动转换信号和转换结束信号，另外还有工作电源和基准电源。下面从 A/D 转换器位数与 CPU 数据总线位数的关系角度介绍对应的接口技术。为了使读者正确地使用 A/D 转换器，下面从使用角度介绍三种常用的 A/D 转换器芯片，即 8 位 A/D 转换器芯片 ADC0809、12 位 A/D 转换器芯片 AD574（AD1674 和 AD574 功能近似，为并行总线接口）、16 位 A/D 转换器芯片 AD7155（为串行总线接口）。

1. 8 位数据总线与 8 位 A/D 转换器的接口

8 位 A/D 转换器芯片 ADC0809 采用逐次逼近式原理，ADC0809 结构框图如图 5-48 所示。

ADC0809 在 A/D 转换器基本原理的基础上，增加了 8 路输入模拟开关和开关选择电路。其分辨率为 8 位，转换时间为 100μs，采用 28 脚双列直插式封装，各引脚功能如下：

$IN_0 \sim IN_7$：为 8 个模拟量输入端；START：启动 A/D 转换控制；EOC：转换结束信号；OE：输出允许信号；CL：时钟；ALE：地址锁存允许；ADDC、ADDB、ADDA：通道号控制端；$D_0 \sim D_7$：数字量输出端；$V_{REF(+)}$、$V_{REF(-)}$：参考电压端子；V_{CC}：电源电压；GND：接地。

为使 CPU 能启动 A/D 转换，并将转换结果传给 CPU，必须在两者之间设置接口与控制电路。接口电路的构成既取决于 A/D 转换器本身的性能特点，又取决于采用何种方式读取 A/D 转换结果。例如，某些 A/D 转换器芯片内部无多路模拟开关就需要外接，而 ADC0809 就不用，因为它内部已有多路模拟开关，一旦 A/D

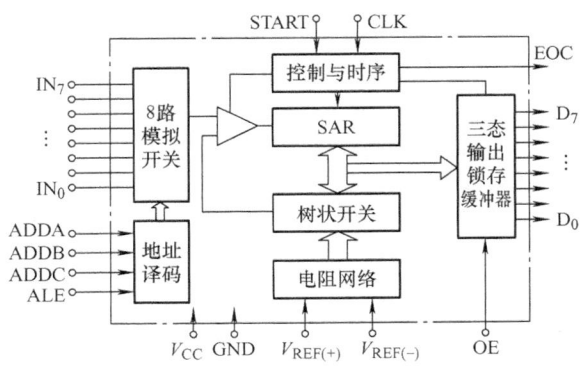

图 5-48 ADC0809 结构框图

转换结束，它就会发出转换结束信号，再由 CPU 根据此信号决定是否读取 A/D 转换数据。

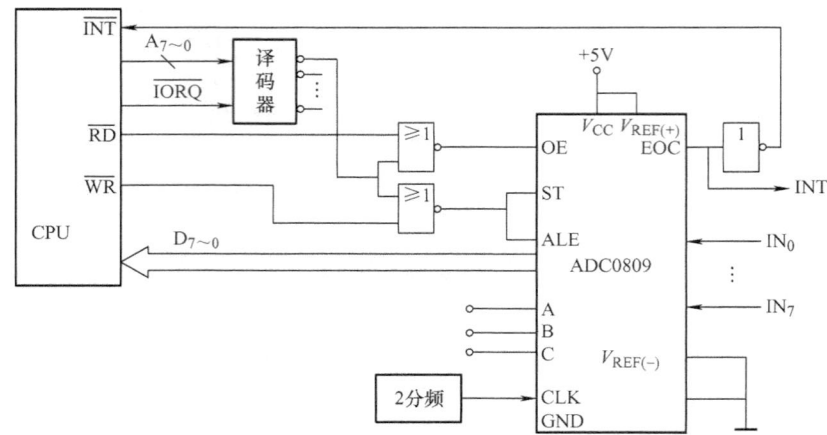

图 5-49 ADC0809 与 8 位数据总线 CPU 的接口设计

CPU 读取 A/D 转换数据的方法有三种：查询法、定时法和中断法。

查询法：CPU 启动 A/D 转换后，不断读取转换结束信号 EOC，并判断它的状态。如果 EOC 为"0"，表示 A/D 转换正在进行，则继续查询 EOC 的状态；反之，如果 EOC 为"1"，表示 A/D 转换结束。一旦 A/D 转换结束，CPU 即可读取 A/D 转换数据。

定时法：如果已知 A/D 转换所需时间，那么启动 A/D 转换后，只需等待超过该时间，就可以读取 A/D 转换数据。

中断法：上述两种方法在 A/D 转换期间独占了 CPU，使 CPU 运行效率降低。采用图 5-49 所示方法，CPU 可在启动 A/D 转换后，处理其他事情，当 A/D 转换结束，EOC 变为"1"，从而触发 CPU 的中断，可由中断服务程序读取 A/D 转换数据。

2. 8 位数据总线与 12 位 A/D 转换器的接口

下面以 12 位 A/D 芯片 AD574 为例，说明高于 8 位的 A/D 芯片与 8 位数据总线 CPU 的接口电路设计。

AD574 是 AD 公司生产的 12 位逐次比较型 A/D 转换器，其结构如图 5-50 所示。AD574 为 28 脚双列直插式封装。AD574 有两个模拟输入端，分别用于不同的电压范围，$10V_{IN}$ 适用于 ±5V 的模拟输入，$20V_{IN}$ 适

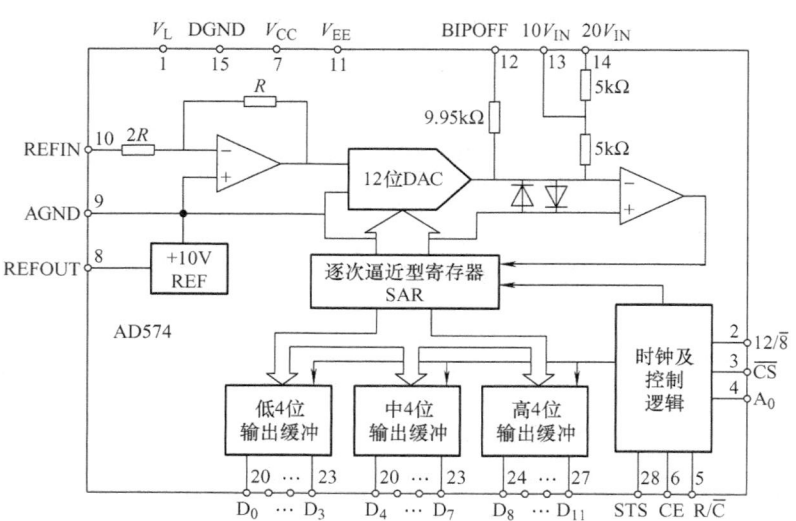

图 5-50 AD574 内部结构图

用于 ±10V 的模拟输入。各引脚功能如下：

$\overline{CS}$：片选，低电平有效。

CE：片使能，高电平有效，必须$\overline{CS}$和 CE 同时有效时，AD574 才工作，否则处于禁止状态。

$R/\overline{C}$：读出和转换控制，当 $R/\overline{C}=0$ 时，启动 A/D 转换过程，当 $R/\overline{C}=1$ 时，读出 A/D 转换结果。

$12/\overline{8}$：数据模式选择端，通过此引脚可选择数据总线是 12 位或 8 位。

STS：转换结束信号，当开始 A/D 转换后，STS 信号变为高电平，表示转换正在进行，A/D 转换完成后，STS 变为低电平。

启动 A/D 转换的条件是 CE=1，$\overline{CS}=0$，$R/\overline{C}$ 为低电平。AD574 详细的功能表见表 5-4。

表 5-4 AD574 功能表

CE	$\overline{CS}$	$R/\overline{C}$	$12/\overline{8}$	A_0	操作
0	×	×	×	×	不工作
×	1	×	×	×	不工作
1	0	0	×	0	12 位转换
1	0	0	×	1	8 位转换
1	0	1	接 +15V	×	12 位并行输出
1	0	1	接地	0	高 8 位输出
1	0	1	接地	1	低 4 位输出

图 5-51 为 8 位数据总线的 CPU 与 12 位的 AD574 的接口电路，CPU 需要执行两条输入指令，才能将 A/D 转换数（$DO_0 \sim DO_{11}$）传送给 CPU。CPU 首先读低 8 位（$DO_0 \sim DO_7$），再读高 4 位（$DO_8 \sim DO_{11}$）。如果选用的 CPU 有 16 位数据线，那么 CPU 只需要执行一条输入指令，就能将 A/D 转换数（$DO_0 \sim DO_{11}$）传送给 CPU。

3. 16 位数据总线与 12 位 A/D 转换器的接口

图 5-52 是通过锁存器和缓冲器进行 A/D 转换器芯片的控制。采用 16 位数据总线的 DSP 进行控制。图中的 Ctrl_Data 和 Ctrl_RC 表示地址译码电路对应的两个地址。DSP 通过锁存器锁

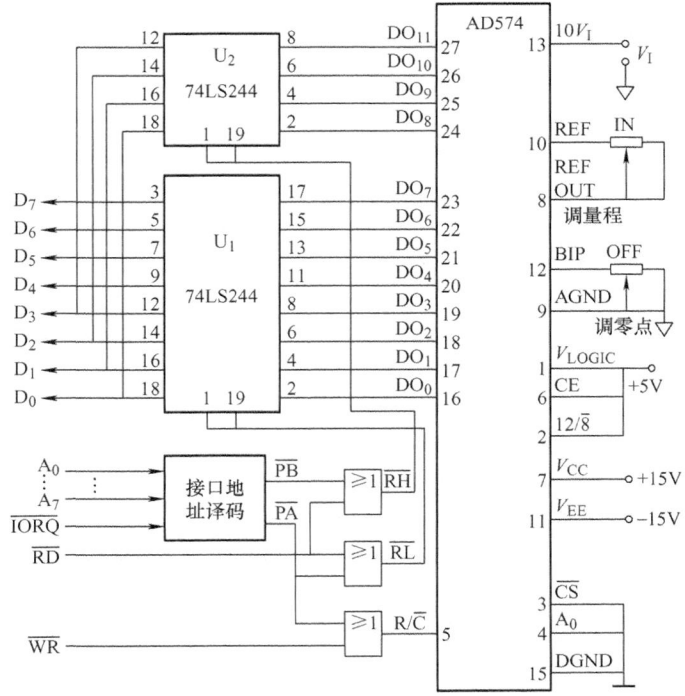

图 5-51 12 位 AD574 与 8 位数据总线 CPU 的接口设计

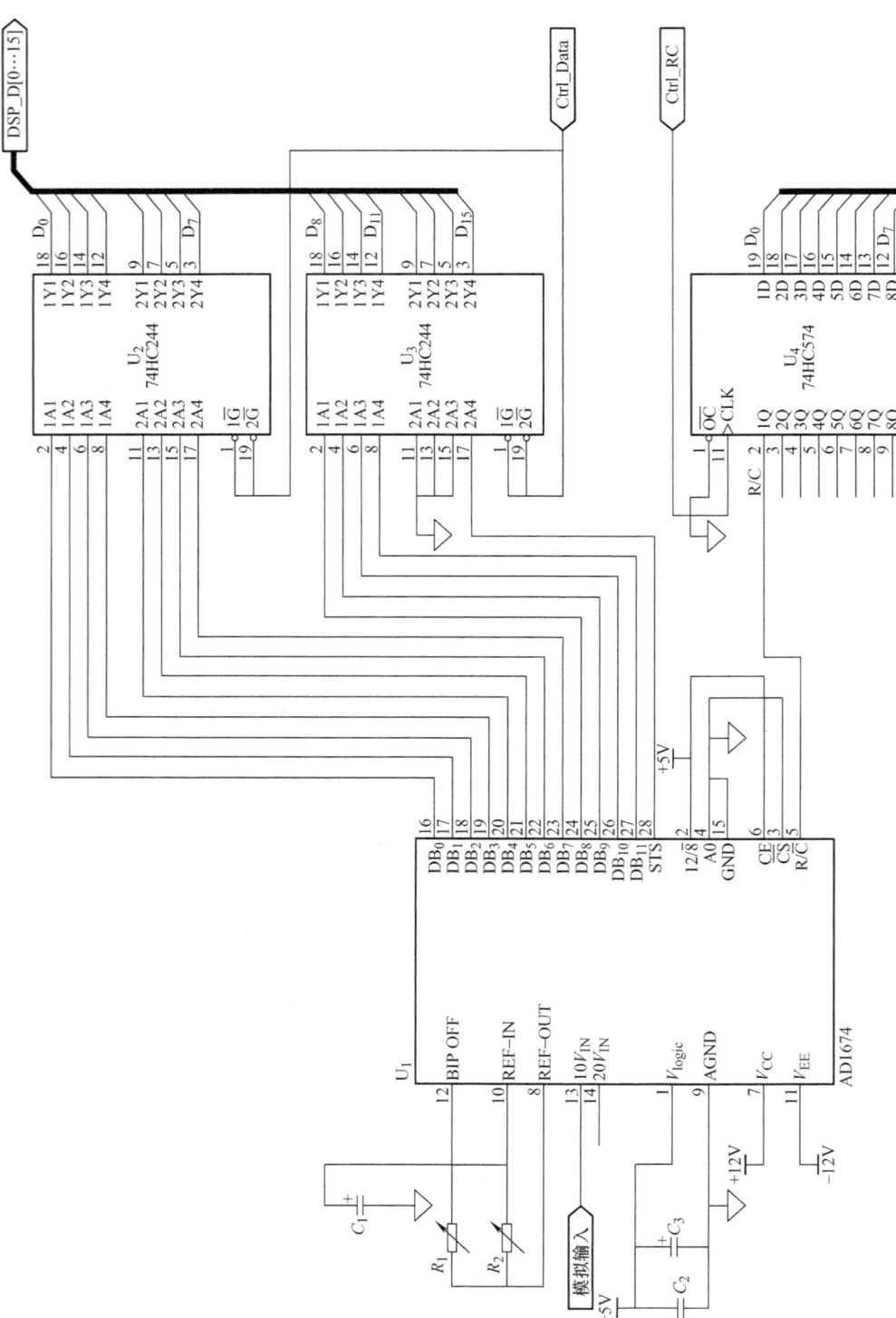

图 5-52　12位A/D与16位数据总线DSP的接口设计

存数据总线，控制 AD1674 的 R/$\overline{C}$ 端。当开始转换后，DSP 不断读取地址 Ctrl_Data，并判断 STS 所对应位是否为 0，如果为 1，则说明开始转换，DSP 继续读取地址 Ctrl_Data，直到 STS 所对应位为 0，说明转换结束。读取的 16 位数据总线中的低 12 位则为本次 A/D 转换结果。

4. AD7715 的接口设计

AD7715 是 AD 公司生产的 16 位模/数转换器。它具有 0.0015% 的非线性、片内可编程增益放大器、差动输入、三线串行接口、缓冲输入、输出更新速度可编程等特点。其内部结构图如图 5-53 所示。

AD7715 的主要引脚功能如下：

1）SCLK：串行时钟逻辑输入。

2）MCLK IN：器件的主时钟信号。可由晶振提供，也可由与 CMOS 兼容的时钟驱动。其频率必须是 1MHz 或 2.4576MHz。

3）MCLK OUT：当

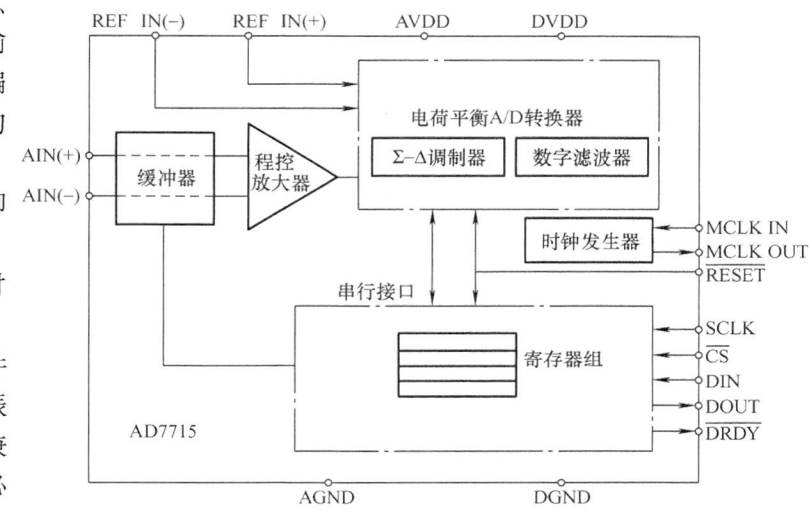

图 5-53　AD7715 的内部结构图

器件的主时钟信号由晶振提供时，此引脚与 MCLK IN 引脚和晶振两脚相连。如果 MCLK IN 为外部时钟引脚，则 MCLK OUT 引脚能提供一个反向的时钟信号，供外电路使用。

4）$\overline{CS}$：片选信号，逻辑低有效。

5）$\overline{RESET}$：逻辑输入，低电平有效。有效时，可将片内的控制逻辑、接口逻辑、校准系数、数字滤波器以及模拟调制器复位到上电状态。

6）AIN + 、AIN - ：模拟输入，分别为片内可编程增益放大器差动模拟输入的正、负端。

7）REF IN（+）、REF IN（-）：参考输入的正端和负端。

8）$\overline{DRDY}$：逻辑输出。低电平表明来自 AD7715 数据寄存器的输出字是有效的。当完成全部 16 位的读操作时，此引脚变成高电平。

9）DOUT、DIN：串行输出端和输入端。输入或输出是哪一个寄存器，取决于通信寄存器中的寄存器设定位。

AD7715 片内有四个寄存器，分别是通信寄存器、设定寄存器、测试寄存器和数据寄存器。具体操作规定可参照 AD7715 的数据手册。AD7715 可以很方便地与具有 SPI 接口的单片机或微处理器配合使用，如图 5-54 所示。如果处理器不具备 SPI 接口，也可利用 I/O 引脚来模仿 SPI 接口或利用异步串行接口实现对 AD7715 的操作。

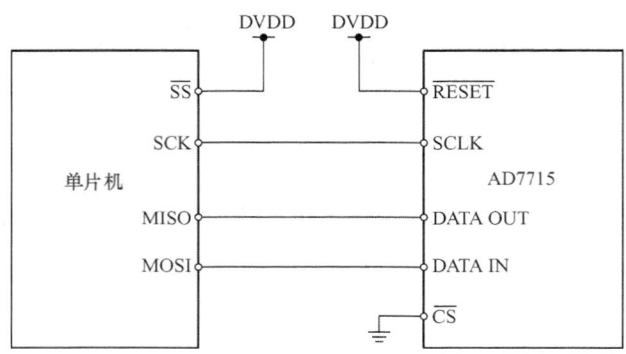

图 5-54 AD7715 与有 SPI 的单片机接口

思 考 题

1. 常用的过程通道主要包括哪些类型？
2. 如何通过引脚功能确定采用的编址方式？I/O 接口编址不同功能的引脚是如何配合的？
3. 参考图 5-3，如果 $\overline{Y_0} \sim \overline{Y_7}$ 对应的地址顺序为 2E0H、2E2H、2E1H、2E3H、2E4H、2E6H、2E5H、2E7H，如何设计 74LS138 与地址线的连接？
4. 参考图 5-4，如果对地址 F7H 进行 I/O 写操作，74LS138 的哪个输出引脚变为低电平？如果对地址 F7H 进行 I/O 读操作，74LS138 的输出是否会发生变化？它是如何变化的？
5. 对于图 5-7，锁存器选用的是 74LS574，使用 74LS573 是否可以？如何设计？
6. 请简述锁存器和缓冲器的区别。
7. 设计数字量输入调理电路时，要考虑哪些方面？
8. 请比较固态继电器与继电器的区别。
9. 设计一个通过继电器级联驱动大功率设备的电路。
10. D/A 有哪些常用的转换方式？它们分别是如何工作的？
11. DAC0832 中输入寄存器和 DAC 寄存器各有什么功能？为什么要有两个寄存器？
12. 12 位的 D/A 转换器能否与 8 位数据总线 CPU 连接？
13. 隔离放大器中采用什么方式实现隔离？
14. A/D 有哪些常用的转换方式？分别是如何工作的？
15. 能否用单片机、比较器、电容等设计一个双斜率积分式 A/D 转换器？
16. 请根据 LH0084 的内部结构图，计算其不同增益。
17. 查阅 AD202 或 ISO100 的芯片资料，试设计其中一种典型应用电路，并分析电路。
18. 查阅 AD7715 的芯片资料，其接口属于哪种总线形式？试采用一种型号处理器设计出接口电路。
19. 一个 10 位的 A/D 转换器，转换时间为 10μs，对于最大频率为 10Hz 的正弦波模拟信号，不涉及保持器，能否保证 0.1% 的转换精度？

第六章 计算机控制系统中的抗干扰技术

计算机控制系统的工作环境恶劣、干扰频繁,若不加以抑制,就会影响到控制系统的可靠性和稳定性。为了达到抗干扰的目的,需要了解干扰形成的原因,在此基础上,进行有针对性的设计。一般来说,硬件抗干扰技术如果使用得当,可将绝大多数干扰拒之门外,但仍然会有干扰窜入计算机中,对控制系统的运行造成影响,因此,软件抗干扰技术就会成为第二道防线。

第一节 干扰的形成

干扰是指有用信号以外的噪声或造成计算机设备不能正常工作的破坏因素。本节主要从干扰的来源、作用途径和作用形式三方面进行介绍。

一、干扰的来源

计算机控制系统中干扰的来源是多方面的,一般将控制系统所受到的干扰源分为外部干扰和内部干扰。

(一) 外部干扰

外部干扰与系统结构无关,是由外界环境因素决定的,主要来源有:电源电网的波动、大型用电设备(如天车、电炉、大功率电动机、电焊机等)的起停、高压设备和电磁开关的电磁辐射、通信广播发射的无线电波、太阳或者其他天体辐射的电磁波等,甚至包括气温、湿度等气象条件的变化。

(二) 内部干扰

内部干扰由系统结构、制造工艺等因素决定,主要有分布电容或分布电感产生的干扰、多点接地造成的电位差给系统带来的影响、长线传输的波反射产生的干扰等。

二、干扰的作用途径

干扰的作用途径主要有静电耦合、电磁耦合和公共阻抗耦合。

(一) 静电耦合

干扰信号通过分布电容进行传递称为静电耦合。系统内部各导线之间、印制电路板的各线条之间、变压器线匝的绕组之间以及元件之间、元件与导线之间都存在着分布电容。具有一定频率的干扰信号通过这些分布电容提供的电抗通道穿行,对系统形成干扰。

图6-1给出了两个导体静电耦合的示意及等效电路。导体1上连接信号源,通过分布电容干扰导体2,导体2上出现干扰电压为

$$V_n = \frac{j\omega R C_{12}}{1 + j\omega R(C_{12} + C_{2g})} V_1 \tag{6-1}$$

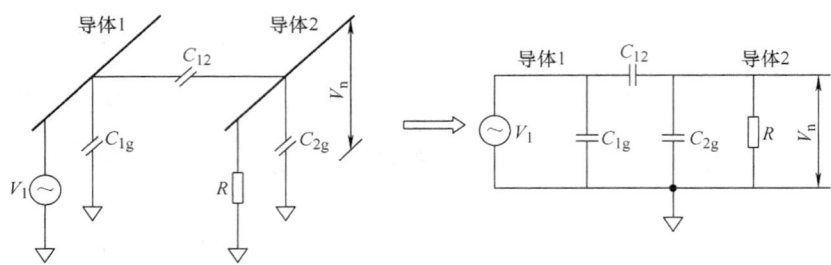

图 6-1　静电耦合示意图及等效电路

（二）电磁耦合

电磁耦合是指在空间磁场中电路之间的互感耦合。因为任何载流导体都会在周围的空间产生磁场，而交变磁场又会在周围的闭合电路中产生感应电动势，所以这种电磁耦合总是存在的，只是程度强弱不同而已。

图 6-2 所示为两个导线电磁耦合的示意图。导线 2 上由于电磁耦合产生的干扰信号为

$$V_n = j\omega M I_1 \tag{6-2}$$

式中，M 为两根导线的互感；I_1 为导线 1 中的电流。

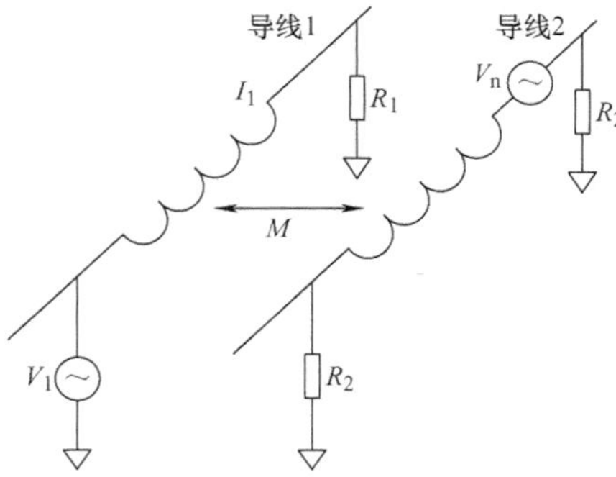

图 6-2　电磁耦合示意图

【例 6-1】　某信号线上的电压为 220V（AC），负荷为 1kV·A，输电线距离为 1m，并且平行走线 10m，两线之间的互感为 4.2μH，请计算信号线上感应的干扰电压为多少？

解：　$V_n = j\omega M I_1 = 2\pi \times 50 \times 4.2 \times 10^{-6} \times 1000/220 \text{V} = 5.998 \times 10^{-3} \text{V}$

可见，将近 6mV 的干扰信号对一些微弱信号的检测影响非常大。

（三）公共阻抗耦合

公共阻抗耦合是指多个电路的电流流经同一公共阻抗时所产生的相互影响。例如，系统中往往是多个电路共用一个电源，各电路的电流都流经的电源内阻和线路电阻就成为各电路的公共阻抗。每一个电路的电流在公共阻抗上造成的压降都将成为其他电路的干扰信号。

在图 6-3a 和 b 中，模拟系统和数字系统不是分开接地的，数字系统工作耗电电路的波动就会耦合到模拟系统中。在图 6-3c 中，模拟系统和数字系统是分开接地的，两个系统的

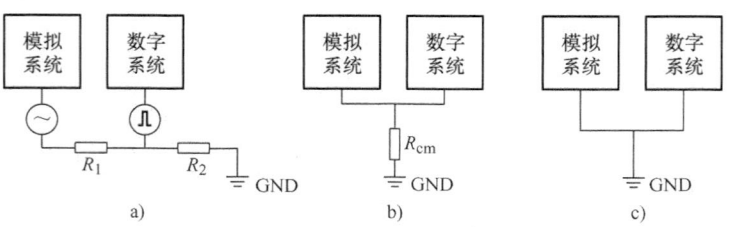

图 6-3　公共阻抗耦合示意图

耗电电流分别流入大地，由于大地是一个无限吸收面，这样就可避免公共阻抗耦合干扰。

三、干扰的作用形式

各种干扰信号通过不同的耦合方式进入系统后，按照对系统的作用形式不同又可分为共模干扰、串模干扰和长线传输干扰。

（一）共模干扰

共模干扰是在电路输入端相对公共接地点同时出现的干扰，也称为共态干扰、对地干扰、纵向干扰、同向干扰等。共模干扰主要是由电源的地、放大器的地以及信号源的地之间的传输线上电压降造成的，如图6-4所示。

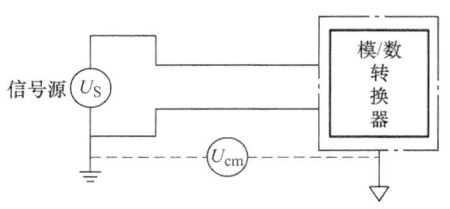

图6-4　共模干扰示意图

（二）串模干扰

串模干扰是指串联叠加在工作信号上的干扰，也称为正态干扰、常态干扰、横向干扰等。图6-5描述了串模干扰的情况。

（三）长线传输干扰

在计算机控制系统中，现场信号到控制计算机以及控制计算机到现场执行机构，都需要一段较长的线路进行信号传输，所谓"长线"，取决于集成电路的运算速度。在计算机

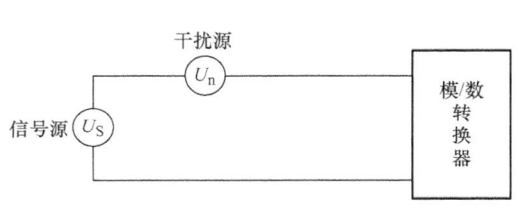

图6-5　串模干扰示意图

控制系统中，由于数字信号的频率很高，因此很多情况下传输线要按长线对待。例如，对于10ns级的电路，几米长的连线才能作为长线来考虑；而对于ns级的电路，1m长的连线就要当作长线处理。

长线传输会遇到三个问题：一是长线传输易受到外界干扰；二是具有信号延时；三是高速变化的信号在长线传输时，还会出现波反射现象。

当信号在长线中传输时，由于受到传输线的分布电容和分布电感的影响，信号会在传输线内部产生向前进的电压波和电流波，称为入射波；另外，如果传输线的终端阻抗与传输线的波阻抗不匹配，那么当入射波到达终端时，便会引起反射；同样，反射波到达传输线始端时，如果始端阻抗不匹配，还会引起新的反射。这种信号的多次反射现象，使信号波形失真和畸变，并且引起干扰脉冲。

第二节　硬件抗干扰技术

干扰是客观存在的，为了减少干扰对计算机控制系统的影响，必须采用各种抗干扰措施，以保障系统正常工作。可根据干扰的作用形式有针对地采用硬件抗干扰技术进行抑制。另外，系统供电与接地技术也是抗干扰技术中很重要的部分。

一、共模干扰的抑制

抑制共模干扰的主要方法是设法消除不同接地点之间的电位差。

（一）变压器隔离

变压器隔离利用变压器把模拟信号电路与数字信号电路隔离开来，也就是把模拟地与数字地断开，以使共模干扰电压不成回路，从而抑制了共模干扰。注意，隔离前和隔离后应分别采用两组互相独立的电源，以切断两部分的地线联系。

这种隔离适合无直流分量信号的通路。对于直流信号，可通过调制器变换为交流信号，经隔离变压器后，用解调器再变换成直流信号，如图6-6所示。

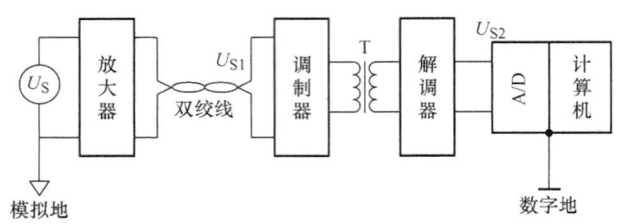

图6-6 变压器隔离图

（二）光电隔离

光电隔离是利用光电耦合器完成信号的传送，实现电路的隔离。由于光电耦合器是用光传送信号，两部分电路无直接电气联系，因此，切断了它们之间地线的联系，抑制了共模干扰。除此之外，光电耦合器抑制干扰还有两方面的功效：首先，发光二极管动态电阻非常小，而干扰源的内阻一般很大，因此，能够传送到光电耦合器输入端的干扰信号就小；其次，光电耦合器的发光二极管只有通过一定的电流时才能发光，而许多干扰信号幅值虽然较高，但能量较小，不足以使发光二极管发光，所以可有效地抑制干扰信号。

根据所用的器件及电路不同，通过光电耦合器不仅可以实现模拟信号的隔离，还可以实现数字量的隔离。光电隔离前后两部分电路应分别采用两组独立的电源。对于模拟信号的光电隔离，应采用线性光电耦合器，如图6-7所示。

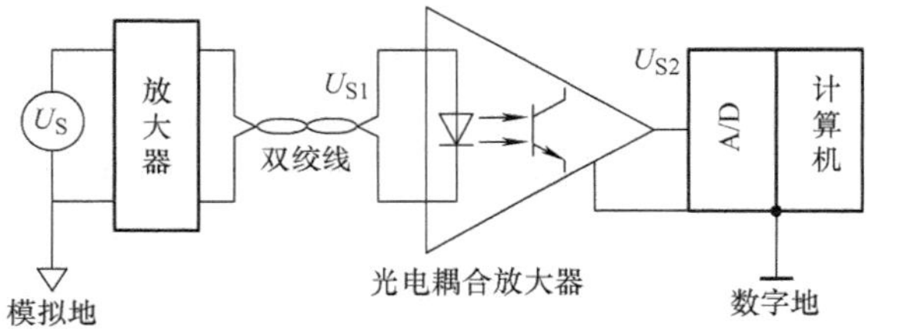

图6-7 光电隔离

（三）浮地屏蔽

浮地屏蔽采用浮地输入双层屏蔽放大器来抑制共模干扰。所谓浮地，就是利用屏蔽方法使信号的"模拟地"浮空，从而达到抑制共模干扰的目的，如图6-8所示。

（四）采用具有高共模抑制比的仪表放大器作为输入放大器

共模电压对放大器的影响，实际上是转换成串模干扰的形式而加入到放大器输入端的，如图6-9所示。当放大器为单端输入时，共模电压 V_c 引入放大器输入端的串模干扰电压为

$$V_{n1} = I_c Z_s = V_c Z_s / (Z_s + Z_r) \tag{6-3}$$

式中，Z_s 为信号源内阻；Z_r 为放大器输入阻抗。

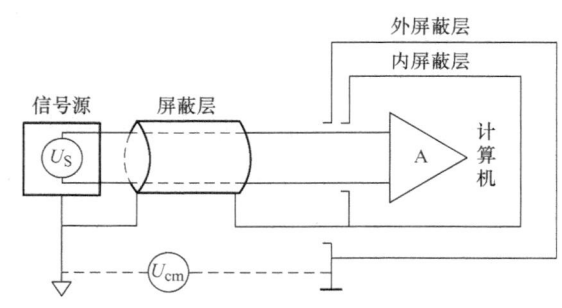

图6-8 浮地双屏蔽示意图

由于 $Z_r \gg Z_s$，所以

$$V_{n1} \approx V_c Z_s / Z_r \qquad (6\text{-}4)$$

可知，放大器输入阻抗越大，信号源内阻越小，共模电压转换成串模干扰越被抑制。

当放大器为双端输入时，共模电压 V_c 引入放大器输入端的串模干扰电压为

$$V_{n2} = I_{c1} Z_{s1} - I_{c2} Z_{s2} = V_c Z_{s1}/(Z_{s1}+Z_{r1}) \\ - V_c Z_{s2}/(Z_{s2}+Z_{r2}) \qquad (6\text{-}5)$$

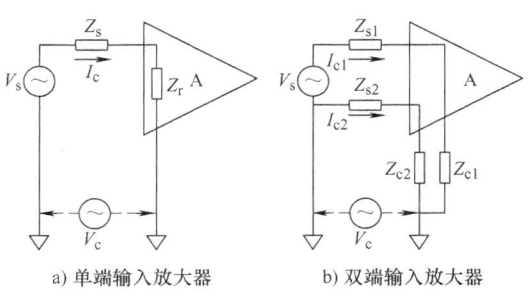

a) 单端输入放大器　　b) 双端输入放大器

图 6-9　共模电压对放大器的影响

式中，Z_{s1}、Z_{s2} 为信号源内阻；Z_{c1}、Z_{c2} 为放大器输入端对地的漏阻抗。

由于 $Z_{c1} \gg Z_{s1}$，$Z_{c2} \gg Z_{s2}$，所以

$$V_{n2} \approx V_c(Z_{s1}/Z_{c1} - Z_{s2}/Z_{c2}) \qquad (6\text{-}6)$$

当 $Z_{s1}/Z_{c1} = Z_{s2}/Z_{c2}$ 时，$V_{n2}=0$，可得出，对于双端输入放大器，对称性越好，共模电压转换成串模干扰越被抑制。一般来说，使用仪表放大器，具有共模抑制能力强、输入阻抗高、漂移低、增益可调等优点。

二、串模干扰的抑制

抑制串模干扰主要从干扰信号与工作信号的不同特性入手，针对不同情况采取相应的措施。

（一）在输入回路中接入模拟滤波器

如果串模干扰频率比被测信号频率高，则采用低通滤波器来抑制高频串模干扰；如果串模干扰频率比被测信号频率低，则采用高通滤波器来抑制低频串模干扰；如果串模干扰频率落在被测信号频谱的两侧，应采用带通滤波器。

一般情况下，串模干扰均比被测信号变化快，故常用二阶阻容低通滤波网络作为 A/D 转换器的输入滤波器。

（二）采用双绞线作为信号线

若串模干扰和被测信号的频率相当，则很难用滤波的方法消除。此时，必须采取其他措施消除干扰源。通常可在信号源到计算机之间选用带屏蔽层的双绞线，并确保接地正确可靠。

采用双绞线作为信号引线的目的是减少电磁。双绞线能使各个小环路的感应电动势相互抵消。一般双绞线的节距越小抗干扰能力越强。

（三）电流传送

当传感器信号距离主机很远时很容易引入干扰。如果在传感器出口处将被测信号由电压转换为电流，而后以电流形式传送信号，将大大提高信噪比，从而提高传输过程中的抗干扰能力。

三、长线传输干扰的抑制

采用终端阻抗匹配或始端阻抗匹配，可以消除长线传输中的波反射或者把它抑制到最低限度。

最简单的终端匹配方法如图 6-10a 所示，如果传输线的波阻抗是 R_p，那么当 $R=R_p$ 时，

便实现了终端匹配,消除了波反射。此时终端波形和始端波形的形状相一致,只是时间上滞后。由于终端电阻变低,则加大负载,使波形的高电平下降,从而降低了高电平的抗干扰能力,但对波形的低电平没有影响。为了克服上述匹配方法的缺点,可采用图 6-10b 所示的终端匹配方法。

也可采用始端匹配,在传输线始端串入电阻 R,如图 6-11 所示,也能基本上消除反射,达到改善波形的目的。一般选择始端匹配电阻为

$$R = R_p - R_{sc}$$

式中,R_{sc} 为电路 A 输出低电平时的输出阻抗。

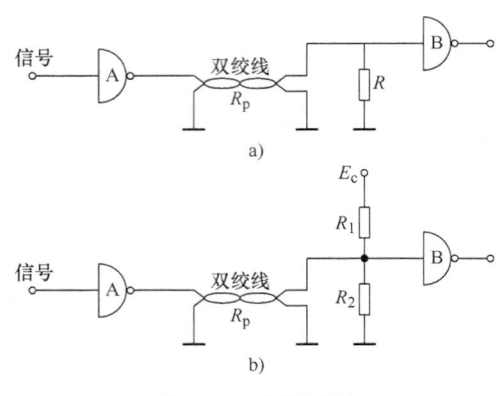

图 6-10 终端匹配

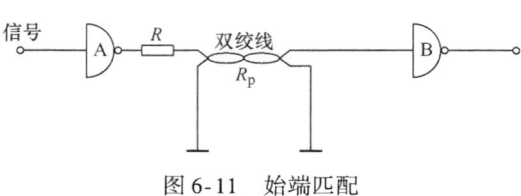

图 6-11 始端匹配

这种匹配方法的优点是波形的高电平不变,缺点是波形的低电平会抬高。这是由于终端 B 的输入电流在始端匹配电阻 R 上的压降造成的,而且,终端所带的负载越多,低电平抬高得就越显著。

四、供电系统的抗干扰技术

(一) 抗干扰稳压电源的设计

计算机控制系统的直流稳压电源一般如图 6-12 所示。该电源采用了双隔离、双滤波和双稳压措施,具有较强的抗干扰能力,可用于一般工业控制场合。

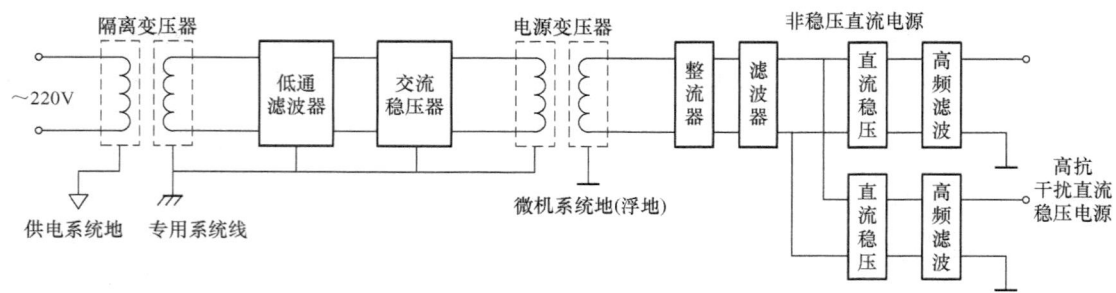

图 6-12 抗干扰直流稳压电源示意图

隔离变压器的作用有两个:其一是防止浪涌电压和尖峰电压直接窜入而损坏系统;其二是利用其屏蔽层阻止高频干扰信号窜入。为了阻断高频干扰经耦合电容传播,隔离变压器设计为双屏蔽形式,一次、二次绕组分别用屏蔽层屏蔽起来,两个屏蔽层分别接地。这里的屏蔽为电场屏蔽,屏蔽层可用铜网、铜箔或铝网、铝箔等非导磁材料制成。

各种干扰信号一般都有很强的高频分量,低通滤波器是有效的抗干扰器件,它允许工频

50Hz 电源通过，而滤掉高次谐波，从而改善供电质量。低通滤波器一般由电感和电容组成，在市场上有各种低通滤波器产品供选用。一般来说，在低压大电流场合，应选用小电感大电容滤波器；而在高压小电流场合，应选用大电感小电容滤波器。

交流稳压器的作用是保证供电的稳定性，防止电源电压波动对系统的影响。

电源变压器是为直流稳压电源提供必要的电压而设置的。为了增加系统的抗干扰能力，将电源变压器做成双屏蔽形式。

直流稳压系统包括整流器、滤波器、直流稳压器和高频滤波器等几部分。

（二）电源系统的异常保护

由于计算机控制系统不允许意外中断，因此一般采用不间断电源设备（UPS）。在正常情况下，由交流电网向计算机控制系统供电，并同时给 UPS 的电池组充电。一旦交流电网出现断电，则 UPS 会自动切换到逆变器供电，逆变器再将电池组的直流电压逆变成为与工频电网同频的交流电压对系统供电。

（三）掉电保护

对于允许暂时停运的小型计算机控制系统，希望在电源掉电的瞬间，系统能自动保护 RAM 中的有用信息和系统的运行状态，以便当电源恢复时，能自动从掉电前的工作状态恢复。掉电保护工作包括电源监控和 RAM 的掉电保护两个任务。

电源监控用来监测电源电压的掉电，以便使 CPU 能够在电源下降到所设定的门限值之前完成必要的数据转移和保护工作，并同时监控电源何时恢复正常。电源监控电路有很多种类和规格，如美国 MAXIM 公司生产的 μP 监控芯片。

经常使用镍电池，对 RAM 数据进行掉电保护。有不少 CMOS 型 RAM 芯片在设计时就已被考虑并被赋予具有微功耗保护数据的功能，如 6116、6264、62256 等芯片，当它们的片选端为高电平时，即进入微功耗状态，这时只需 2V 的电源电压、5~40μA 的电流就可保持数据不变。

五、接地技术

计算机控制系统接地技术的目标有两个：一方面是抑制干扰，使计算机稳定地工作；另一方面是保护计算机、电气设备和操作人员的安全。

（一）计算机控制系统中的地线

计算机控制系统中的地线有多种，主要包括数字地、模拟地、安全地、系统地和交流地。

数字地也叫逻辑地，是系统中各种数字电路的零电位；模拟地是系统中的传感器、变送器、放大器、A/D 和 D/A 转换器中的模拟电路的零电位；安全地又称为保护地或机壳地，是使设备机壳与大地等电位，以避免机壳带电而影响人身及设备的安全；系统地是上述几种地的最终汇流点，直接与大地相连，由于地球是体积非常大的导体，其静电容量非常大，电位比较恒定，因此，人们将它的电位作为基准电位，即零电位；交流地是交流供电电源的地线，其地电位很不稳定，是噪声地。

在计算机控制系统中，常采用如图 6-13 所示的汇流

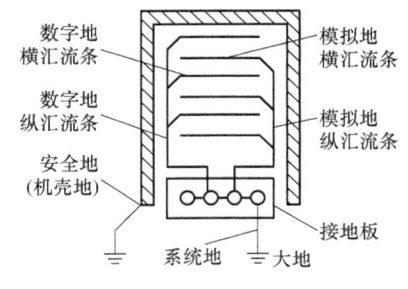

图 6-13 汇流法单点接地

法单点接地方案。对模拟地和数字地分别设置汇流条,安全地是与模拟地和数字地分离开的,这些地通过铜接地板交汇,用截面积不小于 300mm² 的铜线焊接在接地板上,而后深埋于地下。

(二) 接地方法

1. 一点接地和多点接地

对于信号频率小于 1MHz 的低频电路,其布线和元器件间的电感影响较小,地线阻抗不大,而接地电路形成的环流有较大的干扰作用,因而应采用一点接地,防止地环流的产生。当信号频率大于 10MHz 时,其布线与元器件间的电感使得地线阻抗变得很大。为了降低地线阻抗,应采用就近多点接地。如果信号频率在 1~10MHz,当地线长度不超过信号波长的 1/20 时,可以采用一点接地,否则就要多点接地。

由于在工业过程控制系统中,信号频率大都小于 1MHz,故通常采用一点接地。

2. 模拟地和数字地的连接

数字地主要是指 TTL 或 CMOS 芯片、I/O 接口芯片、CPU 芯片等数字逻辑电路的接地端,以及 A/D、D/A 转换器的数字地。而模拟地则是指放大器、采样/保持器和 A/D、D/A 中模拟信号的接地端。在微机控制系统中,数字地和模拟地必须分别接地,然后仅在一点处把两种地连接起来。

第三节 软件抗干扰技术

一、数字量输入/输出通道的软件抗干扰技术

(一) 数字量输入抗干扰措施

对于数字量的输入,为了确保信息准确无误,在软件上可采取多次读取的方法(至少读两次),认为无误后再进行输入,如图 6-14 所示。

(二) 数字量输出抗干扰措施

当计算机输出开关量控制闸门、料斗等执行机构动作时,为了防止这些执行机构受外界干扰而误动作,比如已关的闸门、料斗可能中途打开,已开的闸门、料斗可能中途突然关闭等,可以在应用程序中每隔一段时间发出一次输出命令,不断地关闭闸门或者开闸门。这样,就可以较好地消除由于扰动而引起的误动作(开或关)。

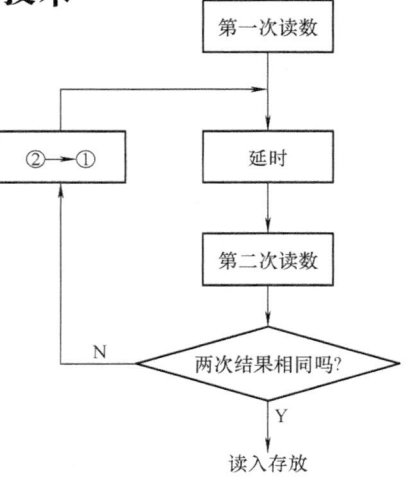

图 6-14 多次读入流程图

二、模拟量输入通道的采样数据的合理性判别及报警

过程输入通道采集到的各种原始信号,除了数字量或脉冲量外,大部分是表示温度、压力和流量等的模拟量。为了提高信号的可靠性,在使用采样数据前,需要对它们的合理性进行判别,若出现异常,要报警以得到及时的处理。

每个被测信号都有一定的量程范围,即给定了上下限。对某些比较重要的参数,为更保

险起见,还需设置上上限和下下限两个门槛。当检测到的采样值超过设定的量程范围时,一方面将得到的采样值限幅,另一方面给出相应的报警信息。例如,设某通道当前采样值为 $y(k)$,上限值为 y_H,下限值为 y_L,正常情况下(即 $y_L \leq y(k) \leq y_H$ 时),取 $y(k)$ 作为当前采样有效值;当出现超限的异常情况时,则将限幅后的采样值作为当次采样的有效值。即

当 $y(k) > y_H$ 时,则取 $y(k) = y_H$(上限值),同时报警;
当 $y(k) < y_L$ 时,则取 $y(k) = y_L$(下限值),同时报警。

有时还需考虑越限次数进行处理,图 6-15 所示为考虑越限次数的报警流程图。

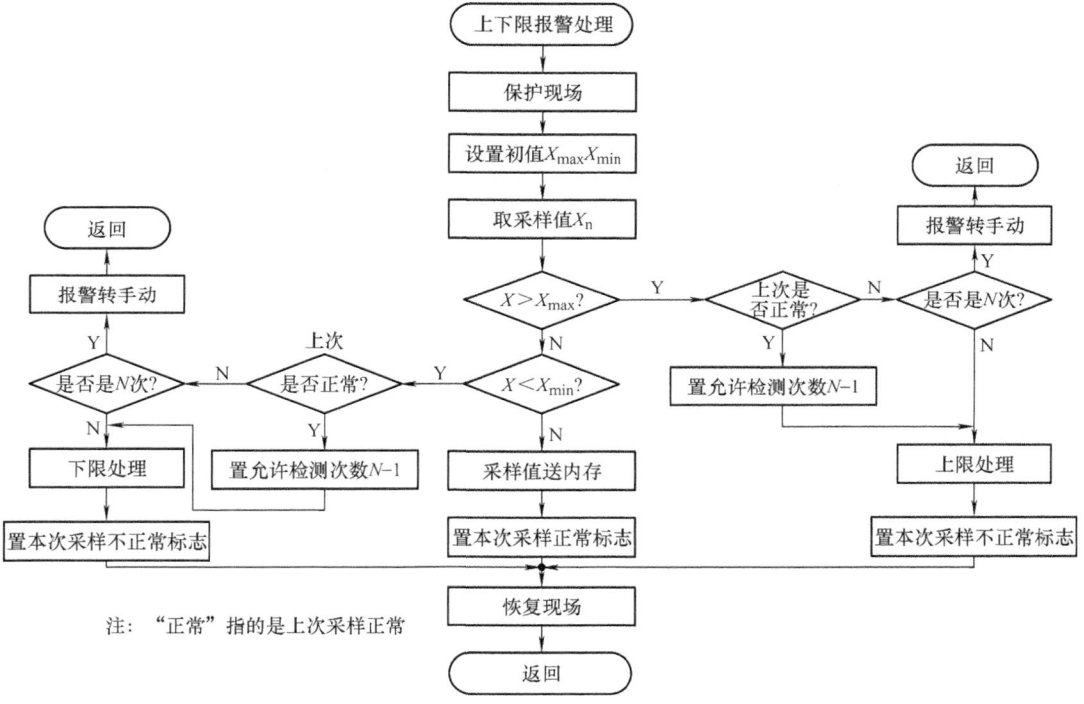

图 6-15 考虑越限次数的报警流程图

三、模拟量输入通道采样数据的数字滤波方法

虽然通过使用各种硬件抗干扰技术,对噪声进行了抑制,但是模拟量输入通道的采样数据依然可能包含噪声信息,数字滤波是提高数据采集系统可靠性的有效方法。

所谓数字滤波,就是通过一定的计算或判断程序减少干扰在有用信号中的比重,故实质上它是一种程序滤波。数字滤波克服了模拟滤波器的不足,它与模拟滤波器相比,有以下几个优点:

1)数字滤波是用程序实现的,不需要增加硬件设备,所以可靠性高,稳定性好。
2)数字滤波可以对频率很低(如 0.01Hz)的信号实现滤波,克服了模拟滤波器的缺陷。
3)数字滤波器可根据信号的不同,采用不同的滤波方法或滤波参数,具有灵活、方

便、功能强的特点。

（一）程序判断滤波法

1. 限幅滤波法

限幅滤波的做法是把两次相邻的采样值相减，求出其增量（以绝对值表示），然后与两次采样允许的最大差值（由被控对象的实际情况决定）ΔY 进行比较。若小于或等于 ΔY，则取本次采样值；若大于 ΔY，则仍取上次采样值作为本次采样值，即

$|Y(k) - Y(k-1)| \leq \Delta Y$，则 $Y(k) = Y(k)$，取本次采样值

$|Y(k) - Y(k-1)| > \Delta Y$，则 $Y(k) = Y(k-1)$，取上次采样值

式中，$Y(k)$ 是第 k 次采样值；$Y(k-1)$ 是第 $(k-1)$ 次采样值；ΔY 是相邻两次采样值所允许的最大偏差，其大小取决于采样周期 T 及 Y 值的动态响应。

2. 限速滤波法

限速滤波是用三次采样值来决定采样结果。其方法是，当 $|Y(2) - Y(1)| > \Delta Y$ 时，再采样一次，取得 $Y(3)$，然后根据 $|Y(3) - Y(2)|$ 与 ΔY 的大小关系来决定本次采样值。设顺序采样时刻 t_1、t_2、t_3 所采集的参数分别为 $Y(1)$、$Y(2)$、$Y(3)$，那么

当 $|Y(2) - Y(1)| \leq \Delta Y$ 时，取 $Y(2)$ 输入计算机；

当 $|Y(2) - Y(1)| > \Delta Y$ 时，$Y(2)$ 不采用，但仍保留，继续采样取得 $Y(3)$；

当 $|Y(3) - Y(2)| \leq \Delta Y$ 时，取 $Y(3)$ 输入计算机；

当 $|Y(3) - Y(2)| > \Delta Y$ 时，取 $Y(2) = (Y(2) + Y(3))/2$ 输入计算机。

（二）中值滤波法

这种滤波法是将被测参数连续采样 N 次（一般 N 取奇数），然后把采样值按大小顺序排列，再取中间值作为本次的采样值。

（三）算术平均值滤波法

这种方法就是在一个采样期内，对信号的 N 次测量值进行算术平均，作为时刻 k 的输出。

$$\overline{x(k)} = \frac{1}{N}\sum_{i=0}^{N-1} x(k-i) \tag{6-7}$$

N 值决定了信号的平滑度和灵敏度。随着 N 的增大，平滑度提高，灵敏度降低。应视具体情况进行选取。为了提高运算速度，可以利用上次运算结果，通过递推平均滤波算式得到当前采样时刻的递推平均值。

$$\overline{x(k)} = \overline{x(k-1)} + \frac{x(k)}{N} - \frac{x(k-N+1)}{N} \tag{6-8}$$

（四）加权平均值滤波

算术平均值对于 N 次以内所有的采样值来说，所占的比例是相同的，亦即取每次采样值的 $1/N$。有时为了提高滤波效果，将各采样值取不同的比例，然后再相加，此方法称为加权平均值法。

$$\overline{x(k)} = \sum_{i=0}^{N-1} C_i x(k-i) \tag{6-9}$$

式中，C_0，C_1，$\cdots$，C_{N-1} 为各次采样值的系数，且 $\sum_{i=0}^{N-1} C_i = 1$，它体现了各次采样值在平均

值中所占的比例。

（五）滑动平均值滤波

不管是算术平均值滤波，还是加权平均值滤波，都需连续采样 N 个数据，这种方法适合于有脉动干扰的场合。由于必须采样 N 次，需要时间较长，故检测速度慢。为了克服这一缺点，可采用滑动平均值滤波法，即依次存放 N 次采样值，每采进一个新数据，就将最早采集的那个数据丢掉，然后求包含新值在内的 N 个数据的算术平均值或加权平均值。

（六）一阶滞后滤波

一阶滞后滤波，也称惯性滤波法，是以典型的一阶 RC 低通滤波器（见图 6-16）为参考，用数字形式实现的滤波器。

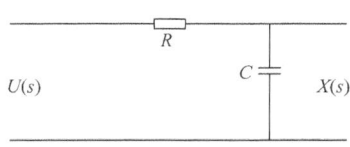

图 6-16 一阶 RC 低通滤波器

RC 滤波器的传递函数为

$$G(s) = \frac{1}{1 + T_f s} \quad (6-10)$$

其中滤波时间常数 $T_f = RC$，离散化为

$$T_f \frac{x(k) - x(k-1)}{T} + x(k) = u(k) \quad (6-11)$$

整理可得

$$x(k) = (1 - \alpha)u(k) + \alpha x(k - 1) \quad (6-12)$$

式中，$u(k)$ 为采样值；$x(k)$ 为滤波器的计算输出值；$\alpha = \dfrac{T_f}{T_f + T}$ 为滤波系数，显然 $0 < \alpha < 1$；T 为采样周期。

这种滤波方法的当前滤波值与当前的测量值和前一步的滤波值有关，而前一步的滤波值又取决于再前一步的测量值和滤波值。因此，实际上，当前滤波值与"无穷多"个历史值有关。

（七）复合数字滤波

复合滤波就是把两种以上的滤波方法结合起来使用。例如，把中值滤波的思想与算术平均的方法结合起来，就是一种常用的复合滤波法。具体方法是首先将采样值按大小排序，去掉最大和最小的，然后再把剩下的取平均值。这样显然比单纯的平均值滤波的效果要好。

图 6-17 为一个在现场仪表中经常被使用的一阶滞后滤波结合算术平均值滤波的复合滤波子程序。在该子程序中，每次测量值（用 U 表示）均使用一阶滞后滤波，计算结果用 X 表示，但在第 10 次测量时，用 10 次测量值的算数平均值代替当前次的一阶滞后滤波值。该滤波程序既能发挥一阶滞后滤波的优点，又可通过算术平均滤波，将历史值对当前滤波值的影响限定在一定范围内，提高了系统的响应速度。

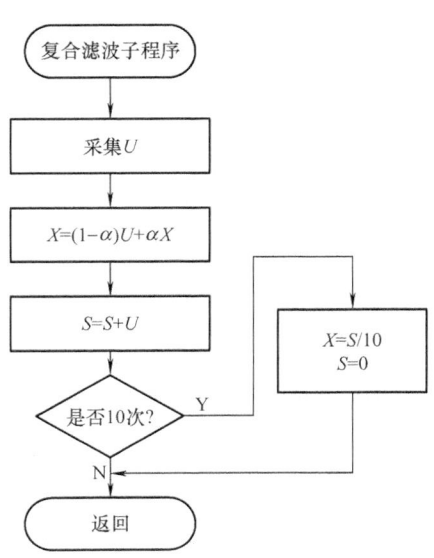

图 6-17 一阶滞后滤波结合算术平均值滤波的复合滤波子程序

四、软件冗余技术

（一）数据冗余

RAM 数据冗余就是将要保护的原始数据在另外两个区域同时存放，建立两个备份，当原始数据块被破坏时，用备份数据块去修复。备份数据的存放地址应远离原始数据的存放地址，以免被同时破坏。数据区也不要靠近栈区，以防止堆栈溢出而冲掉数据。

（二）指令冗余

当 CPU 受到干扰后，往往将一些操作数当作指令码来执行，引起程序混乱。当程序跑飞到某一单字节指令上时，便自动纳入正轨。当跑飞到某一双字节指令上时，有可能落到其操作数上，从而继续出错。当程序跑飞到三字节指令上时，因它有两个操作数，继续出错的机会更大。因此，我们应多采用单字节指令，并在关键的地方人为地插入一些单字节指令（NOP）或将有效单字节指令重复书写，这便是软件冗余。

五、程序运行失常的软件抗干扰

为了防止"死机"，一旦发现程序运行失常后能及时引导程序恢复原始状态，必须采取一些相应的软件抗干扰措施。

（一）设置软件陷阱

当干扰导致程序计数器 PC 值混乱时，可能造成 CPU 离开正确的指令顺序而跑飞到非程序区去执行一些无意义地址中的内容，或进入数据区，把数据当作操作码来执行，使整个工作紊乱，系统失控。针对这种情况，可以在非程序区设置陷阱，一旦程序飞到非程序区，就会很快进入陷阱，然后强迫程序由陷阱进入初始状态。

所谓软件陷阱，就是一条引导指令，强行将捕获的程序引向一个指定的地址，在那里有一段专门对程序出错处理的程序。软件陷阱安排在以下四种地方：未使用的中断向量区、未使用的大片 ROM 空间、表格区和程序区。

（二）设置监视跟踪定时器

监视跟踪定时器，也称为看门狗定时器（Watchdog），可以使陷入"死机"的系统产生复位，重新启动程序运行。这是目前用于监视跟踪程序是否正常运行的最有效的方法之一，得到了广泛的应用。

每一个计算机控制系统都有自己的程序运行周期。在程序运行的每个循环周期内，对定时器重新初始化。如果程序运行失常，跑飞或进入局部死循环，不能按正常循环路线运行，则 Watchdog 定时器就得不到及时的重新初始化而使定时时间到，引起复位，从而再次将程序的运行拉入正常的循环轨道。

看门狗功能往往通过软硬件结合的方式实现。对于工控机，可通过工控机 BIOS 设置功能，将看门狗功能打开，计算机控制系统的软件，通过特定的函数对 Watchdog 定时器进行初始化操作。对于一些以单片机、DSP 等为基础开发单元的计算机控制系统，也可通过 Watchdog 芯片实现，如 MAX1232 芯片。

MAX1232 芯片如图 6-18 所示。该芯片可实现电源供电

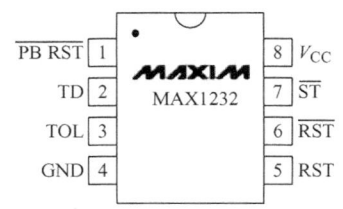

图 6-18　MAX1232 芯片引脚图

监控、手动复位输入和可编程的监控定时器功能。监控定时器通过引脚 TD 不同的连接状态设定（TD = 0，复位时间 = 150ms；TD = 开路，复位时间 = 600ms；TD = V_{CC}，复位时间 = 1200ms）。电源电压允许限通过引脚 TOL 不同的连接状态设定（TOL = 0，电源电压允许限 = 5%；TOL = V_{CC}，电源电压允许限 = 10%）。系统上电，V_{CC} 超出允许限、监控定时器在规定时间内未被清零、手动复位输入都会使芯片产生标准的复位信号。

思 考 题

1. 干扰的作用途径有哪些？
2. 某信号线与电压为 220V（AC）、负荷为 10kV·A 的输电线距离为 1m，并且平行走线 10m，两线之间的互感为 4.2μH，请计算信号线上感应的干扰电压为多少？
3. 干扰的作用形式有哪些？分别有哪些对应的抑制手段？
4. 光电耦合器抑制干扰的功效主要有哪三方面？
5. 对于单端输入放大器和双端输入放大器，共模干扰是如何转换成串模干扰的？并思考抑制这种转换的方法。
6. 计算机控制系统中的地线有哪几种？
7. 软件滤波有哪些优点？常用的软件滤波方法有哪些？
8. 按照软件滤波原理，试编写其程序实现流程图。
9. 软件冗余技术有哪些？
10. 软件陷阱的基本思路是什么？一般安排在哪些位置？
11. 看门狗电路的基本思路是什么？

第七章
计算机控制系统中的通信技术

随着现代工业生产规模不断扩大，自动化水平不断提高，大量的智能单元应用于工业现场。因此，计算机与智能单元之间、计算机与计算机之间的数据共享和信息交换，都必须通过数据通信来解决，除过程通道与现场连接外，数据通信也成为与现场沟通的重要信息通道。

第一节 通信系统的性能指标

通信系统的任务是传递信息，因而信息传输的有效性和可靠性是通信系统最主要的质量指标。有效性是指所传输信息的内容有多少；可靠性是指接收信息的可靠程度。通信有效性实际上反映了通信系统资源的利用率。通信过程中用于传输有用报文的时间比例越高越有效。同样，真正要传输的数据信息位在所传报文中占的比例越高说明有效性越好。

一、有效性指标

数据传输速率是单位时间内传送的数据量。它是衡量数字通信系统有效性的指标之一。当信道一定时，信息传输的速率越高，有效性越好，传输速率由下式求得：

$$S_b = \frac{1}{T}\log_2 n \tag{7-1}$$

式中，T 为发送一位代码所需要的最小单位时间；n 为信号的有效状态。

例如，对串行传输而言，如果某一个脉冲只包含两种状态，则 $n=2$，$S_b = 1/T$。工业数据通信中常用的标准数据信号速率为 9.6kbit/s、31.25kbit/s、50kbit/s、1Mbit/s、2.5Mbit/s、10Mbit/s 以及 100Mbit/s 等。

（一）比特率

比特（bit）是数据信号的最小单位。通信系统每秒传输数据的二进制位数被定义为比特率，记作 bit/s。

（二）波特率

波特（baud）是指信号大小、方向变化的一个波形。把每秒传输信号的个数，即每秒传输信号波形的变化次数定义为波特率。

比特率和波特率较易混淆，但它们还是有区别的。每个信号波形可以包含一个或多个二进制位。若单比特信号的传输速率为 9600bit/s，则其波特率为 9600baud，它意味着每秒可传输 9600 个二进制脉冲。如果信号波形由 2 个二进制位组成，当传输速率为 9600bit/s 时，则其波特率只有 4800 baud。

(三) 协议效率

协议效率是衡量通信系统软件有效性的指标之一。协议效率是指所传输的数据包中的有效数据位与整个数据包长度的比值。一般用百分比表示，它是对通信帧中附加量的量度，不同的通信协议通常具有不同的协议效率。协议效率越高，其通信有效性越好。在通信参考模型的每个分层，都会有相应的层管理和协议控制的加码。从提高协议编码效率的角度来看，减少层次可以提高编码效率。

二、可靠性指标

数字通信系统的可靠性可以用误码率来衡量。误码率是衡量数字通信系统可靠性的指标。它是二进制码元在数据传输系统中传输错误的概率，数值上近似为

$$P_e \approx N_e/N \tag{7-2}$$

式中，N 为传输的二进制码元总数；N_e 为传输错的码元数。

理论上应有 $N \to \infty$，实际使用中，N 应足够大，才能把 P_e 近似为误码率。理解误码率定义时应注意以下几个问题：

1) 误码率是衡量数据传输系统正常工作状态下传输可靠性的参数。

2) 对于一个实际的数据传输系统，不能笼统地说误码率越低越好，要根据实际传输要求提出误码率要求。在数据传输速率确定后，误码率越低，数据传输系统设备越复杂，造价越高。

3) 对于实际数据传输系统，如果传输的不是二进制码元，则要折合成二进制码元来计算。差错的出现具有随机性，在实际测量一个数据传输系统时，被测量的传输二进制码元数越大，越接近于真正的误码率值。在实际的数据传输系统中，人们需要对一种通信信道进行大量、重复的测试，求出该信道的平均误码率，或者给出某些特殊情况下的平均误码率。根据测试，目前当电话线路的传输速率为 300~2400bit/s 时，平均误码率在 $10^{-4} \sim 10^{-5}$ 之间；当传输速率为 4800~9600bit/s 时，平均误码率在 $10^{-2} \sim 10^{-4}$ 之间。计算机通信的平均误码率要求低于 10^{-9}，因此，普通通信信道若不采取差错控制，则不能满足计算机通信的要求。

第二节 数据的传输方式

数据传输方式是指数据代码的传输顺序和数据信号传输时的工作方式。

一、串行传输与并行传输

在串行传输中，数据流以串行方式逐位地在一条信道上传输。每次只能发送一个数据位，发送方必须确定是先发送数据字节的高位还是低位。同样，接收方也必须知道所收到的字节的第一个数据位应该处于什么位置。串行传输具有易于实现、长距离连接中可靠性高等优点。适合远距离的数据通信，但需要在收发双方采取同步措施。

并行传输是将数据以成组的方式在两条以上的并行通道上同时传输。它可以同时传输一组数据位，每个数据位使用单独的一条导线。例如，采用 8 条导线并行传输一个字节的 8 个数据位，另外用一条"选通"线通知接收方接收该字节，接收方可对并行通道上各条导线的数据位信号并行取样。若采用并行传输进行字符通信时，不需要采取特别措施就可实现收

发双方的字符同步。并行传输所需要的传输通道多，一般在近距离的设备之间进行数据传输时使用。

串行传输和并行传输的区别在于组成一个字符或字节的各数据位是依顺序逐位传输还是同时并行地传输。

二、同步传输与异步传输

在数据通信系统中，各种处理工作总是在一定的时序脉冲控制下进行的，两通信系统的收发工作的协调一致性又是实现信息传输的关键，这就是数据通信系统中的传输同步问题。

串行数据传输中的二进制代码在一条总线上以数据位为单位按时间顺序逐位传送，接收按顺序逐位接收，接收端必须能正确地按位区分才能正确恢复所传输的数据。串行通信中的发送方和接收方都需要使用时钟信号，通过时钟决定什么时候发送和读取每一位数据。同步传输和异步传输是串行通信中使用时钟信号的不同方式。

在同步传输中，所有设备都使用一个共同的时钟，这个时钟可以由参与通信的设备或器件中的一台产生，也可以由外部时钟信号源提供。时钟可以有固定的频率，也可以间隔一个不规则的周期进行切换。所有传输的数据位都和这个时钟信号同步，即传输的每个数据位只在时钟信号跳变（上升或者下降沿）之后的一个规定的时间内有效，接收方利用时钟跳变来决定什么时候读取一个输入的数据位。如果发送方在时钟信号的下降沿发送数据字节，则接收方在时钟信号中间的上升沿接收并锁存数据。也可以利用所检测到的逻辑高电平或者低电平来锁存数据。

同步传输可用于一个单块电路板元器件之间的数据传送或者用于连接在 30~40cm 甚至更短距离的电缆数据通信，如 SPI 和 I^2C 都属于同步传输。由于同步传输比异步传输效率更高，适合高速传输的要求，因而在高速数据传输系统中具有一定的优势。对于更长距离的数据通信，同步传输需要一条额外的线来传输时钟信号，代价较高，并且容易受到噪声的干扰。

在异步传输中，每个通信节点都有自己的时钟信号，每个通信节点必须在时钟频率上保持一致，并且所有的时钟必须在一定误差范围内相吻合。当传输一个字节时，通常会包括一个起始位来同步时钟。RS-232 和 RS-485 都属于异步传输。

异步又称起止同步，这是在计算机通信中常用的同步方式，在异步方式中，并不要求在传送信号的每一数据位时收发两端都同步。例如，在单个字符的异步方式传输中，在传输字符前设置一个启动用的起始位，预告字符的信息代码即将开始；在信息代码和校验信号结束后，也设置一个或多个终止位，表示该字符已结束。在起始位和终止位之间，形成一个需传送的字符，如图 7-1 所示。

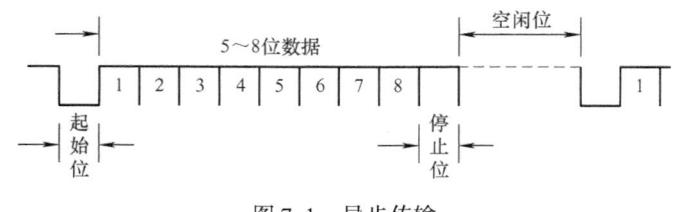

图 7-1　异步传输

当从不传输数据的状态转到起始位状态时，在接收端将检测出极性状态的改变，利用这种改变启动定时机构，实现同步。当接收端收到终止位时，就将定时机构复位，准备接收下面的数据。

异步方式实现起来简单容易，频率的漂移不会积累，对线路和收发器要求较低。但在异步方式传输中，往往因同步的需要，需要另外传输一个或多个同步字符或帧头，因而会增加网络开销，使线路效率受到一定的影响。

三、通信线路工作方式

通信线路工作方式包括单工通信、半双工通信和全双工通信。

（一）单工通信

单工是指所传送的信息始终朝着一个方向，而不进行与此相反方向的传送，如图7-2a所示。设A为发送终端，B为接收终端，数据只能从A传送至B，而不能由B传送至A。

（二）半双工通信

半双工通信是指信息流可在两个方向上传输，但同一时刻只限于一个方向传输。如图7-2b所示。信息可以从A传至B，或从B传至A，所以通信双方都具有发送器和接收器。要实现双向通信必须改换信道方向。当A站向B站发送信息时，A站将发送器连接在信道上，B站将接收器连接在信道上；而当

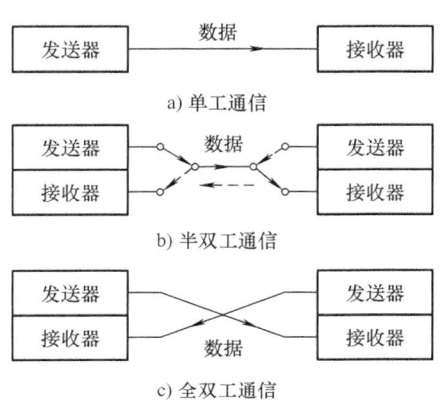

图7-2 通信线路工作方式

B站向A站发送信息时，B站则要将接收器从信道上断开，并把发送器接入信道，A站也要相应地将发送器从信道上断开，而把接收器接入信道。这种在一条信道上进行转换，实现A→B与B→A两个方向通信的方式，称为半双工通信。工业数据通信中常采用半双工通信。

（三）全双工通信

全双工通信是指通信系统能同时进行如图7-2c所示的双向通信。它相当于把两个相反方向的单工通信方式组合在一起。这种方式常用于计算机与计算机之间的通信。

第三节　信号的传输模式

一、信道的频率特性

频率特性描述通信信道在不同频率的信号通过以后，其波形发生变化的特性。

频率特性分为幅频特性和相频特性。幅频特性指不同频率的信号通过信道后，其幅值受到不同衰减的特性；相频特性指不同频率的信号通过信道后，其相角发生不同程度改变的特性。理想信道的频率特性应该是对不同频率产生均匀的幅频特性和线性相频特性。而实际信道的频率特性并非理想，因此，通过信道后的波形会产生畸变。如果信号的频率在信道带宽范围内，则传输的信号基本上不失真，否则，信号的失真将较严重。

信道频率特性不理想是由于传输线路并非理想线路。实际的传输线路存在电阻、电感、电容，由它们组成分布参数系统。由于电感、电容的阻抗随频率而变，故信号的各次谐波的幅值衰减不同，其相角变化也不尽相同。当然，信道的频率特性不仅与介质相关，而且和中间通信设备的电气特性有关。

电话线是经常使用的远距离通信介质,但电话线频带很窄,通常为 30~3000Hz,如图 7-3 所示。若用数字信号直接通信,经过电话线传输后,信号就会产生畸变,如图 7-4 所示。接收一方将因为数字信号逻辑电平模糊不清而无法鉴别,从而导致通信失败。

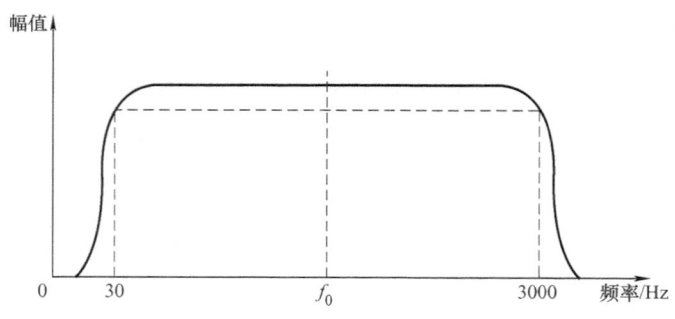

图 7-3 电话线的幅频特性

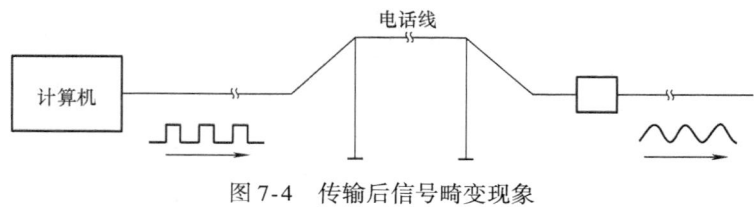

图 7-4 传输后信号畸变现象

二、基带传输

基带传输就是在基本不改变数据信频率的情况下,在数字通信中直接传送数据的基带信号,即按数据波的原样进行传输,不采取任何调制措施。它是目前广泛应用的基本的数据传输方式。

目前大部分计算机局域网,包括控制局域网,都采用基带传输方式。这种传输方式,信号按数据位流的基本形式传输,整个系统不用调制解调器,因此,系统价格低廉。系统可采用双绞线或同轴电缆作为传输介质,也可采用光缆作为传输介质。与宽带网相比,基带网的传输介质比较便宜,可以达到较高的传输速率(一般为 1~10Mbit/s),但其传输距离一般不超过 25km,传输距离加长,传输质量会降低。基带网的线路工作方式一般只能为半双工方式或单工方式。

三、载波传输

载波传输是利用调制手段,将数字信号变换成某种能在通信线上传输而不受影响的波形信号。正弦波正是最理想的选择,这不仅因为产生正弦波很方便,更重要的是正弦波不易受通信线(电话线)固有频率的影响。显然,以电话线为例,其调制信号应由其频率靠近图 7-3 所示频带中心的那些正弦波组成。

信号发送端的调制器将待传输的数字信号转换成模拟信号,接收方用解调器检测此模拟信号,再把它转换成数字信号。将调制器和解调器合二为一的装置称为调制解调器,又称 MODEM。

调制的方式有多种,如幅移键控(ASK)、频移键控(FSK)、相移键控(PSK)。其中频移键控是一种最常用的调制方法。它把数字信号的"1"和"0"调制成不同频率的模拟信号，其原理如图 7-5 所示。

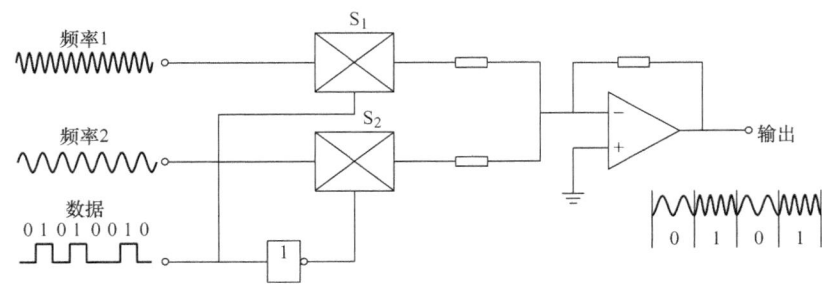

图 7-5　频移键控示意图

在图 7-5 中，两个不同频率的模拟信号（正弦波），分别由电子开关 K_1 和 K_2 控制，在运算放大器的输入端相加。当信号为"1"时，控制上面的电子开关 K_1 导通，送出一串频率较高的模拟信号；当信号为"0"时，控制下面的电子开关 K_2 导通，送出一串频率较低的模拟信号。于是在运算放大器的输出端，得到了被调制的信号。

四、宽带传输

宽带传输是数字信号传输的一种方式，将数字信号变换为特定带宽的模拟信号传输，然后在接收端又将它变换过来的传输方式，其中的变换仍由调制解调器来完成。在计算机局部网络中，经常使用宽带传输形式，它能容纳全部广播并可进行高速数据传输，且允许在同一信道上进行数字信息和模拟信息服务。

对比基带传输，宽带传输将一条宽带信道划分为多条逻辑信道（只是在宽带信道中划分，还是一条数据线），实现多路复用。因此，信道的容量大大增加，宽带传输的距离比基带远。

第四节　数　据　编　码

数据通信系统的任务是传送数据或指令等信息，这些数据通常以离散的二进制 0、1 序列的方式来表示。用 0、1 序列的不同组合来表达不同的信息内容，从而形成不同的编码形式。而 0、1 码元又可以表示为不同的波形编码形式，主要分为数字码元编码和模拟码元编码。用高低电平的矩形脉冲信号来表达码元的 0、1 状态的称为数字码元编码；用模拟信号的不同幅度、不同频率和不同相位来表达码元的 0、1 状态的称为模拟码元编码。

一、数据的编码

0、1 序列的不同组合可表达不同的信息内容，例如，2 位二进制码的 4 种不同组合 00、01、10、11，可分别表示某个控制电动机处于断开、闭合、出错和不可用 4 种不同的工作状态。

通过编码，把每种组合与一个确定的内容联系起来，从而进行信息的表达。目前已经存在多种编码，例如，早在 1838 年由 Samuel Morse 发明的用于电报通信中的莫尔斯码，用 5 位表示一个字符或字母。定义一种编码并不难，关键是要在一定范围内得到认同。

数据通信系统中采用最为广泛的编码是美国标准信息交换码（American Standard Code

for Information Interchange，ASCII），这是一种 7 位编码，其 128 种不同组合分别对应一定的数字、字母、符号或特殊功能。例如，30H～39H 分别表示数字 0～9；41H 表示字母 A；27H、2BH 分别表示逗号","和加号"+"；0AH、0DH 则分别表示换行与回车功能。图 7-6 列出了 ASCII 码所有组合的含义。

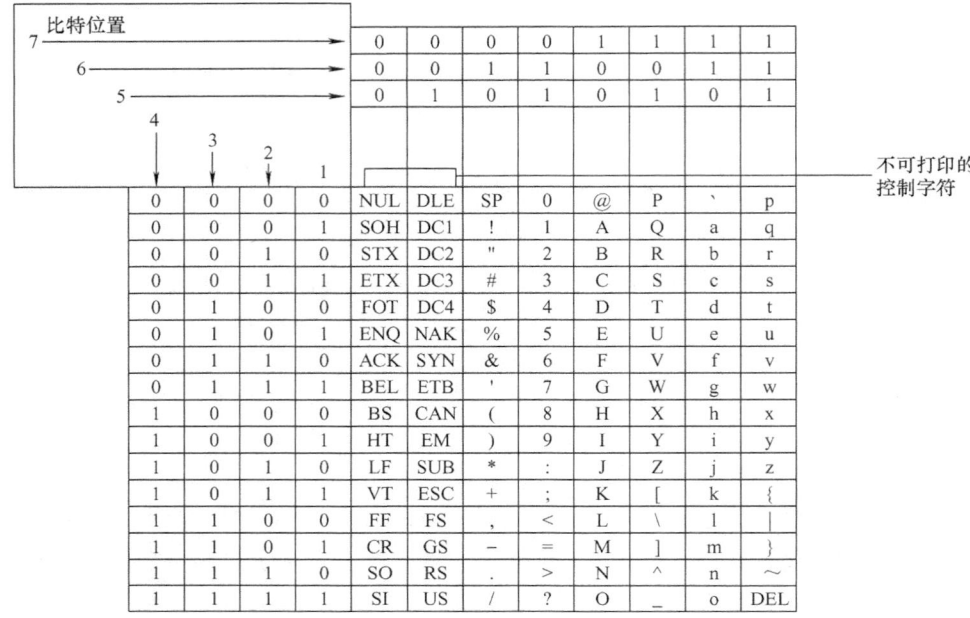

图 7-6　ASCII 码

二、数字码元编码

数字码元编码用高低电平的矩形脉冲信号来表达码元的 0、1 状态，下面讨论几种数字数据编码波形。

1. 单极性码

单极性码是信号电平为单极性的编码。例如，逻辑 1 为高电平，逻辑 0 为 0 电平的信号表达方式。

2. 双极性码

双极性码是信号电平为正、负两种极性的编码。例如，逻辑 1 为正电平，逻辑 0 为负电平的信号表达方式。

3. 归零码（RZ）

归零码是在每一位二进制信息传输之后均返回零电平的编码。例如，双极性归零码的逻辑 1 只在该码元时间的一半维持高电平，之后就恢复到零电平，其逻辑 0 只在该码元时间的一半维持负电平，之后也恢复到零电平的信号表达方式。

4. 非归零码（NRZ）

非归零码是在整个码元时间内都维持有效电平的编码。图 7-7 表示单、双极性归零码和非归零码的典型波形图。

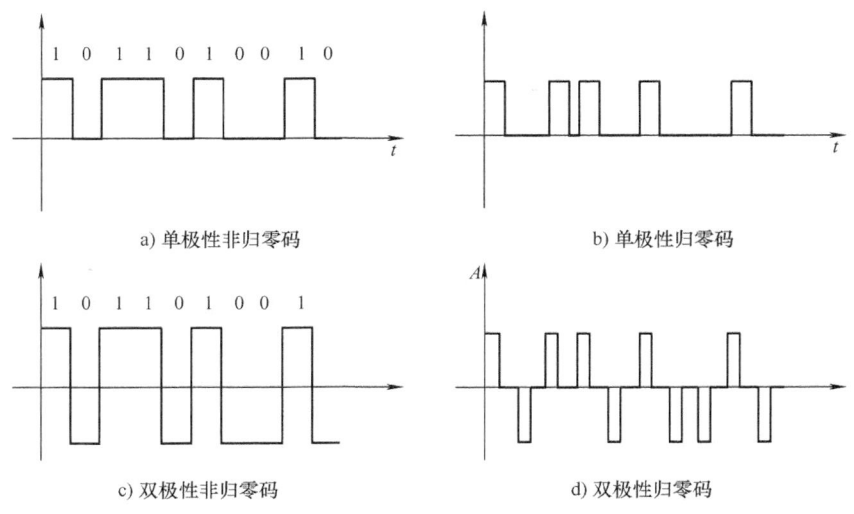

图 7-7 典型编码波形图

5. 差分码

差分码是用电平的变化与否来代表逻辑"1"和"0"的编码。电平变化代表"1",不变化代表"0",按此规定的编码方式形成的编码称为差分码。差分码按初始状态为高电平或低电平,会有相位截然相反的两种波形,其波形如图 7-8 所示。

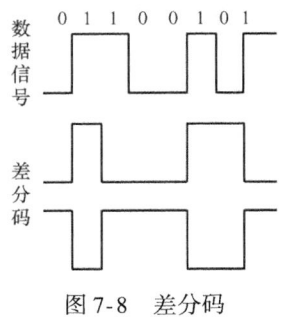

图 7-8 差分码

实际的传输过程往往是上述几种方式的结合,曼彻斯特编码(Manchester Encoding)就是其中非常典型的一种。

曼彻斯特编码是在工业数据通信中最常用的一种基带信号编码。它具有内在的时钟信息,从而能使网络上的每个节点保持时钟同步。在曼彻斯特编码中,从高电平跳变到低电平表示"0";从低电平跳变到高电平表示"1"。可见,在一个时间段内,其中间点总有一次信号电平的变化,因而携带有信号传送的同步信息。这样就无须另外传送同步信号。

差分曼彻斯特编码(Differential Manchester Encoding)是曼彻斯特编码的一种变形。它既具有曼彻斯特编码在每个比特时间间隔中间信号一定会发生跳变的特点,也具有差分码用电平变化代表逻辑"0"、不变化代表逻辑"1"的特点。它通过检查信号在每个周期起点处有无跳变来区分 0 和 1。这种检查信号跳变的方式往往更可靠。即使作为通信传输介质的两条导线颠倒了,对该编码信号的状态判别结果依然有效。图 7-9 表示曼彻斯特编码与差分曼彻斯特编码的信号波形。

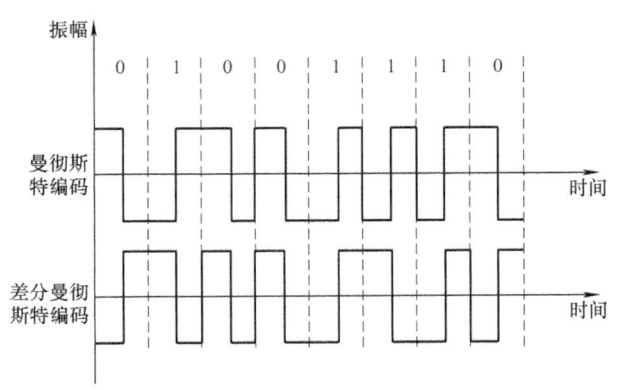

图 7-9 曼彻斯特编码与差分曼彻斯特编码的信号波形

三、模拟码元编码

模拟码元编码采用模拟信号来表达数据的 0、1 状态。信号的幅度、频率和相位是描述模拟信号的参数,可以通过改变这 3 个参数实现模拟码元编码。幅移键控（Amplitude Shift Keying, ASK）、频移键控（Frequency Shift Keying, FSK）和相移键控（Phase Shift Keying, PSK）是模拟码元编码的 3 种编码方法。

在 ASK 中，载波信号的频率、相位不变，幅度随调制信号变化；在 FSK 中，载波信号的频率随着调制信号而变化，而载波信号的幅度、相位不变。现场总线的 HART 通信信号即采用这种编码方式，其信号频率为 1200Hz 时表示 "1"，信号频率为 2200Hz 时表示 "0"；在 PSK 中，载波信号的相位随着调制信号而变化，而载波信号的幅度、频率不变。典型波形如图 7-10 所示。

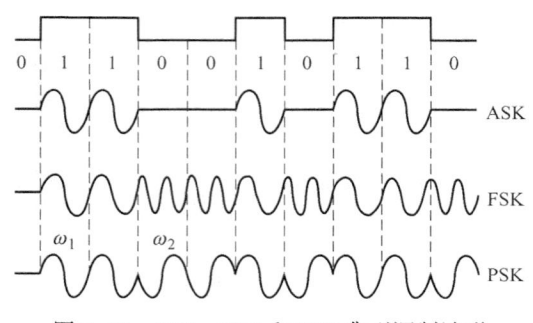

图 7-10　ASK、FSK 和 PSK 典型调制波形

第五节　通信数据的差错校验

数据通信中，由于干扰等各种原因，数据差错不可避免，因此需要可靠地判断出传输是否有误，即差错校验。差错校验的基本原理是：发送方在发送数据基础上，生成某些校验编码，附加在数据后面一起发送；接收方收到数据和校验码后，用校验码进行检验，确定本次传输的正确性。

常用的差错校验包括奇/偶校验、校验和、循环冗余码校验。

一、奇/偶校验

用这种校验方法，在发送时，在每一个字符或字节的最高位之后都附加一个奇/偶校验位。这个校验位可为 "1" 或为 "0"，以便保证整个字符或字节（包括校验位）为 "1" 的位数为偶数（偶校验）或为奇数（奇校验）。接收时，按照发送方所确定的同样的奇偶性，对接收到的每一个字符或字节进行校验，若二者不一致，便说明出现了差错。

例如，发送按偶校验产生校验位，接收也必须按偶校验进行检验。当发现接收到的字符中为 "1" 的位数不为偶数时，便出现奇偶校验错误。

对于奇校验和偶校验的选择，ISO（International Organization for Standardization，国际标准化组织）规定：在同步传输中，采用奇校验；在异步传输中，采用偶校验。

二、校验和

这种校验方法是针对数据块，而不是单个字符或字节。在数据发送时，发送方对块中数据进行求和，产生一个校验字符或字节（校验和）附加到数据块结尾，图 7-11 为一个数据帧的示例，在制定协议时，要定义求和的范围，例如在本例中，是对控制域和数据域中的各字节进行求和。

接收方对接收到数据块算术求和后,所得的结果与接收到的校验和字符或字节比较,如果两者不同,即表示接收有错。

| 帧头 | 控制域 | 数据域 | 校验和 | 帧尾 |

图 7-11 数据帧的校验和

为了便于计算机进行计算,往往将求和过程转变为对应位的异或操作,这样既使计算快速,也没有了累加进位的问题。值得强调的是,校验和不能检测出排序错误,也就是说,即使信息段被随机无序地发送,产生的校验和仍然相同。

三、循环冗余码校验

循环冗余码(Cyclic Redundancy Code,CRC)检错码的检错能力强,实现容易,是目前应用最广的检错码编码方法之一。它不仅应用于通信系统中,也在磁盘信息的读/写、ROM 或 RAM 存储区的完整性检验和压缩文件检验等中获得应用。

在 CRC 校验中,将要发送的数据位序列当作一个多项式 $f(x)$ 的系数,在发送方用收发双方预先约定的生成多项式 $G(x)$ 去除,求得一个余数多项式,将余数多项式加到数据多项式之后发送给接收端。接收端用同样的生成多项式去除接收数据多项式 $f'(x)$,得到计算余数多项式。如果计算余数多项式与接收余数多项式相等,则表示传输无差错;如果计算余数多项式不等于接收余数多项式,则表示传输有差错。

CRC 生成多项式 $G(x)$ 由协议规定,目前已有多种生成多项式列入国际标准,例如:

CRC-12 $G(x) = x^{12} + x^{11} + x^3 + x^2 + x + 1$

CRC-16 $G(x) = x^{16} + x^{15} + x^2 + 1$

CRC-CCITT $G(x) = x^{16} + x^{12} + x^5 + 1$

CRC-32 $G(x) = x^{32} + x^{26} + x^{23} + x^{22} + x^{16} + x^{12} + x^{11} + x^{10} + x^8 + x^7 + x^5 + x^4 + x^2 + x + 1$

CRC 校验码的生成过程可以描述如下:

在发送端,将发送数据多项式 $f(x)$ 乘以 x^k,其中,k 为生成多项式的最高幂值,例如 CRC-12 的最高幂值为 12。对于二进制乘法来说,是将发送数据位序列左移 k 位,用来存入余数,即 CRC 校验码。

将 $f(x) \cdot x^k$ 除以生成多项式 $G(x)$,得

$$\frac{f(x) \cdot x^k}{G(x)} = Q(x) + \frac{R(x)}{G(x)}$$

式中,$R(x)$ 为余数多项式。

将 $f(x) \cdot x^k + R(x)$ 作为整体从发送端通过通信信道传送到接收端。

接收端对接收数据多项式 $f'(x)$ 采用同样的运算,即

$$\frac{f'(x) \cdot x^k}{G(x)} = Q(x) + \frac{R'(x)}{G(x)}$$

接收端根据计算余数多项式 $R'(x)$ 是否等于接收余数多项式 $R(x)$ 来判断是否出现传输错误。

按照上述原理,CRC 校验码实际的生成过程采用二进制模二算法,即加法不进位,减法不借位,实际就是异或操作。下面以实例说明 CRC 校验码的实际生成过程。

【例 7-1】 发送数据位序列为 110011(6bit),生成多项式为 $G(x) = x^4 + x^3 + 1$,请将

发送序列表示为多项式,生成多项式表示为位序列,并求取 CRC 校验码。

发送数据位序列 110011 对应的多项式为 $f(x) = x^5 + x^4 + x + 1$。

生成多项式对应的位序列为 11001。

将发送数据比特序列乘以 2^4,那么产生的乘积应为 1100110000。将乘积用生成多项式位序列去除,按模二算法应为

$$G(x) \rightarrow 11001 \overline{)\begin{array}{r} 100001 \quad Q(X) \\ 1100110000 \quad \leftarrow f(x) \cdot x^k \\ \underline{11001} \\ 10000 \\ \underline{11001} \\ 1001 \quad \leftarrow R(x) \end{array}}$$

因此,求得余数位序列为 1001,即为 CRC 校验码。

将 CRC 校验码加到乘积中得 1100111001,即可发送。接收端接收到带有 CRC 校验码的数据后,可直接用相同的生成多项式去除,若能整除,则说明 CRC 校验通过。

第六节 基于异步传输的系统构建

异步传输方式在工业中应用非常广泛,在第四章中介绍的 RS-232 和 RS-485 都属于异步传输方式,以它们为基础,可以很方便地构成不同形式的网络系统。

一、主从方式通信

主从通信是异步传输网络中常用的通信方式。网段的一个节点被指定为主节点,其他节点为从节点。由主节点负责控制该网段上的所有通信连接。为保证每个节点都有机会传送数据,主节点通常对从节点依次逐一轮询,形成严格的周期性报文传输。主节点不停地传送报文给从节点,并等待相应的从节点的应答报文。任一时刻都只允许一个节点向总线发送报文。所有从节点只有在得到主节点许可的条件下才能有发送报文的机会。从节点与从节点之间不能直接通信。

对于主从通信方式的实现,既可以由使用者定义具体的帧格式实现通信,也可以直接利用一些成熟的协议形式,如 Modbus 协议。

二、自定义串行协议通信系统的设计

为了保证网络节点按照主从方式进行数据的传输,自定义串行协议需明确如下内容:
1) 数据传输的比特率。
2) 字节或字符是否使用奇/偶校验,使用奇校验还是偶校验,停止位是几位。
3) 根据系统实际需要,设计帧格式,并确定是否需要帧校验,以及校验的范围。

下面通过一个实例说明自定义串行协议的设计和运行。

本系统设定串行通信比特率为 1200bit/s。以字节(8 位)作为构成数据帧的单位,每字节传输时,由于是异步传输,故采用偶校验,偶校验之后设计 1 位停止位。

帧格式采用以下方式:

帧头 (AAH)	从站地址 (1字节)	功能码 (1字节)	数据长度 (1字节)	数据 (0~255字节)	校验和 (1字节)	帧尾 (0DH)

帧头和帧尾定义了信息帧的开始和结束,分别使用了AAH和0DH。从站地址为1字节,可从0~255。数据长度为1字节,表明该帧携带数据的字节数。校验和为1字节,校验的范围包括从站地址、功能码、数据长度和数据,采用按字节异或运算的方式获得校验和。功能码表示该帧的作用,见表7-1。

表7-1　功能码说明

序号	功能码	说　　明
1	01H	主站发给从站的召测帧
2	02H	从站返回给主站的数据帧
3	03H	广播信息,所有从站都接收

主站通信子程序如图7-12所示。主站发送的召测帧的形式如下:

AAH	从站地址 i	01H	校验和	0DH

主站发送召测帧后,等待接收 i 从站返回的数据帧,同时设定时间,如果超时没有正确接收返回数据,则本次召测失败;若重复3次召测失败,则记录后,召测下一个从站。

从站通信流程图如图7-13所示,若从站正确地接收到召测本站的召测帧,则向主站返回如下形式的数据帧:

AAH	本站地址	02H	数据长度	数据	校验和	0DH

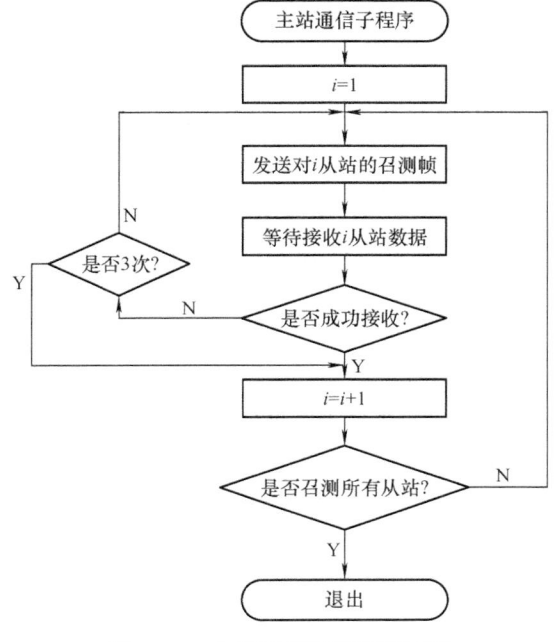

图7-12　主站通信子程序流程图

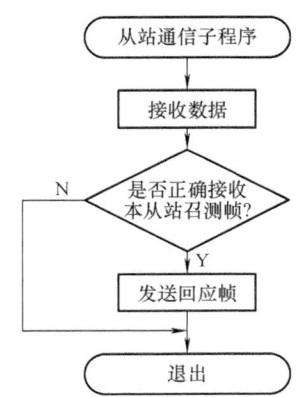

图7-13　从站通信子程序流程图

三、Modbus 协议

（一）Modbus 协议简介

Modbus 协议是 Modicon 公司（现在的施耐德电气）于 1979 年为可编程逻辑控制器（PLC）通信而发表的。Modbus 协议由于公开发表并且无版权要求等优势，现在已经成为一种通用的工业标准，而不仅仅局限于 PLC 的通信。通过此协议，不同厂商生产的控制设备可以连成工业网络，进行集中监控。

Modbus 协议采用主从方式通信，即仅一设备（主设备）能初始化传输（查询），其他设备（从设备）根据主设备查询提供的数据做出相应回应。主设备可单独和从设备通信，也能以广播方式和所有从设备通信。如果单独通信，则从设备返回一消息作为回应；如果是以广播方式查询的，则不做任何回应。

Modbus 协议的查询-回应关系如图7-14所示。

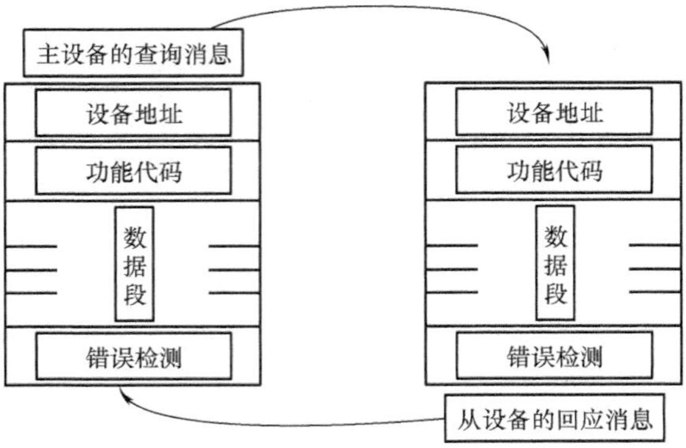

查询消息中的功能代码告之被选中的从设备要执行何种功能。数据段包含了从设备要执行功能的附加信息。例如：功能代码 03 是要求从设备读保持寄存器并返回它们的内容。数据段必须包含要告之从设备的信息：从何寄存器开始读及要读的寄存器数量。

图 7-14　Modbus 协议的查询-回应关系

如果从设备产生一正常的回应，在回应消息中的功能代码是对查询消息中的功能代码的回应。数据段包括了从设备收集的数据，如寄存器值或状态。如果有错误发生，则功能代码将被修改以用于指出回应消息是错误的，同时数据段包含了描述此错误信息的代码。

（二）两种帧模式

Modbus 通信协议具有两种帧模式，分别为 ASCII 或 RTU。用户可以选择想要的模式，并确定串口通信参数（比特率、校验方式等）。在一个 Modbus 网络上的所有设备都必须选择相同的传输模式和串口参数。

1. ASCII 模式

当 Modbus 网络选定以 ASCII（美国标准信息交换代码）模式通信时，消息帧以字符为单位构成，如图7-15所示。

:	地址	功能代码	数据数量	数据1	…	数据n	LRC	回车	换行
1字符	2字符	2字符	2字符		n个字符		2字符	1字符	1字符

图 7-15　ASCII 模式的消息帧

消息以冒号（:）字符（ASCII 码：3AH）开始，以回车换行符（ASCII 码：0DH，0AH）结束。在消息帧其他部分的数据都使用 ASCII 字符 0……9，A……F 表示，因此，每个 8 位的字节都作为两个 ASCII 字符表示，如十六进制数据 F1H 在传输时，使用字符"F"

和“1”的 ASCII 码表示。网络上的设备不断侦测“:”字符，当有一个冒号被接收到时，每个设备都解码下个域（地址域）来判断是否该帧是发给自己的。错误检测域包含两个 ASCII 字符，采用 LRC（纵向冗长检测）进行计算。LRC 的计算方法类似校验和，是对消息域中除开始的冒号及结束的回车换行符外的内容进行连续累加，并丢弃了进位获得的。

每个字符有 1 个起始位、7 个数据位，当设置 1 个奇偶校验位时，有 1 个停止位；当无校验时，则有 2 个停止位。每个字符按照从最低有效位到最高有效位的顺序传送，如图7-16所示。

起始位	1	2	3	4	5	6	7	奇偶位	停止位

a) 有奇偶校验

起始位	1	2	3	4	5	6	7	停止位	停止位

b) 无奇偶校验

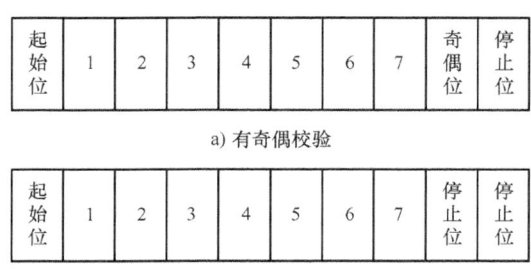

图 7-16　ASCII 模式的字符

2. RTU 模式

使用 RTU（远程终端设备）模式的消息帧如图 7-17 所示，消息发送至少要以 3.5 个字符时间的停顿间隔开始（如图中的 T1-T2-T3-T4 所示）。消息帧以字节为单位构成，每个字节用 8 位二进制表示。传输的第一个域是设备地址，当网络设备接收到地址时，判断是否发给自己的。在最后一个传输字符之后，一个至少 3.5 个字符时间的停顿标定了消息的结束，一个新的消息可在此停顿后开始。错误检测域包含两个字节，采用 CRC 进行计算。生成多项式一般采用 CRC-16。

这种方式的主要优点是：在同样的波特率下，可比 ASCII 方式传送更多的数据。

起始位	地址	功能代码	字节数量	数据1	…	数据n	CRC	结束符
T1-T2-T3-T4	8bit	8bit	8bit	n个8bit			16bit	T1-T2-T3-T4

图 7-17　RTU 模式的消息帧

每个字节有 1 个起始位、8 个数据位，当设置 1 个奇偶校验位时，有 1 个停止位；当无校验时，则有 2 个停止位。每个字节按照从最低有效位到最高有效位的顺序传送，如图7-18所示。

起始位	1	2	3	4	5	6	7	8	奇偶位	停止位

a) 有奇偶校验

起始位	1	2	3	4	5	6	7	8	停止位	停止位

b) 无奇偶校验

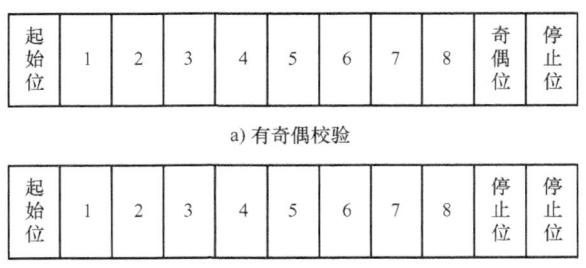

图 7-18　RTU 模式的字节

3. 功能码

两种消息帧中的功能码域包含了两个字符（ASCII）或 8 位（RTU）。可能的代码范围是十进制的 1~255。当然，有些代码是适用于所有控制器，有些只是应用于某种控制器，还有些保留以备后用，见表 7-2。

表 7-2　Modbus 功能码

功能码	名　　称	作　　用
01	读取线圈状态	取得一组逻辑线圈的当前状态（ON/OFF）
02	读取输入状态	取得一组开关输入的当前状态（ON/OFF）
03	读取保持寄存器	在一个或多个保持寄存器中取得当前的二进制值
04	读取输入寄存器	在一个或多个输入寄存器中取得当前的二进制值
05	强置单线圈	强置一个逻辑线圈的通断状态
06	预置单寄存器	把具体二进制值装入一个保持寄存器
07	读取异常状态	取得 8 个内部线圈的通断状态，这 8 个线圈的地址由控制器决定，用户逻辑可以将这些线圈定义，以说明从机状态，短报文适宜于迅速读取状态
08	回送诊断校验	把诊断校验报文送从机，以对通信处理进行评鉴
09	编程（只用于 484）	使主机模拟编程器作用，修改 PC 从机逻辑
10	控询（只用于 484）	可使主机与一台正在执行长程序任务的从机通信，探询该从机是否已完成其操作任务，仅在含有功能码 9 的报文发送后，本功能码才发送
11	读取事件计数	可使主机发出单询问，并随即判定操作是否成功，尤其是该命令或其他应答产生通信错误时
12	读取通信事件记录	可使主机检索每台从机的 Modbus 事务处理通信事件记录。如果某项事务处理完成，记录会给出有关错误
13	编程（184/384 484 584）	可使主机模拟编程器功能修改 PC 从机逻辑
14	探询（184/384 484 584）	可使主机与正在执行任务的从机通信，定期控询该从机是否已完成其程序操作，仅在含有功能 13 的报文发送后，本功能码才得以发送
15	强置多线圈	强置一串连续逻辑线圈的通断
16	预置多寄存器	把具体的二进制值装入一串连续的保持寄存器
17	报告从机标识	可使主机判断编址从机的类型及该从机运行指示灯的状态
18	（884 和 MICRO 84）	可使主机模拟编程功能，修改 PC 状态逻辑
19	重置通信链路	发生非可修改错误后，使从机复位于已知状态，可重置顺序字节
20	读取通用参数（584L）	显示扩展存储器文件中的数据信息
21	写入通用参数（584L）	把通用参数写入扩展存储文件，或修改之
22~64	保留作扩展功能备用	
65~72	保留以备用户功能所用	留作用户功能的扩展编码
73~119	非法功能	
120~127	保留	留作内部作用
128~255	保留	用于异常应答

当消息从主设备发往从设备时，功能代码将告之从设备需要执行哪些行为。当从设备回应时，它使用功能代码来指示是正常回应（无误）还是有某种错误发生（称作异议回应）。

对正常回应，从设备仅回应相应的功能代码。对异议回应，从设备返回帧的功能代码是在主设备发送的功能码基础上修改某位。

例如：一从主设备发往从设备的消息要求读一组保持寄存器，将产生如下功能代码：
0 0 0 0 0 0 1 1（03H）

对正常回应，从设备仅回应同样的功能代码。对异议回应，它返回：
1 0 0 0 0 0 1 1（83H）

除功能代码因异议错误做了修改外，从设备将一独特的代码放到回应消息的数据域中，这能告诉主设备发生了什么错误。主设备应用程序得到异议回应后，典型的处理过程是重发消息，或者诊断发给从设备的消息并报告给操作员。

4. 两种模式的查询与回应帧实例

一主设备读取地址为 06H 的从设备的一组保持寄存器的值，其功能代码应为 03H。下面分别以 ASCII 模式和 RTU 模式为例演示查询帧和回应帧。

查询帧：

域名称	数值	ASCII	RTU
帧头		":"	
地址	06H	"0" "6"	06H
功能码	03H	"0" "3"	03H
第一个寄存器的高位地址	00H	"0" "0"	00H
第一个寄存器的低位地址	6BH	"6" "B"	6BH
寄存器的数量的高位字节	00H	"0" "0"	00H
寄存器的数量的低位字节	03H	"0" "3"	03H
校验域		LCR（2字符）	CRC（2字节）
帧尾		回车换行	

回应帧：

域名称	数值	ASCII	RTU
帧头		":"	
地址	06H	"0" "6"	06H
功能码	03H	"0" "3"	03H
字节数	06H	"0" "6"	06H
数据高位字节	12H	"1" "2"	12H
数据低位字节	23H	"2" "3"	23H

数据高位字节	34H	"3" "4"	34H
数据低位字节	45H	"4" "5"	45H
数据高位字节	56H	"5" "6"	56H
数据低位字节	67H	"6" "7"	67H
校验码		LCR（2字符）	CRC（2字节）
帧尾		回车换行	

四、透明传输技术

所谓的透明传输是指信息和数据在底层的传输对用户而言是不可见的一种数据传输方式。关于透明传输是一个广泛的概念，本节主要讨论近几年在工业领域快速发展的 RS‑232/RS‑485 与互联网络之间的传输方式。

虚拟串口通过修改操作系统的底层驱动，添加除了物理存在串口以外的串口，其操作同物理串口一致，但是数据不通过物理串口转发，而是由驱动程序直接接管，通过其他的通信方式转发。

由于近年来通信技术的迅猛发展，而工业测控领域的技术和相关产品更新速度相对较慢，大量的现场设备不可能全部升级更换，所以近年来用于不同通信协议转换的透明传输技术和产品也越来越普及，发展趋势也是简单易用，不需要了解技术细节。

透明串口是指在通信设备的两端采用 RS‑232/RS‑485 方式传输，而在中间采用其他的通信网络，譬如互联网 \ USB \ CAN 等传输方式，用户在上位机可以直接通过虚拟串口直接操作，原有的通信协议以及程序不需要修改可以直接使用。图 7‑19 所示为 RS‑485 网络变更为互联网系统的修改方式。

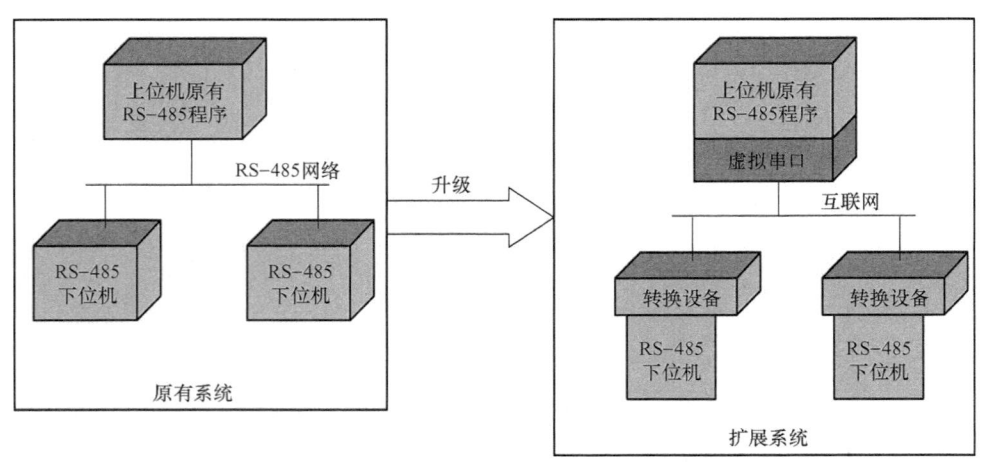

图 7‑19 RS‑485 升级为互联网示意图

（一）以太网同串口之间的透明传输技术

串口服务器是为 RS‑232 终端到 TCP/IP 之间完成数据转换的通信接口协议转换器。提供 RS-232 终端与 TCP/IP 网络之间的数据双向透明传输，提供串口转 TCP/IP 功能的解决方案，可以让 RS-232 串口设备立即连接网络。串口服务器按照工作方式分为以下几种：

1）客户端方式 在该工作方式下，终端服务器作为 TCP 客户端，转换器上电时主动向平台程序请求连接，该方式比较适合于多个转换器同时向一个平台程序建立连接。

2）服务器方式 在该工作方式下，终端服务器作为 TCP 服务器端，转换器在指定的 TCP 端口上监听平台程序的连接请求，该方式比较适合于一个转换器与多个平台程序建立连接（一个转换器不能同时与多个平台程序建立连接）。

串口服务器按照通信模式分为以下几种：

1. 虚拟串口通信模式

该模式下，一个或者多个转换器与一台计算机建立连接，实现数据的双向透明传输。由计算机上的虚拟串口软件管理下面的转换器，可以实现一个虚拟串口对应多个转换器，N 个虚拟串口对应 M 个转换器（$N \leq M$）。该模式适用于串口设备由计算机控制的 RS-485 总线或者 RS-232 设备连接。

2. 点对点通信模式

该模式下，转换器成对使用，一个作为服务器端，一个作为客户端，两者之间建立连接，实现数据的双向透明传输。该模式适用于将两个串口设备之间的总线连接改造为 TCP/IP 网络连接。

3. 基于网络通信模式

该模式下，计算机上的应用程序基于 Socket 协议编写了通信程序，在转换器设置上直接选择支持 Socket 协议即可。

（二）GPRS 同串口之间的透明传输技术

工业现场数据采集监控系统一般用传统的有线互连方式，如总线方式通信。当采集点位置分散时，系统规模受通信线缆长度限制，线路易受渗水和雷击影响等问题突出。在这种情况下，以移动通用分组无线（General Packet Radio Service，GPRS）业务为代表的无线组网技术，越来越多地受到人们关注。采用 GPRS 方式组网，常规思路是将传统数据采集和 GPRS 无线通信部分合并设计电路。这种方式的优点在于可以充分利用原有硬件资源，系统设计简单；不足之处在于重用性较差。另一种方法是将 GPRS 无线通信部分独立模块化，与下位机通过 RS-232/RS-485 接口连接。这种方式的优点是数据采集仪和 GPRS 模块相互独立，模块可以方便地调试、更换，若需对原有数据采集仪进行无线改造升级，不必对原有设备和通信协议做任何改动；不足之处是模块部分要有自己的 CPU 和外设，增加了硬件成本。

GPRS 无线透明数据传输终端能够将 RS-232 串口通信转化为无线嵌入式 TCP/IP 通信，变传统的串口通信为 GPRS 无线网络通信，实现串口设备的快速无线联网。这要求提供协议转换和数据的透明传输。具体说就是用户不用知道复杂的 GPRS 通信原理和 TCP/IP，不用更改原有的程序即可实现原有串口设备的无线网络连接，节省宝贵的时间和已有投资。

GPRS 无线数据透明传输终端是基于 GPRS 远程无线数据传输的应用，它充分利用 GPRS 网络技术瞬间上网、永远在线、快速传输、按流量计费等各种优势，为远程的数据采集、数据传输在国民经济各种领域的应用提供一个实时、快捷、经济和便利的解决方案。

GPRS 无线数据透明传输终端连接着无线数据系统的客户端，可以分布安装在任何适合无线射频信号发送和有网络信号覆盖的环境和地点，实时传递被监控设备的数据，通过

GPRS 网络，跨越无线通信网络和 Internet 两个不同类型的网络，与管理中心系统建立连接，方便地实现上行和下行双向的数据信息传递。

这个功能对用户而言，就是用户不需知道复杂的协议，只需将要传输的数据交给 GPRS 终端就能实现数据的无线传输。这个功能主要是通过串口实现，现场监控设备或仪表通过其自身的串口将采集的数据发送给 GPRS 无线数据透明传输终端，终端 CPU 的一个串口（串口 0）接收发送过来的数据，并将这些数据进行封装打包；终端 CPU 的另一个串口（串口 1）与 GPRS 模块相连，通过 AT 命令建立无线方式的 PPP 链路和 TCP 连接，注册到管理中心系统，传递终端 CPU 串口 0 接收的数据，并接收管理中心的指令并做出相应的反应。

GPRS 无线数据透明传输终端作为整个通信网络系统中的一个环节，必将涉及与之通信的仪表及上位机服务器的联网方式，组网方式的不同决定了终端软硬件设计的不同。根据上位机服务器（数据中心）使用 IP 地址不同，其组网方案有：

1. 方案一：上位机服务器（数据中心）使用固定 IP 地址或向中国移动申请数据专线

这种方案的组网如图 7-20 所示。GPRS 无线数据透明传输终端通过 RS-232 或 RS-485 串口与数据采集设备相连，数据采集设备将要传输的数据传送给终端，然后终端自动拨号登录 GPRS 网络，获得移动子网 IP 地址后，主动与接入 Internet 的上位机服务器（数据中心）建立 Socket 连接并保持。在 Socket 连接成功之后，GPRS 终端将自身的 ID 号以及子网 IP 地址通过 TCP/IP 发送至上位机服务器。这样就实现了基于 GPRS 的无线数据传输。这种方案具有组网简单、易开发等优点，其缺点与不足主要有两方面：其一是上位机服务器（数据中心）必须拥有固定 IP 地址，或公网 IP 地址或移动子网 IP 地址，即数据专线，因此构建 GPRS 网络的成本比较高；其二是为了确保数据中心与 GPRS 无线数据透明传输终端之间的通信畅通，GPRS 终端需不断发送链路维护数据包，用于检测链路并保证 GPRS 终端实时在线，由于 GPRS 是按照数据流量收费，因此运营成本较高。

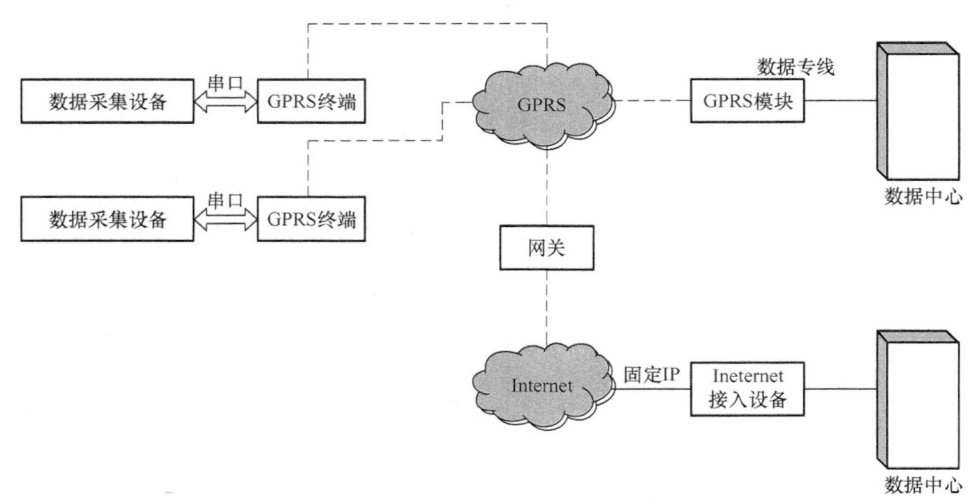

图 7-20 GPRS 设备使用固定 IP 接入示意图

2. 方案二：上位机服务器（数据中心）使用域名

在这种方案下，GPRS 无线数据透明传输终端通过使用域名解析（DNS）的方法获取上位机服务器（数据中心）的 IP 地址，从而与之建立连接并互相传输数据，如图 7-21 所示。

这种方案的优点是上位机服务器（数据中心）不需要拥有固定的 IP 地址，而是通过域名解析服务提供商获取域名，GPRS 无线数据透明传输终端通过域名解析获得上位机服务器（数据中心）的 IP 地址。该方案的缺点是虽然降低了使用固定 IP 地址的成本，但是由于采用域名解析服务，提高了用户的使用成本。

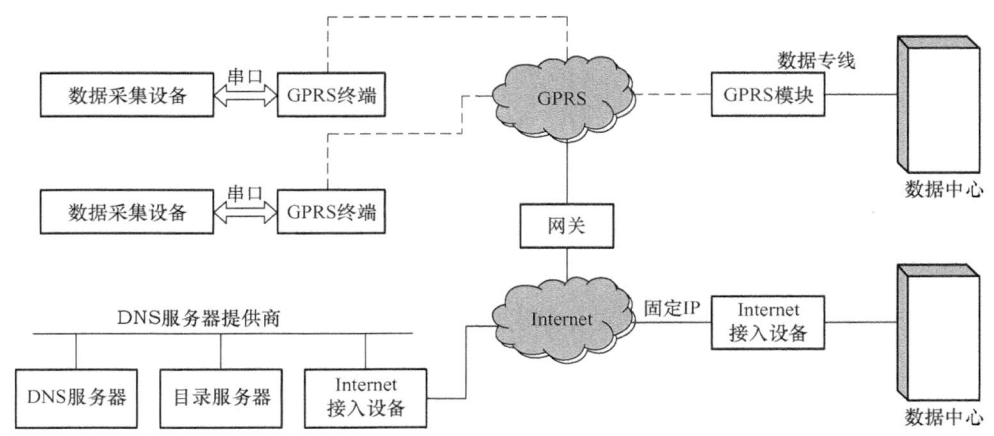

图 7-21　GPRS 设备使用域名接入示意图

（三）其他透明传输技术

基于短信的透明传输方式在 5 年前比较流行，数据接收和发送的双方都有一个短信收发器，通过该收发器转发透明的串口信息，优点同 GPRS 方式一样安装灵活方便，缺点是限于一条短信内容不超过 140 字节，所以每次通信的流量小，个别时候短信延迟大。

除了以上提到的透明传输方式以外，还有多种传输方式，例如 USB to RS-232、CAN to RS-485 等已广泛在实际中应用的产品或者技术。

五、热网计量监控系统

热网计量监控系统主要用于供热机组对分布在数公里范围内不同地点的各个热用户的用汽量进行远程计量。该系统通过通信网络实现远程自动抄表，能对整个热网进行 24 小时的全面监视及数据记录．并将现场的各种工作参数、报警信息进行远程显示、诊断，使得现场的计量设备发生故障时能得到及时维护，防止某些不良用户的用汽舞弊行为。与以往传统的人工抄表相比，该系统可减少人为错误，避免纠纷，为分析管损提供有效数据，从而大大提升整个热网的经济效益。

由于供热用户地理分布范围大，不易布线，因此基于透明传输的无线通信方式可方便地将具有 RS-232 或 RS-485 接口的蒸汽流量二次仪表组成网络，实现热网的自动抄表。无线通信可考虑采用电台和 GPRS 等。

基于电台的热网计量监控系统如图 7-22 所示，对于蒸汽测量一般采用孔板或涡街流量传感器，由二次仪表进行蒸汽温度、压力以及流量等的计算，XLF-60 二次表具有 RS-232 接口，可与数传电台连接。调度室的计算机采用主从通信方式，按照约定好的帧格式，实现对分布的各用户的二次仪表数据的轮询。该方式运营成本较低，但是需要架设电台的天线，并需要进行防雷设计，因此，施工和维护的工作量较大。

基于GPRS的热网计量监控系统如图7-23所示，采用前面所述的GPRS同串口之间的透明传输技术即可实现。由于网络由运营商进行设计和维护，因此，系统施工工作量大幅减少。

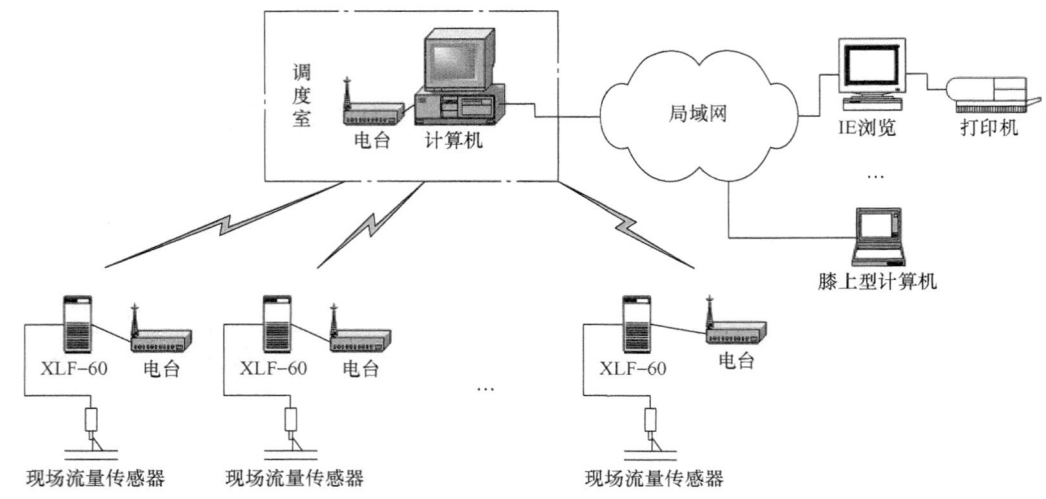

图7-22 基于电台的热网计量监控系统

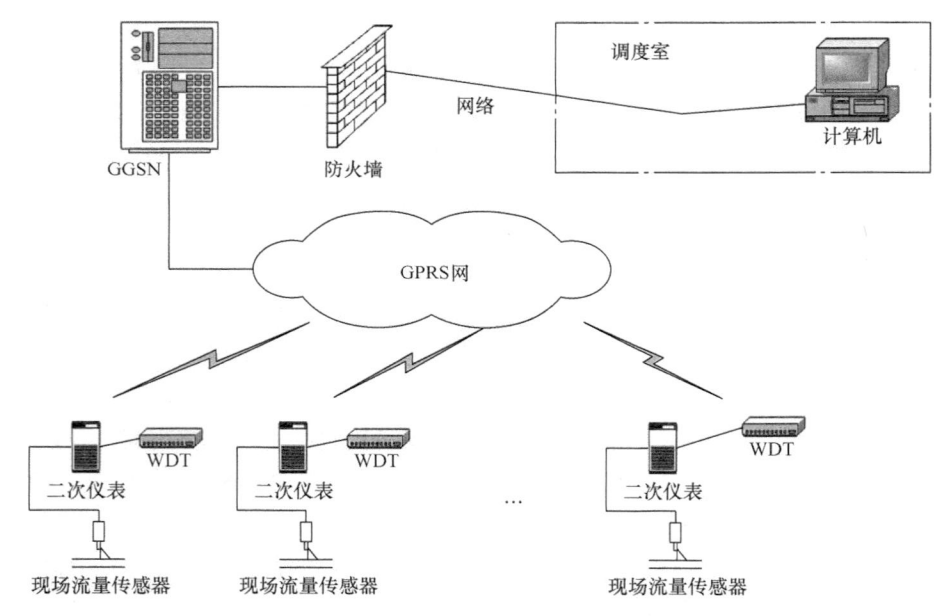

图7-23 基于GPRS的热网计量监控系统

思 考 题

1. 通信系统的有效性和可靠性指标有哪些？比特率与波特率有什么区别？
2. 一个不能正常工作的数据传输系统，说其误码率很高是否正确？

3. 串行同步传输与异步传输的区别是什么？

4. 串行异步传输中，各个节点都有各自的时钟，对通信参考时钟有何要求？如何解决时钟的累积误差问题？

5. 从信道的频率特性的角度说明基带信号远距离传输产生畸变的原因。

6. 根据图 7-24 中的时钟和要编码的二进制位，画出不归零制（NRZ）和曼彻斯特（Manchester）编码的波形图。

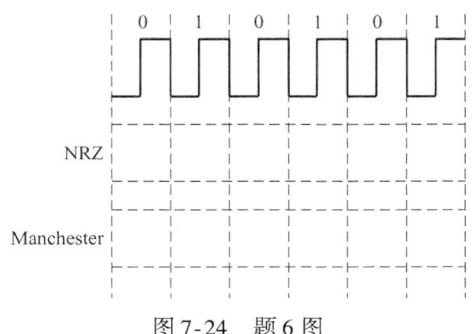

图 7-24 题 6 图

7. 一个字节在传输过程中，有偶数个"0"变为了"1"，采用奇/偶校验，能否在接收端检测到错误？为什么？

8. 发送数据帧中，校验和校验范围内字节的十六进制表示分别为 0AH、21H 和 3BH，请按照异或方法计算其校验和。如果字节排序发生变化，校验和结果是否发生变化？

9. 发送数据位序列为 1100（4bit），生成多项式为 $G(x) = x^3 + x + 1$，请将发送序列表示为多项式，生成多项式表示为位序列，并求取 CRC 校验码。

10. 用速率为 2400bit/s 的调制解调器（无校验位，一位停止位），30s 内最多能传输多少个汉字（一个汉字为两个字节）？

11. 对于一个由 RS-485 构成的总线拓扑结构网络，设计一个主从协议，给出详细协议说明，使网络节点开发人员可以根据该要求开发能够正常通信的设备。要求：

　　a）可支持 56 个节点，且具有一定的扩展能力；

　　b）传输数据包括温度、压力、流量和累计流量，累计流量为 4 个字节，温度、压力和流量均为 2 字节；

　　c）应有奇偶校验和帧校验。

第八章 计算机控制系统中的网络技术

随着现代化工业生产规模不断扩大,对生产过程的控制和管理也日趋复杂,往往需要几台甚至几十台计算机才能完成控制和管理任务,这就离不开计算机网络。而随着以互联网为基础的新一代信息技术的兴起并向工业领域的融合渗透,发达国家纷纷提出以智能制造为核心的再工业化战略,以工业互联网推动信息技术与制造技术深度融合,促进工业数字化、互联化、智能化发展。因此,计算机控制中的网络技术越来越重要。

本章介绍计算机网络技术基础、工业控制网络与现场总线以及无线网络技术。在无线网络技术中,将近年来发展起来的低功耗广域网的主流协议引入本章。

第一节 计算机网络概述

计算机网络是将分布于不同地理位置上的计算机或设备通过有线或无线的通信链路连接起来,在网络通信协议的管理和协调下,实现信息交换和资源共享的计算机系统。计算机网络不仅能使网络中的各台计算机或设备(或称为节点)之间相互通信,而且还能共享某些节点(如服务器)上的系统资源。所谓资源包括硬件资源(如大容量磁盘、光盘以及打印机等)、软件资源(如语言编辑器、文本编辑器、工具软件及应用程序等)和数据资源(如数据文件和数据库等)。

一、计算机网络的分类

随着网络技术的发展,出现了多种类型的网络分类方法,按其跨度、拓扑结构、管理性质、交换方式和功能,可进行如下分类。

(一)按网域的跨度划分

1. 局域网(Local Area Network,LAN)

局域网一般指规模较小的网络,即计算机硬件设备不大,通信线路不长(不超过几十千米),采用单一的传输介质,覆盖范围限于单位内部或建筑物内,通常由一个单位自行组网并专用。局域网只有和广域网互联,进一步扩大应用范围,才能更好地发挥其作用。但在同广域网相连时,应考虑网络的安全性。

2. 城域网(Metropolitan Area Network,MAN)

城域网的规模比局域网要大一些,通常覆盖一个区域城市,也称区域网,覆盖范围在局域网与广域网之间,其运行方式与广域网类似。

3. 广域网(Wide Area Network,WAN)

广域网顾名思义就是一个非常大的网,它不但可以把多个局域网或区域网连接起来,也可以把世界各地的局域网连接起来，它的传输装置和媒体通常由电信部门提供。

（二）按拓扑结构划分

在计算机网络中，网络的拓扑结构是指网络中的各台计算机、设备之间相互连接的方式。常用的网络拓扑结构有以下几种。

1. 星形网

星形网是以一台中心处理主机为主构成的网络，其他入网的计算机仅与该中心处理主机之间有直接的物理链路，中心处理主机采用分时的方法为入网机器服务。

2. 环形网

环形网是入网机器通过中继器接入网络，每个中继器仅与两个相邻的中继器有直接的物理链路，所有的中继器及其物理链路构成了一个环状的网络系统，环形网也是局域网的一种主要形式。

3. 总线型网

总线型网是所有入网机器共用一条传输线路，机器通过专用的分接头接入线路。由于线路对信号的衰减作用，总线型网仅用于有限的区域，常用于组建局域网。

4. 网状网络

网状网络是利用专门负责数据通信和传输的节点机构成的网络，入网机器直接接入节点机进行通信，网状网络主要用于地理范围大、入网机器多的环境，例如构造广域网。

由于不同拓扑结构的网络往往采用不同的网络控制方法，具有不同的性质，适应不同的应用环境，因此计算机控制系统的网络可以根据应用的不同选择或者混合不同的网络拓扑结构。一般来讲，计算机控制系统的网络拓扑结构以总线形式为多。

（三）按管理性质划分

1. 公用网

公用网由电信部门组建、管理和控制，网络内的传输和转换可供任何部门和个人使用。公用网常用于远程网络的构建，支持用户的远程通信。

2. 专用网

专用网是由用户部门组建经营的网络，不允许其他用户和部门使用。由于投资因素，专用网常为局域网或者是通过租借电信部门的线路而组建的广域网。

过程计算机控制系统中的网络常为专用网。由于近年来计算机控制系统的需求变化，特别是对于远程监控的需求增加，因此使用专用网互联公用网的方式来组建各种计算机控制网络也普遍增多。这也是计算机控制系统应用网络的发展趋势。

（四）按交换方式划分

1. 电路交换网

电路交换网类同电话方式，具有建立链路、数据传输和释放链路三个阶段。通信过程中，发/收两终端自始至终占用该链路，且不允许其他用户共享其信道资源。

2. 报文交换网

报文交换网是交换机采用具有"存储转发"能力的计算机，用户数据可以暂时保存在交换机内，等待线路空闲时，再进行用户数据的一次传输。

3. 分组交换网

分组交换网类同报文交换技术，但规定了交换机处理和传输数据的长度（称之为分组），不同用户的数据分组可以交织在网络中的物理链路上传输。

目前，大多数计算机网络（包括广域网和局域网）都采用分组交换技术，只是分组的长度有所不同。

二、因特网（Internet）

因特网是世界上最大的互联网，其前身是美国的 ARPANET。可以这样理解，网络把许多计算机连接在一起，因特网则把许多网络连接在一起。因特网采用 TCP/IP 协议族作为通信规则。

因特网的拓扑结构非常复杂，但从工作方式上看，可以划分为边缘和核心两大部分，如图 8-1 所示。边缘部分由所有连接在因特网上的计算机组成。这部分是用户直接使用的，用来进行通信（传送数据、音频或视频）和资源共享。核心部分由大量网络和连接这些网络的路由器组成。这部分是为边缘部分提供服务的（提供连通性和交换）。

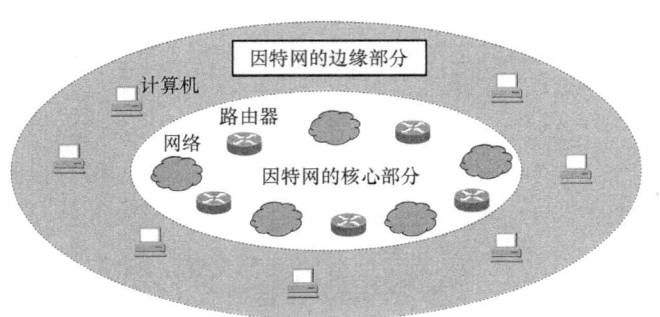

图 8-1　因特网的边缘部分和核心部分

处在因特网边缘的部分就是连接在因特网上的所有的计算机，又称为端系统。在网络边缘的端系统中运行的程序之间的通信方式通常可划分为客户/服务器（Client/Server，C/S）方式和对等（Peer-to-Peer，P2P）方式两大类。客户/服务器方式所描述的是进程之间服务和被服务的关系。客户是服务的请求方，服务器是服务的提供方。对等连接方式是指两个主机在通信时并不区分服务请求方和服务提供方，只要两个计算机都运行了对等连接软件（P2P 软件），它们就可以进行平等的、对等的连接通信。

网络中的核心部分要向网络边缘中的大量主机提供连通性，使边缘部分中的任何一个主机都能够向其他主机通信（即传送或接收各种形式的数据）。在网络核心部分起特殊作用的是路由器。路由器是实现分组交换的关键构件，其任务是转发收到的分组，这是网络核心部分最重要的功能。

第二节　计算机网络互联与协议

一、计算机网络的系统结构

早期的网络都是各个公司根据用户的要求而独立开发的，随着全球化进程，用户迫切要求能够相互交换信息。为了使不同体系结构的计算机网络都能互联，国际标准化组织（International Organization for Standardization，ISO）提出了著名的开放系统互联参考模型（Open Systems Interconnection Reference Model，OSI/RM），简称 OSI。

OSI 定义了网络互联的七层框架（物理层、数据链路层、网络层、传输层、会话层、表示层、应用层），如图 8-2 所示。每一层实现各自的功能和协议，并完成与相邻层的接口通信。下面对 OSI 各层进行功能上的大概阐述。为了使数据分组从源端传送到目的地，源端 OSI 模型的每一层都必须与目的端的对等层进行通信，这种通信方式称为对等层通信。

理论上，通信系统只要遵循 OSI 标准，一个系统就可以和位于世界上任何地方的也遵循这同一标准的其他任何系统进行通信。然而 OSI 标准在市场化方面却失败了。因为，在完整的 OSI 标准

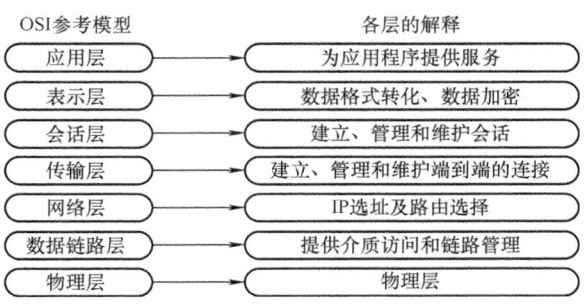

图 8-2 OSI 参考模型

制定出来时，因特网已抢先在全世界覆盖了相当大的范围，并没有什么厂家的产品支持 OSI 标准。

最终，法律上的国际标准 OSI 并没有得到市场的认可。而非国际标准 TCP/IP 获得了最广泛的应用，这样 TCP/IP 常被称为事实上的国际标准。TCP/IP 是一系列协议的总和，其命名源于其中最重要的两个协议，一个是 TCP（Transmission Control Protocol，称为传输控制协议），另一个是 IP（Internet Protocol）。

TCP/IP 体系结构是包括应用层、传输层、网络层、数据链路层和物理层的五层结构，有时也用四层表示方法，即用网络接口层代替数据链路层和物理层。TCP/IP 五层协议和 OSI 的七层协议对应关系如图 8-3 所示。

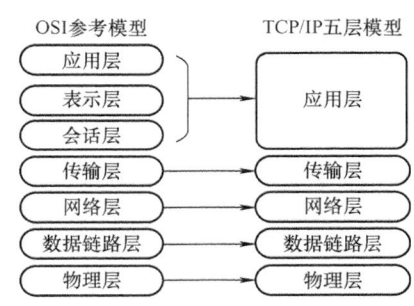

图 8-3 TCP/IP 五层协议和 OSI 的七层协议对应关系

（一）物理层

物理层的主要任务描述为确定与传输媒体的接口的一些特性，即：

1）机械特性：指明接口所用接线器的形状和尺寸、引线数目和排列、固定和锁定装置等。

2）电气特性：指明在接口电缆的各条线上出现的电压的范围。

3）功能特性：指明某条线上出现的某一电平的电压表示何种意义。

4）过程特性：指明对于不同功能的各种可能事件的出现顺序。

（二）数据链路层

数据链路层在物理线路上提供可靠的数据传输，使之对网络层呈现为一条无错的线路。它将比特组合成字节，再将字节组合成帧，使用链路层地址来访问介质，并进行差错检测。数据链路层又分为两个子层：逻辑链路控制（LLC）子层和媒体访问控制（MAC）子层。

MAC 子层处理 CSMA/CD 算法、数据出错校验、成帧等；LLC 子层定义了一些字段，使上次协议能共享数据链路层。

（三）网络层

网络层通过 IP 寻址来建立两个节点之间的连接，为源端的运输层送来的分组选择合适的路由和交换节点，正确无误地按照地址传送给目的端的运输层。这一层就是我们经常说的 IP 协议层。

（四）传输层

运输层向应用层提供通信服务，为应用进程之间提供端到端的逻辑通信（网络层是为主机之间提供逻辑通信的）。运输层需要有两种不同的运输协议，即面向连接的 TCP（Transmission Control Protocol）和无连接的 UDP（User Datagram Protocol）。

（五）应用层

应用层为计算机用户的应用进程提供服务。每个应用层协议都是为了解决某一类应用问题。而问题的解决又往往是通过位于不同主机中的多个应用进程之间的通信和协同工作来完成的。应用层的具体内容就是规定应用进程在通信时所遵循的协议。常用的应用层协议包括：远程登录协议（Telnet）、文件传输协议（FTP）、超文本传输协议（HTTP）、域名服务（DNS）、简单邮件传输协议（SMTP）和邮局协议（POP3）等。

二、网络互联设备

网络互联从通信参考模型的角度可分为几个层次：物理层使用中继器（Repeater），通过复制值信号延伸网段长度；数据链路层使用网桥（Dridge），使局域网之间存储或转发数据帧；网络层使用路由器（Router），使不同网络间存储转发分组信号；传输层及传输层以上使用网关（Gateway）进行协议转换，提供更高层次的接口。因此中继器、网桥、路由器和网关是不同层次的网络互联设备。

（一）中继器

中继器接收一个线路中的报文信号，将其进行整形放大、重新复制，并将新生成的复制信号转发至下一网段或转发到其他介质段。这个新生成的信号将具有良好的波形。中继器有电信号中继器和光信号中继器。

中继器仅在网络的物理层起作用，它不以任何方式改变网络的功能；对所通过的数据不作处理，主要作用在于延长电线和光线的传输距离。通过中继器连接到一起的两部分网络实际上是一个网段，中继器是一个再生器，而不是放大器。中继器应放置在信号失去可读性之前，使得网络可以跨越一个较大的距离。在中继器的两端，其数据速率、协议（数据链路层）和地址空间都相同。

（二）网桥

网桥将数据帧送到数据链路层进行差错校验后，再送到物理层，通过物理传输介质送到另一个子网或网段。它具备寻址与路径选择的功能。在接收到帧之后，要决定正确的路径将帧送到相应的目的站点。

网桥同时作用在物理层和数据链路层，用于网段之间的连接，也可以在两个相同类型的网段之间进行帧中继。当一个帧到达网桥时，网桥不仅重新生成信号，而且检查目的地址，将新生成的原信号复制件仅仅发送到这个地址所属的网段。

图 8-4 显示了两个通过网桥连接在一起的网段。节点 A 和节点 D 处于同一个网段中。当节点 A 送到节点 D 的包到达网桥时，这个包被阻止进入下面其他的网段中，而 A 到 D 只在本中继网段内中继，并被站点 D 接收。而当由节点 A 产生的包要送到节点 G 时，网桥允许这个包跨越并中继到整个下面的网段，数据包将在那里被站点 G 接收。因此网桥能使总

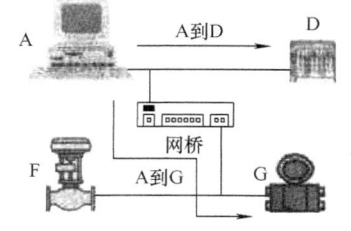

图 8-4 网桥的连接

线负荷得以减小。

网桥与中继器的区别在于：网桥具有使不同网段之间的通信相互隔离的逻辑，或者说网桥是一种聪明的中继器，它只对包含预期接收者网段的信号包进行中继。这样，网桥起到了过滤信号包的作用，利用它可以控制网络拥塞，同时隔离出现了问题的链路。但网桥在任何情况下都不修改包的结构或包的内容，因此只可以将网桥应用在使用相同协议的网段之间。

（三）路由器

路由器工作在物理层、数据链路层和网络层。它比中继器和网桥更加复杂。在路由器所包含的地址之间，可能存在若干路径，路由器可以为某次特定的传输选择一条最好的路径。

报文传送的目的地网络和目的地址一般存在于报文的某个位置。当报文进入时，路由器读取报文中的目的地址，然后把这个报文转发到对应的网段中。它会取消没有目的地的报文传输。对存在多个子网络或网段的网络系统，路由器是很重要的部分。

路由器是在具有独立地址空间、数据速率和介质的网段间存储转发信号的设备。路由器连接的所有网段的协议是保持一致的。

（四）网关

网关又被称为网间协议变换器，用以实现不同通信协议的网络之间、包括使用不同网络操作系统的网络之间的互联。由于它在技术上与它所连接的两个网络的具体协议有关，因而用于不同网络间转换连接的网关是不相同的。

三、网络传输介质的访问控制方式

在总线型和环形拓扑中，网上设备共享传输线路，为了解决在同一时间有多个设备同时发起通信而出现的争用传输介质的问题，需要采取介质访问控制，协调各设备访问介质的顺序。通信中对介质的访问可以是随机的，即网络各节点可在任何时刻随意地访问介质；也可以是受控的，即采用一定的算法调整各节点访问介质的顺序和时间。在计算机网络中，普遍采用载波监听多路访问/冲突检测的随机访问方式来竞用总线。而在控制网络中往往会采用主从式、令牌总线、令牌环、并行时间、多路存取等受控的介质访问控制方式。

（一）载波监听多路访问/冲突检测

用载波监听多路访问/冲突检测（Carrier Sense Multiple Access with Collision Detection，CSMA/CD）的介质访问控制方式时，网络上的任何节点都没有预定的通信时间，节点随机向网络发起通信。当遇到多个节点同时发起通信时，信号会在传输线上相互混淆而遭破坏，此称为"冲突"，为尽量避免由于竞争引起的冲突，每个工作站在发送信息之前，都要侦听传输线上是否有信息在发送，这就是"载波监听"。

载波监听CSMA的控制方案是先听再讲。一个节点要发送，首先需要监听总线，以决定介质上是否存在正在发送信号的其他节点，如果介质空闲，则可以发送；如果介质忙，则要等待一定时间后重试。

目前有三种CSMA坚持退避算法：

第一种为非-坚持CSMA。假如介质空闲，则发送；假如介质忙，则等待一段随机时间，重复第一步。

第二种为1-坚持CSMA。假如介质空闲，则发送；假如介质忙，则继续监听，直到介质空闲，立即发送；假如冲突发生，则等待一段随机时间，重复第一步。

第三种为 P-坚持 CSMA。假如介质空闲，则以 P 的概率发送，或以 1-P 的概率延迟一个时间单位后再监听，这个时间单位等于最大的传播延迟；假如介质忙，继续监听直到介质空闲，重复第一步。

由于传输线上不可避免地存在传输延迟，有可能多个站同时监听到线上空闲，并开始发送，从而导致冲突，故每个节点在开始发送信息之后，还要继续监听线路，判定是否有其他节点正与本节点同时向传输介质发送，一旦发现，便中止当前发送，这就是"冲突检测"。

CSMA/CD 已广泛应用于计算机局域网中。每个站点在发送通信帧的同时还有检测冲突的能力，即所谓的发前先侦听，空闲即发送，边发边检测，冲突时退避。

（二）令牌方式

CSMA 的访问产生冲突的原因是由于各个节点发起通信是随机的，为了解决冲突，可以对通信发起采取某种方式进行控制，令牌方式就是其中的一种。这种方式是按一定顺序在各站点间传递令牌，得到令牌的节点才有发起通信的权利，从而避免了几个节点同时发起通信而产生冲突。这种原理用于环形拓扑，构成令牌环；用于总线拓扑，构成令牌总线。

令牌环的操作过程如下：

1）谁可以发送帧，是由一个沿着环旋转的称为"令牌"（TOKEN）的特殊帧来控制的。只有拿到令牌的站可以发送帧，而没有拿到令牌的站只能等待。

2）拿到令牌的站将令牌转变成访问控制头，后面加挂上自己的数据进行发送。

3）数据帧通过任何一个站点（除源站点外）时，该站点都要把帧的目的地址和本站地址相比较。如果地址相符合，则将帧复制到接收缓冲器，供高层软件处理，同时将帧送回环中；如果地址不符合，则直接将帧送回环中。

4）数据循环一周后由发送站回收。即发送的帧在环上循环一周后再回到发送站时，发送站将该帧从环上移去，同时再放一个空令牌到环上，使其余的站点能获得发送帧的许可权。

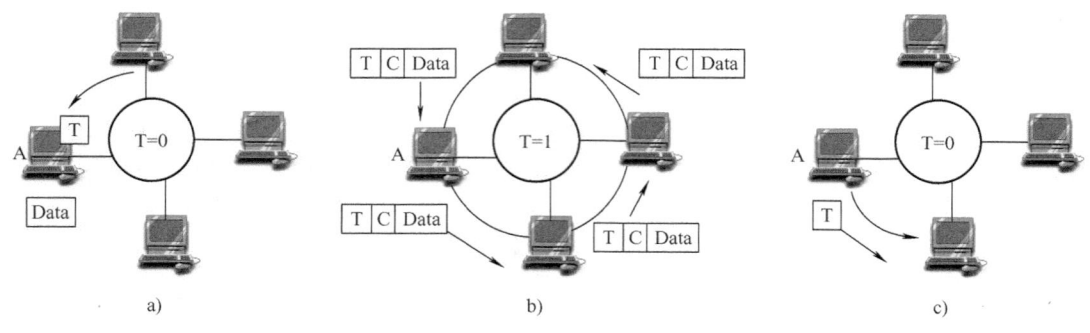

图 8-5　令牌环示意图

图 8-5 所示为令牌环的示意图。在图 8-5a 中，A 节点有数据要发送，并抓住空令牌。在图 8-5b 中，A 将令牌修改为数据帧，并加挂数据，该数据帧循环一周，经过的节点如果检测到帧的目的地址和本节点地址相符合，则接收数据，并继续传送；如果不符，则直接继续传送。在图 8-5c 中，帧循环一圈后，A 将数据帧回收，并放出空令牌，完成一次数据传送。

采用令牌环方式的局域网，网上每一个站点都知道信息的来去动向，保证了通信传输的确定性。由于能限制各节点的令牌持有时间，所以适合于实时系统的使用，令牌环方式对轻、重负载不敏感，但单环环路出故障将使整个环路通信瘫痪，因而可靠性比较差。

令牌总线方式采用总线拓扑，网上各节点按预定顺序形成一个逻辑环。每个节点在逻辑环中均有一个指定的逻辑位置，末站的后站就是首站，即首尾相连。总线上各站的物理位置跟逻辑位置无关。

像令牌环方式一样，令牌总线也采用称为令牌的控制帧来确定对总线的访问控制权。收到令牌的站点在一段规定时间内被授予对介质的控制权，可以发送一个或多个报文，当该节点完成发送或授权时间已到时，它就将令牌传递到逻辑环中的下站，使下一站得到发送权。传输过程由交替进行的数据传输阶段和令牌传送阶段组成。令牌总线上的站点也可以退出逻辑环而成为非活动站点。一般令牌总线的介质访问控制方式包括如下功能：

（1）令牌传递算法

逻辑环按站点地址次序组成。刚发完帧的站点将令牌传给后继站。后继站应立即发送数据或令牌帧，原先释放令牌的站点监听到总线上的信号，便可以确认后继站获得了令牌。

（2）逻辑环的初始化

网络开始启动时，或由于某种原因在运行中所有站点活动的时间如果超过规定的时间，需要进行逻辑环的初始化。初始化过程是一个争用的过程，争用的结果只有一个站点能获得令牌，其他站点采用站点插入算法插入。

（3）站点插入算法

在逻辑环上应周期性地使新站点有机会插入环中，当同时有几个站点要插入时，可以采用带有响应窗口的争用处理算法。

（4）退出环路

一个工作站应能将其自身从逻辑环中退出，并将其先行站和后继站连接起来。

（5）恢复

网络应能发现差错，丢失令牌应能恢复，在多重令牌情况下应能识别处理。

（6）实令牌与虚令牌

上面在讨论令牌总线与令牌环时涉及的令牌为实令牌，在网络传递的数据帧中有一种专门作为令牌的令牌帧。虚令牌是指将令牌隐含在普通数据帧中，没有专门的令牌帧存在。网络管理者给每个节点分配一个唯一的地址。每个站点监视收到的每个报文帧的源地址，并为接收到的源地址设置一个隐性令牌寄存器，让隐性令牌寄存器的值为收到的源地址加1，这样所有站点的隐性令牌寄存器在任一时刻的值都相同。如果隐性令牌寄存器的值与某个站点自己的介质访问控制地址相等，则该站点就可立即发送数据。采用虚令牌时，网络中并没有真正的令牌帧传递，但能起到像实令牌一样的作用，不会因介质访问引发冲突。

（三）时分复用

时分复用是对每个节点预先分配好特定的一段时间，让每个节点在这段时间内占用总线。多个节点按划分的时间顺序占用总线的工作方式称为时分多路复用。比如让节点A、B、C、D分别按1、2、3、4的顺序占用总线，如果事先可以预计每个节点占用总线的时间、需要的通信时间或要传送的报文字节数量，则可以准确估算出每个节点两次占用总线之间的循环周期。

时分复用又分为同步时分复用和异步时分复用两种。同步时分复用指为每个节点分配相等的时间，而不管每个设备要通信的数据量的大小，每当分配给某个节点的时间片到来时，该节点就可以发送数据，如果此时该节点没有数据发送，则传介质在该段时间片内就是空的，这意味着同步时分复用的平均分配策略有可能造成通信资源的浪费，不能有效利用链路的全部容量。

时分复用还可以按交织方式组织数据的发送，由一个复用器作为快速转换开关。当开关转向某个设备时，该节点便有机会向网络发送规定数量的数据。复用器以固定的转动速率和顺序在各网络节点间循环运转的过程称为交织。交织可以按位、字节或其他数据单元进行。交织单元的大小一般相同，比如有 16 个节点，如果以每个节点每次一个字节进行交织，则可在 32 个时间片内让每个节点发送 2 字节。

异步时分复用也叫统计复用，"异步"是指对每个节点的时间分配是不相同的、有弹性的。异步时分复用根据给定时刻可能进行发送的节点数目的统计结果决定时间片的分配。这种动态分配时间片的能力可以大大减少信道资源的浪费，因而在话务通信系统中应用广泛，但它需要采用复用器与解复用器完成较为复杂的数据定位。

异步时分复用还可采用变长时间片的方法来实现，可以按动态方式管理变长域。而在控制网络中，各节点数据信号的传输速率一般相同，可以采取固定方式给数据传输量大的节点分配较长的时间，而给数据传输量小的节点分配较短的时间，以避免浪费。

第三节　控制网络与现场总线

一、控制网络

控制网络属于一种特殊类型的计算机网络，是用于完成自动化任务的网络系统。从控制网络节点的设备类型、传输信息的种类、网络所执行的任务、网络所处的工作环境等方面，控制网络都有别于普通计算机网络。这些测控设备的节点可能分布在工厂的生产装置、装配流水线、温室、粮库、堤坝、交通管制系统、环境监测系统、建筑、消防设备、家庭等各处，几乎涉及生产和生活的各个方面。

（一）控制网络的节点

作为普通计算机网络节点的计算机或其他种类的计算机、工作站，当然也可以成为控制网络的一员。控制网络的节点大都是具有计算与通信能力的测量控制设备。它们可能具有CPU，也可能不带有 CPU，只带有简单的通信接口。以下设备都可以成为控制网络的节点成员：

1）限位开关、感应开关等各类开关。
2）条形码阅读器。
3）光电传感器。
4）温度、压力、流量、物位等各种传感器、变送器。
5）可编程逻辑控制器（PLC）。
6）PID 等数字控制器。
7）各种数据采集装置。
8）作为监视操作设备的监控计算机。
9）各种调节阀。

10）液压控制设备。

11）变频器。

12）机器人。

把这些单个分散的有通信能力的测量控制设备作为网络节点，连接成网络系统，使它们之间可以相互沟通信息，由它们共同完成自控任务，这就是控制网络。

（二）控制系统对网络的要求

在网络集成式控制系统中，网络是控制系统运行的动脉，是通信的枢纽。因而，控制系统对网络也有其要求：

1. 开放性

这里的"开放"是指通信协议公开，不同厂商的设备可互联为系统，并实现信息交换；也指相关标准的一致性、公开性，强调对标准的共识与遵从。作为开放系统的控制网络，应该能与世界上任何地方的遵守相同标准的其他设备或系统连接，这样才能把系统集成的权利真正交给用户，用户可按自己的需要考虑，把来自不同供应商的产品按应用需要组成系统。

2. 互操作性与互用性

控制网络中的控制设备应具有互操作性与互用性。"互操作性"是指互联设备间的信息传送与沟通；"互用性"则意味着不同生产厂家的性能类似的设备可实现相互替换。

3. 实时性

控制网络的基本任务是实现测量控制。而有些测控任务是有严格的时序和实时性要求的。若达不到实时性要求或因时间同步等问题影响了网络节点间的动作时序，则会造成灾难性的后果。这就要求控制网络能提供相应的实时通信，提供时间发布与时间管理功能，同时也要求提高系统的通信有效性。控制网络通信中的媒体访问控制机制、通信模式、网络管理方式等都会影响到通信的实时性和有效性。

4. 环境的适应性

控制网络还应具有对现场环境的适应性。在这一点上，控制网络明显区别于办公室环境的各种网络。不同工作环境对控制网络的环境适应条件有不同的要求。例如在高温、严寒、粉尘环境下能保持正常工作，能抗振动、抗电磁干扰，在易燃易爆环境下能保证安全，有能力支持总线供电等。

二、现场总线

（一）现场总线的概念

现场总线（Fieldbus）是构成控制网络的一种重要技术。按照 IEC 的定义，现场总线是一种应用于生产现场，在现场设备之间、现场设备与控制装置之间实行双向、串行、多节点数字通信的技术。这是由 IEC/TC65 负责测量和控制系统数据通信部分国际标准化工作的 SC65/WG6 定义的。

（二）现场总线的产生

在现场总线出现之前，过程控制领域中，现场信息的传输主要通过统一标准模拟信号传输，如 $0.02\sim0.1$ MPa 的气压信号、$4\sim20$ mA 的电流信号等。

随着计算机技术和通信技术的发展，使现场总线产生具备了技术基础。20 世纪 70 年代,数字式计算机引入到控制系统,而此时的计算机提供的是集中式控制处理。20 世纪 80 年代微处理器开始被嵌入到各种仪器设备中。随着微处理器的发展和广泛应用,产生了以微处理器为核心,实施信息采集、显示、处理、传输及优化控制等功能的智能设备。这些智能设备具备了诸如自动量程转换、自动调零、自校正、自诊断等功能。通信技术的发展,促使传送数字化信息的网络技术得到广泛应用。

与此同时,市场也对现场总线提出了强烈的需求。随着工业生产的规模越来越大,生产的过程也日益强化。此外,随着经济的国际化,企业之间的竞争不可避免,这就迫使企业的生产向着稳产、高效、优质、低耗、节能、环保与安全的方向发展。因此,对生产过程进行检测与控制的点数与质量要求也越来越高。随着测控点的增加,所需的控制电缆数势必随之增长,以发电量为 30 万 kW 的电站为例,其所需的电缆长度可达 500km 以上。试想在电站的锅炉房内,空间有限,已密布着各种水、蒸汽、空气与燃料的管道,还要布置如此众多的电缆,不仅给工程设计带来了困难,而且对安装及维修也带来了极大的不便。因此,寻求现场仪表的数字化、智能化,使大量的一般控制功能下放到现场去解决,以减少主机的负担,同时减少通向控制室的电缆数量。另外,从实际应用的角度出发,控制界也不断在控制精度、可操作性、可维护性、可移植性等方面提出新需求。由此,导致了现场总线的产生。

(三) 现场总线的标准化

现场总线需要如 4~20mA 两线制一样,形成一个统一的标准,才能更有效地实现控制网络的互操作性和互用性。但是,由于行业和地域发展历史等原因,或是某个公司和企业集团不愿放弃已有的现成总线市场以及受自身商业利益驱使,总线标准化工作进展缓慢,至今仍没有一个公认的完整的国际统一标准。以下是现场总线标准化过程中的一些重要事件:

1) 1983 丹麦的 Process Data 公司推出 P-Net。

2) 1984 年 IEC 就开始制定现场总线的国际标准,稍后即成立了推广及试用的组织 IFC。

3) 1984 年德国 Siemens 公司推出 Profibus 总线,于 1989 年成为德国国家标准。

4) 美国 ROSEMOUNT 公司于 1985 年推出 HART (Highway Addressable Remote Transducer),1993 年成立 HART 总线基金会。

5) 1987 年法国 Alstom 公司推出 FIP 总线,于 1990 年成为法国国家标准。

6) 1993 年,CAN 成为国际标准 ISO11898。

7) 1993 年 World FIP (World Factory Instrumentation Protocol) 成立。它基于法国的 FIP,由 Honeywell 公司牵头。

8) 1994 年 6 月,ISP 与 WorldFIP 合并成为现场总线基金会 (Fieldbus Foundation),它推出的基金会现场总线 (Foundation Fieldbus),简称 FF 总线。

9) 2000 年,SC65/WG6 在加拿大渥太华召开了现场总线标准制定工作会议,形成包括 8 种类型的标准 IEC61158。

10) 2003 年,PROFInet、FF 应用层加入,共 10 种类型,形成 IEC61158 第 3 版,见表 8-1。

表 8-1 IEC61158 第 3 版的现场总线

类型号	总线名称	主要支持公司
类型1	IEC 技术报告（即相当于 FF 的 H1）	美国 Fisher-Rosemount
类型2	ControlNet	美国 Rockwell
类型3	Profibus	德国 Siemens
类型4	P-Net	丹麦 Process Data
类型5	FF HSE（High Speed Ethernet）	美国 Fisher-Rosemount
类型6	SwiftNet	美国 Boeing
类型7	WorldFIP	法国 Alstom
类型8	Interbus	德国 Phoenix Contact
类型9	FF 应用层（Application Layer）	美国 Fisher-Rosemount
类型10	Profinet	德国 Siemens

11）随着工业以太网的发展，2007 年，IEC/TC65/SC65C 在 IEC61158 第 3 版的基础上，加入多种实时以太网解决方案，成为新的 IEC61158 现场总线标准（第 4 版），包括 20 个类型，见表 8-2。

表 8-2 IEC61158 现场总线标准（第 4 版）

类型	技术名称		类型	技术名称	
Type1	TS61158	现场总线	Type11	TCnet	实时以太网
Type2	CIP	现场总线	Type12	EtherCAT	实时以太网
Type3	Profibus	现场总线	Type13	Ethernet Powerlink	实时以太网
Type4	P–NET	现场总线	Type14	EPA	实时以太网
Type5	FF HSE	高速以太网	Type15	Modbus-RTPS	实时以太网
Type6	SwiftNet	被撤销	Type16	SERCOS Ⅰ、Ⅱ	现场总线
Type7	WorldFIP	现场总线	Type17	VNET/IP	实时以太网
Type8	Interbus	现场总线	Type18	CC_Link	现场总线
Type9	FF H1	现场总线	Type19	SERCOS Ⅲ	实时以太网
Type10	Profinet	实时以太网	Type20	HART	现场总线

三、代表性现场总线简介

（一）CAN

CAN（Controller Area Network）最初是为汽车监测控制系统而设计的，由于其高性能、高可靠性以及独特的设计，越来越受到人们的重视，其应用范围已不再局限于汽车工业，在过程工业、机械工业、纺织机械、农用机械、机器人、数控机床、医疗器械等领域都有应用。

1. 通信模型

CAN 技术规范（Version2.0）包括 A 和 B 两部分，描述了 CAN 报文标准格式（11 位标识符）和扩展格式（29 位标识符）。

CAN 只采用了 ISO/OSI 模型中的物理层和数据链路层。很多公司以此为基础，设计了自己的应用层标准，形成了新的总线，例如：Honeywell 公司的 SDS 总线和 Rockwell 公司的 Devicenet 等。

CAN 总线报文中的位流按照非归零码（NRZ）方法编码，具有隐性或显性两种逻辑状态。"0"为显性位，"1"为隐性位。显位能改写隐位。

报文包括数据帧、远程帧、出错帧和超载帧四种不同类型的帧。其中，数据帧携带数据由发送器至接收器；远程帧通过总线单元发送，以请求发送具有相同标识符的数据帧；出错帧由检测出总线错误的任何单元发送；超载帧用于提供当前的和后续的数据帧的附加延迟。

2. 主要特征

CAN 总线直接通信距离最远可达 10km（速率在 5kbit/s 以下）；通信速率可达 1Mbit/s（通信距离最长为 40m）。CAN 节点通过报文滤波进行信息帧接收，可实现点对点、一点对多点及全局广播等几种方式传送接收数据，无须专门的调度。

"载波监测，多主掌控/冲突避免"的通信模式构成了 CAN 的非破坏性总线仲裁技术。该技术允许在总线上的任一设备有一定的机会取得总线的控制权来向外发送信息，从而实现多主工作方式。如果在同一时刻有两个以上的设备欲发送信息，就会发生数据冲突，CAN 总线能够实时地检测这些冲突情况并做出相应的仲裁，而使得获得仲裁的信息帧不受任何损坏继续传送。

图 8-6 为 3 个 CAN 消息帧在总线上的竞争情况。CAN 总线当总线空闲时呈隐性电平，此时任何一个节点都可以向总线发送一个显性电平作为一个帧的开始（SOF）。如果有两个或两个以上的节点同时发送，就会产生竞争，CAN 按位对标识符进行仲裁。各发送节点在向总线发送电平的同时，也对总线上的电平进行读取，并与自身发送的电平进行比较，电平相同则继续发送下一位，不同则停止发送，退出总线竞争。剩余的节点则继续上述过程，直到总线上只剩下一个节点发送的电平，总线竞争结束，优先级最高的节点获得了总线的使用权。不同的标识符也使信息帧具有不同的优先级。

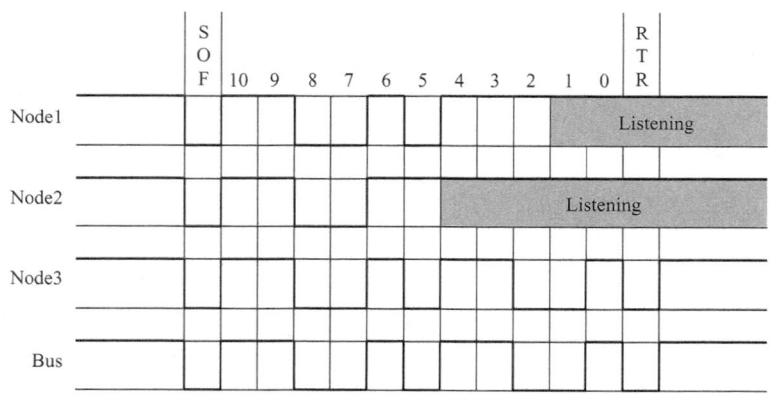

图 8-6　3 个 CAN 消息帧在总线上的竞争情况

3. 节点实现技术

接下来以一种独立控制器 SJA1000 为例介绍 CAN 节点的开发。SJA1000 的内部结构如图 8-7 所示。接口管理逻辑负责连接外部主控制器，该控制器可以是微型控制器或任何其他器件，经过 SJA1000 复用的地址/数据总线访问寄存器和控制读/写选通信号都在这里处理。

当收到一个报文时，通过可编程的验收滤波器确定主控制器要接收哪些报文，通过验收滤波器的报文存储在接收 FIFO 中。

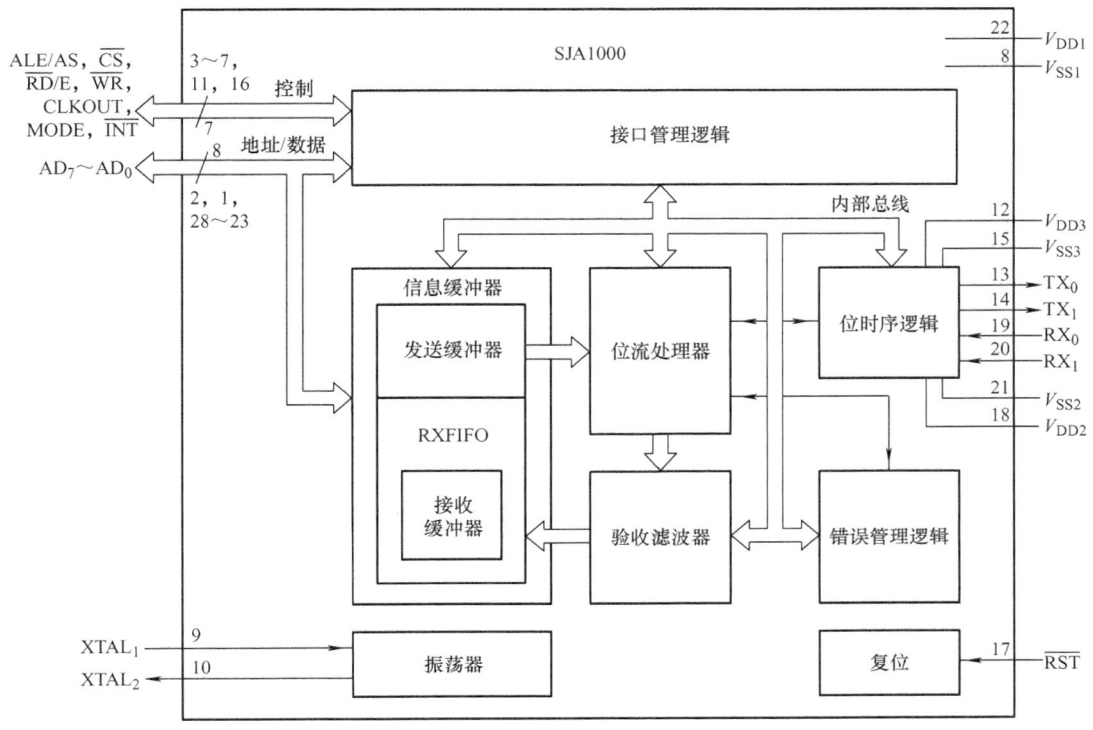

图 8-7　SJA1000 的内部结构图

$AD_7 \sim AD_0$ 为多路地址/数据总线，配合读写信号，微处理器可对 SJA1000 内部的寄存器进行写入或读取；MODE 可进行模式的选择，1 为 Intel 模式，0 为 Motorola 模式。读和写的控制引脚根据 MODE 引脚连接的不同状态，引脚功能分别与 Intel 模式或 Motorola 模式相匹配。

图 8-8 是一个简单 CAN 节点的设计示例。通过 MODE 引脚的设置，SJA1000 与 51 系列单片机的接口连接非常简单。其中 PCA82C250/251 是协议控制器与物理传输线路之间的接口芯片。两个器件的额定电源电压分别是 12V（PCA82C250）和 24V（PCA82C251）。

（二）Profibus

Profibus（Process Field Bus）包括 Profibus-DP、Profibus-FMS 和 Profibus-PA 三种类型。DP 用于分散外设间高速数据传输，适用于加工自动化领域；FMS 适用于纺织、楼宇自动化、可编程控制器和低压开关等；PA 用于过程自动化的总线类型。

1. 通信模型

Profibus 通信模型如图 8-9 所示。它参照了 ISO/OSI 参考模型的第 1 层（物理层）和第 2 层（数据链路层），另外增加了用户层，其中 FMS 还采用了第 7 层（应用层）。

Profibus-DP 和 Profibus-FMS 的第 1 层和第 2 层相同，它们的物理层可以使用 RS-485 或光纤；Profibus-PA 有第 1 层和第 2 层，但与 DP/FMS 有区别，其物理层服从 IEC1158-2 标准，可以实现总线供电，数据的发送采用可对总线系统的基本电流调节 ±9mA 的曼彻斯特编码实现。

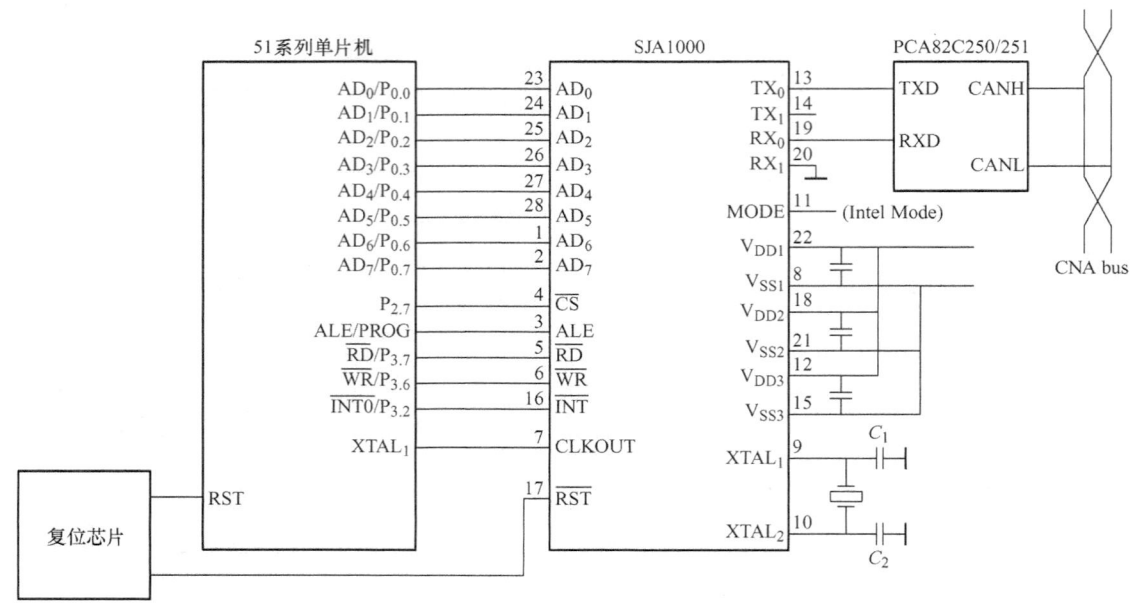

图 8-8 CAN 节点设计示例

	DP设备行规	FMS设备行规	PA设备行规
用户层	基本功能 扩展功能		基本功能 扩展功能
	DP用户接口 直接数据链路映像程序 (DDLM)	应用层接口 (ALI)	DP用户接口 直接数据链路映像程序 (DDLM)
第7层 (应用层)		应用层 现场总线报文规范(FMS)	
		低层接口(LLI)	
第3~6层		未使用	
第2层 (数据链路层)	数据链路层 现场总线数据链路(FDL)	数据链路层 现场总线数据链路(FDL)	IEC接口
第1层 (物理层)	物理层 (RS-485/光纤)	物理层 (RS-485/光纤)	IEC61158-2

图 8-9 Profibus 通信模型

2. 主要特征

Profibus 支持主-从系统、纯主站系统、多主多从混合系统等几种传输方式。其总线存取协议如图 8-10 所示,包括主站之间的令牌传递方式和主站与从站之间的主从方式。

令牌传递程序保证每个主站在一个确切规定的时间内得到总线存取权(令牌)。在 Profibus 中,令牌传递仅在各主站之间进行。主站得到总线存取令牌时可与从站通信。每个主站均可向从站发送或读取信息。因此,可能有以下 3 种系统配置:纯主-从系统、纯主-主系统和混合系统。

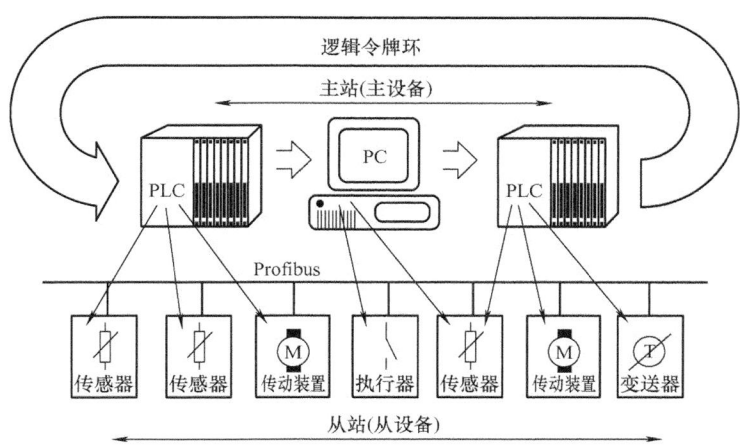

图 8-10 Profibus 总线存取协议

图中的 3 个主站构成令牌逻辑环，当某主站得到令牌电文后，该主站可在一定的时间内执行主站的工作，在这段时间内，它可依照主-从关系表与所有从站通信，也可依照主-主关系表与所有主站通信。

令牌环是所有主站的组织链，按照主站的地址构成逻辑环，在这个环中，令牌在规定的时间内按照地址的升序在各主站中依次传递。

DP 和 PA 一般通过链接器或耦合器相互配合构成网络，如图 8-11 所示。

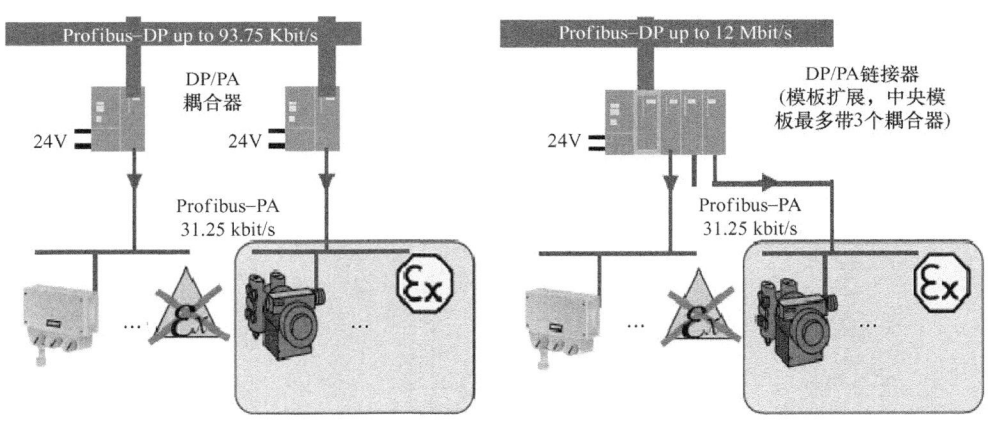

图 8-11 DP 和 PA 通过链接器或耦合器相互连接

3. 节点实现技术

原则上只要微处理器配有内部或外部的异步串行接口，Profibus 协议在任何微处理器上都能实现。但是如果协议的传输速率超过 500kbit/s 或与 IEC1158-2 传输技术连接时，则推荐使用协议芯片。西门子提供了 Profibus 协议芯片的系列产品。

对于从站的开发提供了以下解决方案：SPC（Siemens Profibus Controller）的设计基于 OSI 参考模型的第 1 层，需要附加一个微处理器用于实现第 2 层和第 7 层的功能；SPC2 中已经集成了第 2 层的执行总线协议的部分，只需附加微处理器执行第 2 层的其余功能即可；SPC3 由于集成了全部 Profibus-DP 协议，有效地减轻了处理器的压力，因此可工作于

12Mbaud 总线上；SPC4 支持 DP、FMS 和 PA 协议类型，且可以工作于 12Mbaud 总线上。

然而，在自动化工程领域也有一些简单的设备，如开关、热元件，不需要微处理器来获取它们的状态。另一种称作 LSPM2（Lean Siemens Profibus Multiplexer）/SPM2 的芯片是适应这些设备的低成本改造方案。LSPM2 与 SPM2 有相同的功能，只是减少了 I/O 端口和诊断端口的数量。

ASPC2 主要用于复杂的主站设计，可以支持 12Mbaud 总线。

图 8-12 为数字量输出智能节点的原理图。微控制器选用 Philips 公司的 P87C51RD2，采用 74HC273 锁存器控制数字量的输出状态，通信控制器采用 Siemens 公司的 SPC3，RS-485 驱动器采用 TI 公司的 65ALS1176。

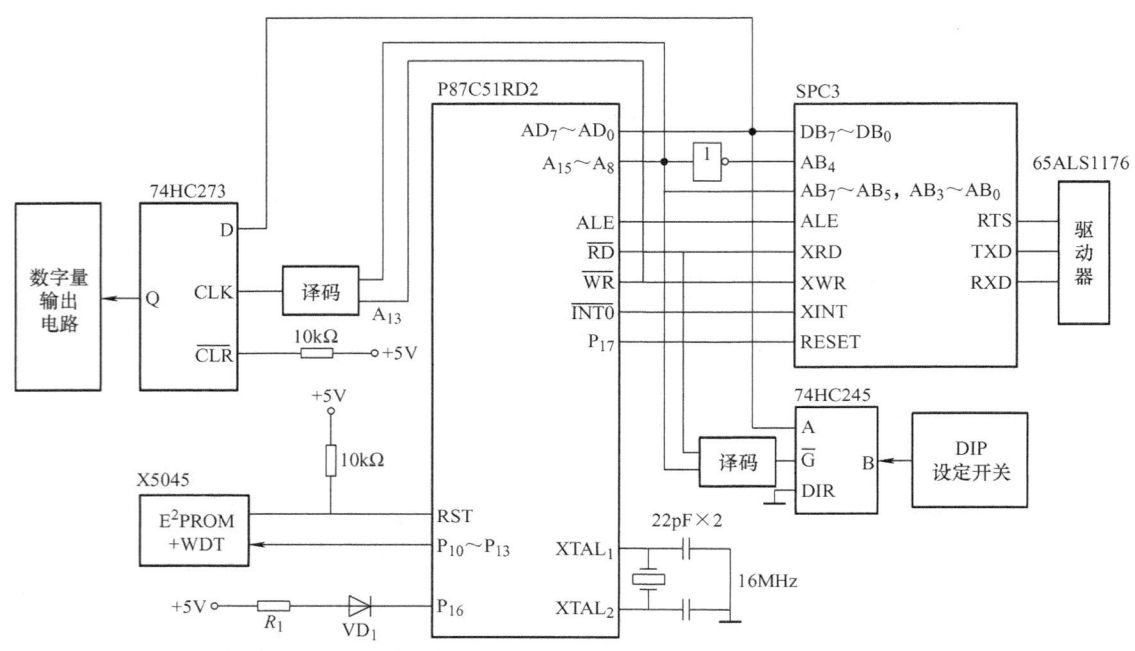

图 8-12　数字量输出智能节点原理图

（三）FF

FF（Foundation Fieldbus）标准由现场总线基金会（Fieldbus Foundation）组织开发。该基金会的前身是由美国 Rosemount 公司为首、联合 ABB、Foxboro、Yokogawa 等 80 多家公司组成的 ISP（Interoperable System Protocol）基金会和以 Honeywell 公司为首、联合欧洲等地 150 多家公司组成 World FIP（World Factory Instrumentation Protocol）基金会。ISP 和 World FIP 于 1994 年合并成立现场总线基金会。因此，FF 得到了很多自控设备供应商的支持。

1. 通信模型

基金会现场总线的核心部分之一是实现现场总线信号的数字通信。为了实现系统的开放性，其通信模型是参考了 ISO/OSI 参考模型，并在此基础上根据自动化系统的特点进行演变后得到的。基金会现场总线的参考模型如图 8-13 所示，只具备了 ISO/OSI 参考模型七层中的三层，即第 1 层（物理层）、第 2 层（数据链路层）和第 7 层（应用层），并按照现场总线的实际要求，把应用层划分为两个子层——总线访问层与总线报文规范子层。省去了中间的 3~6 层，即不具备网络层、传输层、会话层和表示层。不过它又在原有 ISO/OSI 参考模型第 7 层应用层之上增加了新的一层——用户层。

在相应软硬件开发的过程中，往往把除去最下端的物理层和最上端的用户层之后的中间部分作为一个整体，统称为通信栈。这时，现场总线的通信参考模型可简单地视为三层，即物理层、通信栈、用户层。

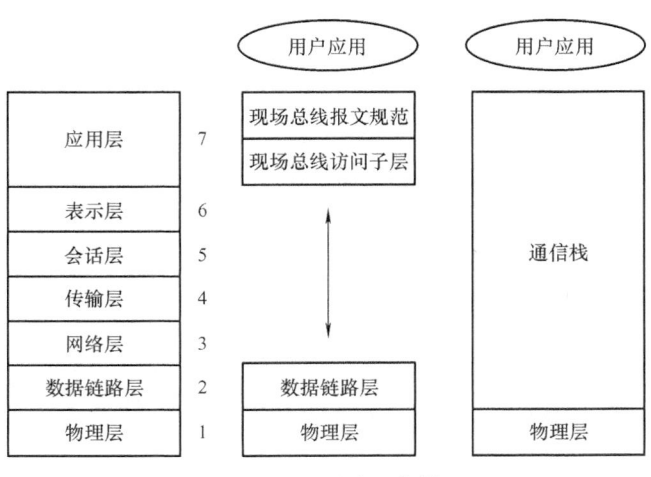

图 8-13 FF 总线通信模型

FF 支持双绞线、光纤和无线。它分为低速 H1 和高速 H2 两种通信速率，前者传输速率为 31.25Kbit/s，通信距离可达 1900m，可支持总线供电和本质安全防爆环境。后者传输速率为 1Mbit/s 和 2.5Mbit/s，通信距离为 750m 和 500m。随着工业自动化水平的提高，控制网络实时信息传输量越来越大，H2 已不能满足要求，于是现场总线基金会开发了与以太网技术相结合的 HSE（High Speed Ethernet），取代了 H2。

2. 主要特征

FF 的网络调度来源于链路活动调度器。它拥有总线上所有设备的清单，由它来掌管总线段上各设备对总线的操作。任何时刻每个总线段上都只有一个链路活动调度器处于工作状态；总线段上的设备只有得到链路活动调度器 LAS 的认可，才能向总线上传输数据。

链路活动调度器应具有以下五种基本功能：

1) 向设备发送强制数据 CD。
2) 向设备发送传递令牌 PT。
3) 为新入网的设备探测未被采用过的地址。
4) 定期对总线段发布数据链路时间和调度时间。
5) 监视设备对传递令牌 PT 的响应。

链路活动调度器的工作按照一个预先安排好的调度时间表周期性地向现场设备循环发送 CD。如果在发布下一个 CD 令牌之前还有时间，则可用于发布传递令牌 PT，或发布时间信息 TD，或发布节点探测信息。

为满足下层的应用需要，基金会现场总线设置了几种类型的虚拟通信关系（Virtual Communication Relationship，VCR）：客户服务器型、报告分发型和发布-预定接收型。

(1) 客户服务器型虚拟通信关系

客户服务器型虚拟通信关系用于现场总线上两个设备间由用户发起、一对一、排队式、非周期的通信。这里的排队意味着消息的发送与接收是按以优先级为基础所安排的顺序进行，先前的信息不会被覆盖。

当一个设备得到传递令牌时，这个设备可以对现场总线上的另一设备发送一个请求信息，这个请求者称为客户，而接收这个请求的称为服务器。当服务器收到这个请求，并得到了来自链路活动调度器的传递令牌时，就可以对客户的请求做出响应。

采用这种通信关系在一对客户与服务者之间进行的请求-响应式数据交换，是一种按优先权排队的非周期性通信。由于这种非周期通信是在受调度的周期性通信的间隙中进行的，设备与设备之间采用令牌传送机制共享周期性通信以外的间隙时间，因而，存在发生传送中断的可能性。当这种情况发生时，可采用再传送程序来恢复中断了的传送。

客户服务器型虚拟通信关系常用于设置参数或实现某些操作，例如改变给定值、对调节器参数的访问与调整、对报警的确认、设备的上传与下载等。

（2）报告分发型虚拟通信关系

报告分发型虚拟通信关系是一种排队式、非周期性的通信，也是一种由用户发起的一对多的通信方式。

当一个带有事件通告或趋势报告的设备收到来自链路活动调度器的传递令牌时，通过这种报告分发型虚拟通信关系，把它的报文分发给由它的虚拟通信关系规定的一组地址，即有一组设备将接收该报文。

报告分发型虚拟通信关系区别于客户服务器型虚拟通信关系的最大特点是它采用一对多通信，一个报告者对应由多个设备组成的一组接收者。

这种报告分发型虚拟通信关系用于广播或多点传送事件与趋势报道。数据持有者按事先规定好的 VCR 的目标地址向总线设备多点投送其数据，可以按地址一次分发所有报告，也可以按每种报文的传送类型将其排队，然后按分发次序传送给接收者。

由于这种非周期通信是在受调度的周期性通信的间隙中进行的，因而要尽量避免非周期通信可能存在的由于传送受阻而发生的断裂。按每种报文的传送类型进行排队，然后分别发送的方式在一定程度上可以缓解这一矛盾。

报告分发型虚拟通信关系最典型的应用是将报警状态、趋势数据等通知操作台。

（3）发布-预定接收型虚拟通信关系

发布-预定接收型虚拟通信关系主要用来实现缓冲型一对多通信。当数据发布设备收到令牌时，将对总线上的所有设备发布或广播它的消息。希望接收这一发布消息的设备称为预定接收者，或称为订阅者。缓冲型通信意味着只有最近发布的数据保留在缓冲器内，新的数据会完全覆盖先前的数据。

数据的产生与发布者采用该类 VCR 把数据放入缓冲器中。发布者缓冲器的内容会在一次广播中同时传送到所有数据用户，即预定接收者的缓冲器内。为了减少数据生成和数据传输之间的延迟，要把数据广播者的缓冲器刷新和缓冲器内容的传送同步起来。缓冲型工作方式是这种虚拟通信关系的重要特征。

这种虚拟通信关系中的令牌由链路活动调度器按准确的时间周期性发出，也可以由数据用户按非周期的方式发起，即这种通信可由链路活动调度器发起，也可由用户发起。VCR 的属性会指明采用的是哪种方式。

现场设备通常采用发布-预定接收型虚拟通信关系，按周期性的调度方式为用户应用功能块的输入输出刷新数据，例如刷新过程变量、操作输出等。

表 8-3 列出了 FF 通信中采用的虚拟通信关系的类型与典型应用。

表 8-3　虚拟通信关系

VCR 类型	通信特点	信息类型	典型应用
客户服务器型	排队，一对一，非周期	设置参数或操作模式	改变模式，调整控制参数，设置给定值
报告分发型	排队，一对多，非周期	事件通告，趋势报告	向操作台通告报警状态，报告历史数据趋势
发布-预定接收型	缓冲，一对多，受调度或非周期	刷新功能块的输入输出数据	向 PID 控制功能块和操作台发送测量值

3. 节点实现技术

目前可用作基金会现场总线通信控制器的芯片，已经有几家公司在生产，例如日本的横河公司、富士公司、英国的 SHIPSTAR 公司、巴西的 SMAR 公司等。各家公司的产品功能繁简各不相同，各具特色。本书仅以 SMAR 公司 FB3050（见图 8-14）为例简单介绍。

FB3050 的数据总线宽度为 8 位，外接 CPU 的 16 位地址线。16 位地址线经过 FB3050 缓冲和变换后输出，输出的地址线称为存储器总线，CPU 和 FB3050 二者都能够通过存储器总线访问挂接在该总线上的存储器。因此挂接在该总线上的存储器是 CPU 和 FB3050 的公用存储器，如图 8-15 所示。

图 8-14　SMAR 公司的 FB3050

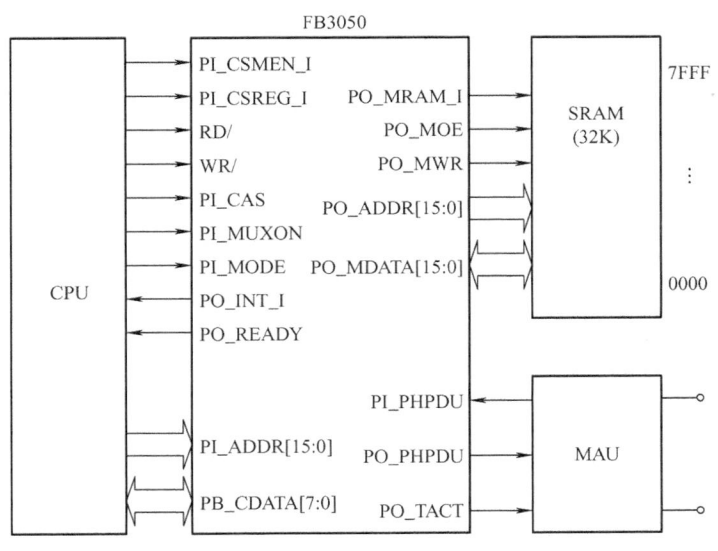

图 8-15　基于 FB3050 的 FF 节点

（四）LonWorks 总线

LonWorks（Local Operating Networks）总线最初由美国 Echelon 公司开发，是一个开放的、全分布式监控系统专用网络平台技术。该总线建立了一套从协议开发、芯片设计、芯片制造、控制模块开发制造到 OEM 控制产品、最终控制产品、分销、系统集成等一系列完整的开发、制造、推广、应用的体系结构,吸引了数万家企业参与到这项工作中来。

表 8-4　LonTalk 协议通信模型与对应处理器

OSI 层次		LonWorks 提供的服务	处理器
应用层		标准网络变量类型	应用处理器
表示层		网络变量、外部帧传送	网络处理器
会话层		请求-响应、认证、网络管理	网络处理器
传送层		应答、非应答、点对点、广播、认证等	网络处理器
网络层		地址、路由	网络处理器
链路层	链路层	帧结构、数据解码、CRC 错误检查	MAC 处理器
	MAC 子层	带预测 P 坚持 CSMA、碰撞规避、优先级、碰撞检测	
物理层		介质、电气接口	MAC 处理器

1. 通信模型

LonWorks 的核心技术是具有 3 个处理器的神经元芯片(Neuron Chip),3 个处理器分别是应用处理器、网络处理器和 MAC 处理器。该芯片同时具备通信与控制功能,并且固化了 LonTalk 协议。

LonTalk 提供了 IOS/OSI 模型的 7 层服务,这同其他现场总线一般只选择部分层次的模型有显著区别,见表 8-4。3 个处理器分别承担不同层协议的处理工作。

LonTalk 协议在物理层协议中支持多种通信协议,因此,LonWorks 网络允许使用非常广泛的通信介质,如双绞线、电力线载波、无线电、同轴电缆、光纤甚至用户自定义的通信介质。

2. 主要特征

为了能在大网络系统和多通信介质、重负载下保持网络高效率,LonTalk 协议使用带预测的 P-坚持 CSMA 介质访问控制。在通信过程中,对所有的节点都根据网络积压参数等待随机时间片来访问介质,有效地避免了网络的频繁碰撞。每一个节点发送报文前都要随机地插入 0~W 个随机时间片;W 则根据网络积压参数的变化进行动态调整,其公式是

$$W = BL \times \text{Wbase} \qquad (8-1)$$

式中,Wbase = 16;BL 为网络积压的估计值。

BL 值是对当前网络繁忙程度的估计。每个节点都有一个 BL 值,当侦测到一个 MAC 层协议数据单元时或发送一个 MAC 层协议数据单元时,BL 加 1;每隔一个固定报文周期 BL 减 1。当 BL 减到 1 时,就不再减,总保持 $BL \geq 1$。

带预测的 P-坚持 CSMA 如图 8-16 所示。当一个节点有信息需发送时,首先检测通道有没有信息发送,以确定网络是否空闲。如果空

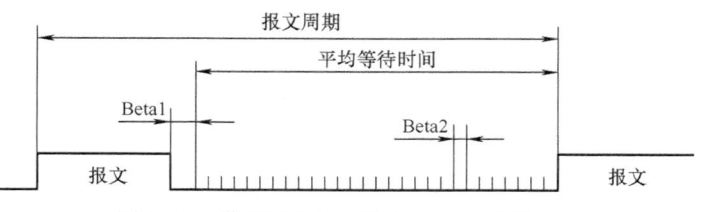

图 8-16　带预测的 P – 坚持 CSMA 示意图

闲，随后节点产生一个随机等待，当延时结束时，网络仍为空闲时，此节点再发送报文。可以看出，采用带预测的 P-坚持 CSMA 允许网络在轻负载情况下，插入随机等待时间片较少，节点发送速度快；而在重负载情况下，随着 BL 值的增加，插入的随机等待时间片较多，又能有效地避免碰撞。

为了使 LonWorks 网络的使用者快速、方便地开发节点和联网，LonWorks 技术提供了控制网络操作系统和一系列的开发工具。

LNS（LonWorks Network Service）是一个 LonWorks 控制网络的操作系统。它基于客户服务器结构，提供基本的目录、管理、监控、诊断等方面的服务。基于 LNS 操作系统的工具用于 LonWorks 网络的设计、安装、操作、检测、维护等用途。采用 LNS 技术，多个系统集成商、管理和维护人员可以同时访问网络、应用管理服务器和来自任意客户工具的数据。该技术是 LonWorks 控制网络技术中最重要的组成部分之一。

一系列的开发工具包括单节点开发工具 NodeBuilder 和多节点开发工具 LonBuilder 等。

NodeBuilder 是一种节点级的开发工具，用于单个 LonWoks 节点的编程与调试；LonBuilder 为一种系统级的开发工具，用于多个 LonWorks 节点的应用开发。通常，类似于单片机仿真器功能的 NodeBuilder 可用于基于 Neuron 芯片的节点的开发和编程。LonBuilder 既提供了节点开发器，又提供了可在两个到数百个节点的网络开发中建立应用软件和硬件样机测试的工具，如网络管理器、协议分析器和报文统计器等。

3. 节点实现技术

LonWorks 节点设计的核心是神经元芯片。为了经济、标准化设计，Echelon 公司设计了神经元芯片。选择神经元这一名称是为了指出正确的网络控制机制和人脑具有相似性。人脑中没有控制中心。几百万个神经元联网，每个神经元通过为数众多的路径向其他神经元发送信息。每一个神经元通常都奉献于某一专门功能，但失去任何一个神经元不一定影响网络的整体性能。Echelon 公司设计了最初的神经元，但是派生产品现在通常由其合作伙伴，如 Cypress、东芝和摩托罗拉等公司生产。

神经元芯片内部具有 MAC 处理器、网络处理器和应用处理器三个微处理器，如图 8-17 所示。

MAC 处理器完成介质访问控制，处理 ISO 的 OSI 七层协议的第 1 层和第 2 层。它与网络处理器通过网络缓冲器进行数据传递。

网络处理器完成 OSI 的 3~6 层网络协议，通过网络缓冲器与 MAC 处理器进行通信，并通过应用缓冲器与应用处理器进行通信。

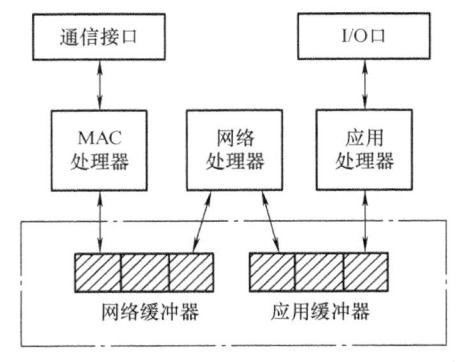

图 8-17 神经元芯片的处理器

应用处理器完成用户的编程，其中包括用户程序对操作系统的服务调用。

神经元芯片还有 512B 的 EEPROM，存储一些重要的非易失数据，如网络配置和地址表、48 位神经元 ID 码、可下装的应用程序代码和非易失数据。即使节点掉电，这些数据也不会丢失。神经元还至少包含 2kB 的 RAM，用于堆栈段、应用程序和系统程序的数据区。LonTalk 协议应用于缓冲区和网络缓冲区。

在神经元芯片上特设 11 个 I/O 口，这 11 个 I/O 口可根据不同的需求通过软件编程进行灵活配置，便于连通外部设备接口。例如可配置成 RS-232、并口、定时与计数 I/O、位 I/O 等。

一个神经元芯片几乎包含一个现场节点的大部分功能块，因此一个神经元芯片配合收发器便可构成一个典型的现场控制节点，如图 8-18 所示。

单个神经元芯片对于一些复杂的控制，如带有 PID 算法的单回路、多回路的控制就显得力不从心。神经元芯片可通过微处理器接口（MIP）连接其他微处理器，将其作为通信协处理器。

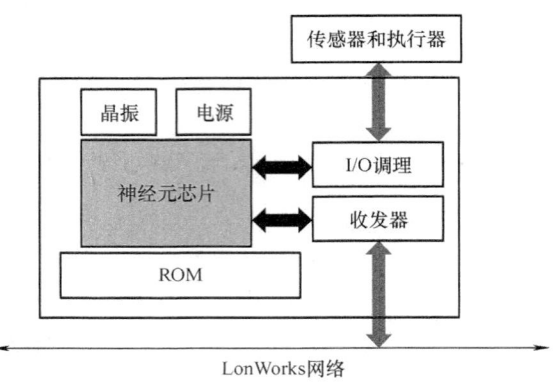

图 8-18　神经元芯片构成的现场控制节点

第四节　无　线　网　络

无线网络指的是任何形式的无线电计算机网络，不需电缆即可在节点之间相互链接。无线蜂窝电话通信技术的飞速发展，使移动电话的数量很快超过发展历史达一百多年的固定电话的数量。而随着物联网的发展与规模化，无线网络已经深入到了人们生产生活的方方面面。

本节以无线网络区域的跨度划分，介绍常用的无线网络协议。

一、无线网络概述

按网域的跨度划分可将网络分为局域网、城域网和广域网三类。无线网络除划分为对应的无线局域网（Wireless Local Area Network，WLAN）、无线城域网（Wireless Metropolitan Area Network，WMAN）和无线广域网（Wireless Wide Area Network，WWAN）外，还有无线个人区域网（Wireless Personal Area Network，WPAN）。无线个人区域网就是在个人工作的范围内，把属于个人使用的电子设备利用无线技术连接起来的网络。

无线网按组成网络的方式可分为有固定基础设施网络和无固定基础设施的自组网络两大类。

二、无线个人区域网

无线个人区域网是以个人为中心来使用的自组网络，实际上就是一个低功率、小范围（在 10m 左右）、低速率和低价格的电缆替代技术。

无线个人区域网的 IEEE 标准都是由 IEEE 的 802.15 工作组制定的，这个标准包括 MAC 层和物理层两层。WPAN 都工作在 2.4GHz 的 ISM 频段。

ISM 频段（Industrial Scientific Medical Band），顾名思义就是各国使用某一频段，主要开放给工业、科学和医学机构使用。应用这些频段无须许可证或费用，只需要遵守一定的发射功率（一般低于 1W），并且不对其他频段造成干扰即可。ISM 频段在各国的规定并不统一，如在美国有三个 ISM 频段：902~928MHz、2400~2484.5MHz 及 5725~5850MHz，而在欧洲

900MHz 的频段则有部分用于 GSM 通信，2.4GHz 为各国共同的 ISM 频段。

最早使用的 WPAN 是蓝牙系统，为了适应不同用户的需求，802.15 工作组制定了低速 WPAN 和高速 WPAN。

（一）蓝牙（Bluetooth）

蓝牙系统是 1994 年爱立信公司推出的，标准是 IEEE 802.15.1。蓝牙的速率为 720kbit/s，通信范围在 10m 左右。

蓝牙使用 TDM 方式和扩频跳频 FHSS 技术组成不用基站的皮可网（Piconet）。Piconet 直译就是"微微网"，表示这种无线网络的覆盖面积非常小。每一个皮可网有一个主设备（Master）、最多 7 个工作的从设备（Slave）和最多 255 个搁置的设备（Parked）。通过共享主设备或从设备，可以把多个皮可网连接起来，形成一个范围更大的扩散网。

（二）低速 WPAN

低速 WPAN 主要用于工业监控组网、办公自动化与控制等领域，其速率是 2～250kbit/s。低速 WPAN 的标准是 IEEE 802.15.4，其物理层定义了三个频段，分别是 2.4GHz（全球）、915MHz（美国）和 868MHz（欧洲）。在低速 WPAN 中最重要的就是 ZigBee。

ZigBee 的名称来源于蜜蜂跳"Z"形的舞蹈传递信息。ZigBee 技术通信距离为 10～80m。一个 ZigBee 的网络最多包括 255 个节点，其中一个是主设备，其余则是从设备。若是通过网络协调器，整个网络可支持更多的节点，覆盖更大的范围。

ZigBee 标准是在 IEEE 802.15.4 标准的基础上发展而来的，因此，所有 ZigBee 产品也是 802.15.4 产品。虽然人们常常把 ZigBee 和 802.15.4 作为同义词，但它们之间是有区别的。IEEE 802.15.4 只是定义了 ZigBee 协议栈的最低的两层（物理层和 MAC 层），而上面的两层（网络层和应用层）是由 ZigBee 联盟定义的，如图 8-19 所示。

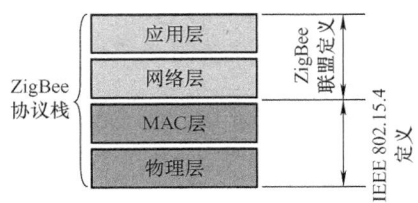

图 8-19 ZigBee 的协议栈

（三）高速 WPAN

高速 WPAN 用于便携式多媒体装置之间传送数据，速率为 11～55Mbit/s，标准是 IEEE 802.15.3。

IEEE 802.15.3a 工作组提出了更高数据率的物理层标准的超高速 WPAN，它使用超宽带 UWB 技术。UWB 技术工作在 3.1～10.6GHz 微波频段，有非常高的信道带宽。超宽带信号的带宽应超过信号中心频率的 25% 以上，可支持 100～400Mbit/s 的数据率，可用于小范围内高速传送图像或 DVD 质量的多媒体视频文件。

三、无线局域网

无线局域网协议有多种，其中最主流的是 IEEE 802.11 系列标准。凡使用 IEEE 802.11 标准的局域网又称为 Wi-Fi（Wireless-Fidelity），意思是"无线保真度"。

IEEE 802.11 是一系列协议标准。下面对几个典型的标准进行介绍。IEEE 在 1997 年制定了第一个版本标准——IEEE 802.11。其中定义了媒体访问控制层（MAC 层）和物理层。物理层定义了工作在 2.4GHz 的 ISM 频段上的两种扩频的调制方式和一种红外线传输的方式，总数据传输速率设计为 2Mbit/s。1999 年加上了两个补充版本 802.11a 和 802.11b。

802.11a 定义了一个在 5GHz 的 ISM 频段上的数据传输速率可达 54Mbit/s 的物理层；802.11b 定义了一个在 2.4GHz 的 ISM 频段上，但其数据传输速率为 11Mbit/s 的物理层。802.11n 于 2009 年被批准，引入了多输入多输出技术，数据传输速率理论最大值为 600Mbit/s。802.11ac 只是 5G 标准，但一般 802.11ac 设备都采用双频设计，能同时发送两个信号，5G 频段支持 802.11ac，2.4G 频段向下兼容 802.11b/g/n。目前，Wi-Fi 还在不停地发展，目前（2019 年）还在制定过程中的 IEEE 802.11ax 最高数据传输速率可达 11 Gbit/s，并具有更大的容量和更高的能效。

随着 Wi-Fi 技术的发展，Wi-Fi 联盟于 2018 年提出了 Wi-Fi 标准新的命名规则，对前面复杂的标准名称进行了简化。802.11ax 的新命名为 Wi-Fi6，802.11ac 的新命名为 Wi-Fi5，802.11n 的新命名为 Wi-Fi4。

当网络管理员安装 AP 时，必须为该 AP 分配一个不超过 32B 的服务集标识符 SSID 和一个信道。

IEEE802.11 标准规定无线局域网的最小构件是基本服务集（Basic Service Set，BSS）。一个基本服务集包括一个基站和若干个移动站，所有的站在本基本服务集内都可以直接通信，但在与本基本服务集以外的站通信时都必须通过本基本服务集的基站。基本服务集内的基站叫作接入点（Access Point，AP），其作用和网桥相似。

一个基本服务集 BSS 所覆盖的地理范围叫作基本服务区（Basic Service Area，BSA）。基本服务区（BSA）和无线移动通信的蜂窝小区相似，范围直径一般不超过 100m。

一个基本服务集可以是孤立的，也可通过接入点（AP）连接到一个分配系统（Distribution System，DS）后再连接到另一个基本服务集，这就构成了一个扩展服务集（见图 8-20）。分配系统可以使用以太网（这是最常用的）、点对点链路或其他无线网络。ESS 还可通过门户（Portal）为无线用户提供到非 802.11 无线局域网（例如，到有线连接的因特网）的接入。

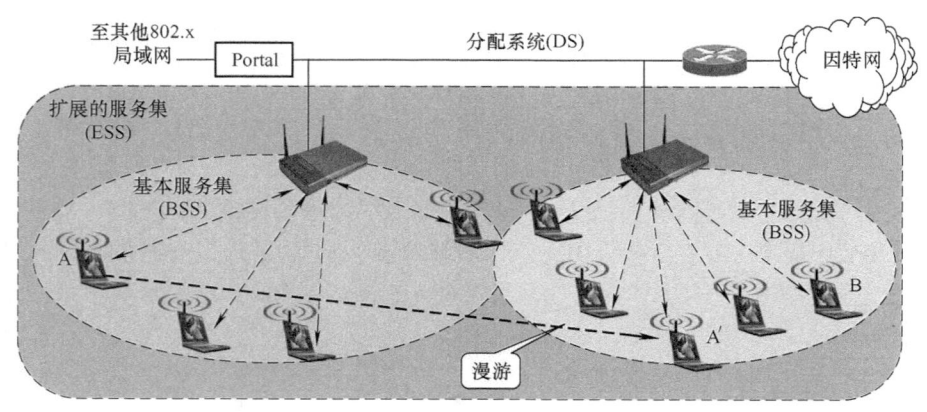

图 8-20　IEEE 802.11 的基本服务集和扩展服务集

四、无线城域网与无线广域网

随着无线网络技术的不断发展和变化，无线城域网和无线广域网已经没有了明显的界限。本节介绍人们最熟知的移动通信系统和近几年随物联网而发展起来的低功耗广域网。

（一）移动通信系统

1. 第一代移动通信系统（1G）

第一代移动通信系统（1G）是模拟蜂窝移动通信。移动性和蜂窝组网的特性就是从第一代移动通信开始的，但是 1G 是模拟通信，抗干扰性能差，同时简单地使用频分多址（Frequency Division Multiple Access，FDMA）技术使得频率复用度和系统容量都不高。1G 有多种制式，其中最典型的分别是来自美洲的 AMPS 和来自欧洲的 TACS。我国移动通信的时代来得比较晚，1987 年才开始，并以 TACS 为标准。

1G 技术由于受到传输带宽的限制，不能进行移动通信的长途漫游，只能是一种区域性的移动通信系统。IG 技术的系统制式混杂，且不能国际漫游成为一个突出问题。这些缺点都随着第二代移动通信系统的到来得到了很大的改善。

2. 第二代移动通信技术（2G）

第二代移动通信技术（2G）用数字通信代替了 1G 的模拟通信，虽然仍定位于话音业务，但开始引入数据业务，并且手机可以发短信、上网。主要分为两种代表的制式，一种是基于时分多址（Frequency Division Multiple Access，TDMA）的技术，最具代表性的是 GSM（Global System of Mobile Communication），另一种则是基于码分多址（Code Division Multiple Access，CDMA）的技术。

3. 第三代移动通信系统（3G）

第三代移动通信系统（3G）对应的是国际电信联盟（International Telecommunication Union，ITU）发布的 IMT-2000（国际移动通信 2000 标准），在 2000 年 5 月确定 WCDMA、CDMA2000、TD-SCDMA 三大主流无线接口标准，2007 年，WiMAX 成为 3G 的第四大标准。

WCDMA 基于 GSM 发展而来，主要由欧洲和日本提出。CDMA2000 是由窄带 CDMA 技术发展而来的宽带 CDMA 技术，由美国高通北美公司为主导提出。TD-SCDMA 则由中国大陆独自制定，中国原邮电部电信科学技术研究院（大唐电信）于 1999 年 6 月向 ITU 提出，但相对于另两个主要 3G 标准，它的起步较晚，技术不够成熟。WiMAX 又称为 802.16 无线城域网，是一种宽带无线连接方案。

我国开通 3G 服务比较晚，2009 年的 1 月中国移动的 TD-SCDMA、中国联通的 WCDMA 和中国电信的 WCDMA2000 开始运营。中国自主研发的 TD-SCDMA 由于不够成熟，因此在 3G 用户数量、终端数量、运营地区上都存在一定的劣势，失去了领跑的机会。

4. 第四代移动通信系统（4G）

2009 年初，ITU 在全世界范围内征集 IMT-Advanced 候选技术。2009 年 10 月，ITU 共计征集到了六个候选技术。这六个技术基本上可以分为两大类：一类是基于 3GPP（The 3rd Generation Partnership Project，是一个标准化机构）的 LTE 的技术；另一类是基于 IEEE802.16m 的技术。2012 年 1 月，正式审议通过将 LTE-Advanced 和 WirelessMAN-Advanced（802.16m）技术规范确立为 IMT-Advanced（俗称"4G"）国际标准，我国主导制定的 TD-LTE-Advanced 同时成为 IMT-Advanced 国际标准。

LTE 标准包括 TDD（时分双工，Time Division Duplexing）和 FDD（频分双工，Frequency Division Duplexing）两个模式，是移动通信技术使用的双工技术。TD-LTE（分时长期演进，Time Division Long Term Evolution）是 TDD 版本的 LTE 的技术。表 8-5 为我国 LTE 的频谱划分。

表 8-5 我国 LTE 的频谱划分

归属方	TDD		FDD		合计/MHz
	频谱/MHz	频谱资源/MHz	频谱/MHz	频谱资源/MHz	
中国移动	1880~1900	20			130
	2320~2370	50			
	2575~2635	60			
中国联通	2300~2320	20	1955~1980	25	90
	2555~2575	20	2145~2170	25	
中国电信	2370~2390	20	1755~1785	30	100
	2635~2655	20	1850~1880	30	

与 3G 相比，4G 网络可以说是快了很多，静态传输速率可以达到 1GHz，由于其超快的传输速率，使人们在手机上实现的功能也越来越多，并且我国自主研发的网络制式也已经成熟，还在其他国家开通了漫游服务，成为了全球规模最大的 4G 网络系统。

5. 第五代移动通信系统（5G）

作为新一代的移动通信技术，5G 远比前几代通信网络复杂，要求也高，应用场景也多，这样一个网络除了高速度之外，还需要低功耗、低时延、万物互联。因此，5G 标准就是大量技术形成的一个集合。

图 8-21 是国际电联关于 IMT2020 技术的业务类型的描述。5G 要满足增强移动宽带、海量机器类通信和超高可靠低时延通信三大类应用场景。在 5G 时代，移动通信在大幅提升以人为中心的移动互联网业务使用体验的同时，全面支持以物为中心的物联网业务，实现人与人、人与物和物与物的智能互联。

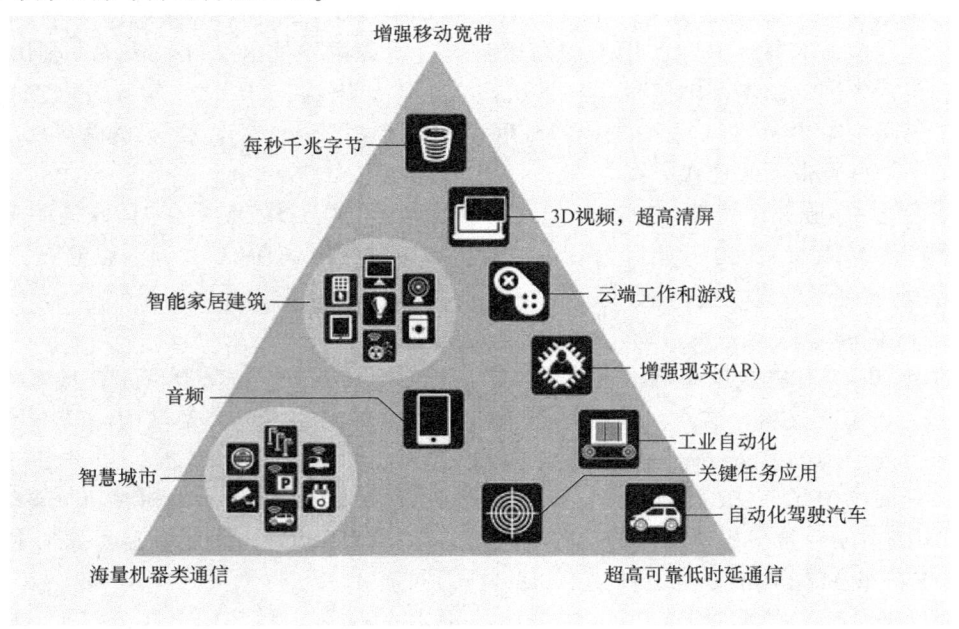

图 8-21 国际电联关于 IMT2020 技术的业务类型

（二）**低功耗广域网**（Low Power Wide Area Network，LPWAN）

低功耗广域网的兴起，得益于物联网的快速发展。与蓝牙、Wi-Fi、Zigbee 等无线连接技术相比，LPWAN 技术距离更远；与 3G、4G 等蜂窝技术相比，LPWAN 功耗更低，成本也更低。

由于看好物联网市场，很多组织和厂商纷纷推出低功耗广域网技术标准，并大力推动其商用。目前存在的低功耗广域网络技术标准非常多，可以分为两类：基于授权频谱的技术和基于非授权频谱的技术。

基于授权频谱的低功耗广域网络技术主要是 3GPP 推出的 NB-IoT、eMTC 和 EC-GSM；而基于非授权频谱的技术非常多，当前主要活跃于物联网市场中的有 LoRa、Sigfox、RPMA，以及 Weightless、NwaVe、WAVIoT 等数十种开源或私有的技术。

目前市场上较为活跃的是 NB-IoT 和 LoRa。

LoRa 是美国半导体制造商 Semtech 借助其并购的法国公司 Cycleo 所开发的无线通信技术。其在这个基础上与 IBM 合作完成规范，并由 Semtech、IBM、Cisco 为核心组成的 LoRa 联盟推动相关发展。LoRa 运行于全球免费频段，在城区部署的理论上覆盖范围可达 3～5km，而在空旷环境下最远可达 30km，数据速率为 0.3～50kbit/s。由于采用非授权频段，客户需投入网络建设及运营维护费用。

NB-IoT 是基于蜂窝的窄带物联网，其构建于蜂窝网络上。NB-IoT 比 GSM 基站提升 20dB 的增益，实现覆盖地下车库、地下室、地下管道等以往信号难以到达的地方的目的。数据速率为 250Kbit/s。由于采用授权频段，因此客户无须建设和维护，但需向运营商支付网络使用费用。

思 考 题

1. 计算机网络按网域的跨度划分为几类？分别是什么？
2. 计算机网络常见的拓扑结构都有哪些？
3. 在网络边缘的端系统中运行的程序之间的通信方式通常可划分为哪几类？
4. TCP/IP 体系结构包括的五层协议分别是什么？
5. 常用的网络互联设备有哪些？它们的区别是什么？
6. 请说明 CSMA/CD、令牌方式和时分复用这三种介质访问控制的原理。
7. 控制系统对网络有哪些要求？
8. 现场总线的概念是什么？
9. 请简述常用的现场总线名称和各自的特点。
10. 说明 CAN 总线显性位与隐性位的作用关系，说明 CAN 总线位仲裁的过程，并根据该过程，判断是节点标识码越小优先级越高，还是越大越高？
11. 查阅 SJA1000 的芯片资料，了解其寄存器定义和功能，试画出芯片初始化以及接收和发送数据的流程图。
12. 简述 Profibus 总线的存取协议。
13. FF 总线的三种虚拟通信关系包括什么？简述 FF 总线的链路活动调度算法。
14. LonTalk 采用带预测的 P-坚持 CSMA，当一个节点需要发送数据而试图占用通道时，首先检测通道有没有信息发送，若当前网络空闲，节点就产生一个随机等待 T，T 为 $0～W$ 时间片中的一个。请说明 W 是如何动态调整的？对比固定 W，试分析动态调整 W 在网络负荷变重和变轻时的优点是什么？
15. 请梳理无线网络的协议体系和适用的范围。
16. 比较 NB-IoT 和 LoRa 有何区别？

第九章 计算机控制系统中的控制策略与实现

计算机控制系统中的控制策略是基于控制理论、被控对象数学模型以及操作人员的先验知识进行设计的,并用计算机软件实现的数字控制器或控制算法。

早期的模拟控制器,通过处理在时间上连续的模拟信号,得到时间上连续的模拟控制信号。计算机被引入自动化系统后,由计算机软件实现的数字控制器取代了模拟控制器。随着控制理论与计算机技术的迅速发展,工业过程现代化和企业要求的日益提高,各种先进的过程控制策略(Advanced Process Control,APC)应运而生,并在工业过程控制中,尤其是在生产过程的关键部位,得到许多成功的应用,成为计算机控制系统不可或缺的一部分。

本章选取几种在计算机控制系统中应用最为广泛和典型的控制策略进行介绍,主要包括数字PID及其改进算法和模型预测控制,并简介了自适应控制、模糊控制、专家控制和神经控制等先进控制策略,最后,介绍了控制策略的工程实现。

第一节 数据处理方法

现场的温度、压力、流量、液位和成分等经传感器转换,经常以标准电流信号变送到控制室,由计算机控制系统的过程输入通道采集到计算机。还需由计算机将过程数据变换为实际的物理量进行处理和显示。这些检测到的数据与实际物理量可能呈非线性关系,需要对其进行线性化处理。

一、线性标度变换

当测量数据与实际物理量是线性关系时,可用下式进行变换:

$$A_x = A_0 + (A_m - A_0)\frac{N_x - N_0}{N_m - N_0} \tag{9-1}$$

式中,A_0 为现场测量仪表的测量下限;A_m 为现场测量仪表的测量上限;A_x 为实际测量值的工程值;N_0 为仪表下限所对应的数字量;N_m 为仪表上限所对应的数字量;N_x 为实际测量值所对应的数字量。

【例9-1】 某热处理炉温度测量变送器的量程为200~800℃,通过0~10mA两线制传送信号,在模拟量输入通道过程中,将电流转变为0~5V的电压信号,并由8位准确度、量程范围为0~5V的A/D转换器进行采集,其转换输出为无符号数字量。在某一测量时刻,计算机采样并经数字滤波后的数字量为CDH,求此时对应的温度值是多少?

解:$A_0 = 200℃$,$A_m = 800℃$,$N_x = \text{CDH} = 205$,$N_m = \text{FFH} = 255$,$N_0 = 0$,则

$$A_x = A_0 + (A_m - A_0)\frac{N_x - N_0}{N_m - N_0} = 200℃ + (800 - 200) \times \frac{205}{255}℃ = 682℃$$

所以计算机采入 CDH 值，对应的温度值为 682℃。

二、非线性标度变换

计算机从模拟量输入通道得到的检测值与其所代表的物理量之间不一定呈线性关系。例如差压流量传感器的节流装置（如孔板、文丘里管和内锥等），差压变送器输出的差压信号与实际流量之间呈平方根关系。

$$F = K\sqrt{\Delta P} \tag{9-2}$$

式中，K 是流量系数。

测量流量时的标度变换公式为

$$\frac{F_x - F_0}{F_m - F_0} = \frac{K\sqrt{N_x} - K\sqrt{N_0}}{K\sqrt{N_m} - K\sqrt{N_0}} \tag{9-3}$$

为了适应一些单片机的计算平方根的需求，也可采用一些数值计算方法。如采用泰勒级数展开法进行计算。

$$\sqrt{X} = 1 + \frac{X-1}{2} - \frac{1}{8}(X-1)^2 + \frac{1}{16}(X-1)^3 - \cdots \tag{9-4}$$

也可采用牛顿迭代法，通过迭代逼近平方根。

$$Y_{k+1} = \frac{1}{2}\left(Y_k + \frac{x}{Y_k}\right) \tag{9-5}$$

式中，Y_k 是第 k 次迭代后的平方根；Y_{k+1} 是第 $k+1$ 次迭代后的平方根；x 是被开方数。迭代的初始值可取：$Y_0 = (x+1)/2$。

再如，铂热电阻的阻值与温度的关系也是非线性的。Pt100 铂电阻适用范围为 -200 ~ 850℃，根据 IEC 标准 751-1983 规定，Pt100 铂电阻的阻值与温度的关系为：

在 -200 ~ 0℃ 范围内，有 $R_t = R_0[1 + At + Bt^2 + C(t - 100)t^3]$

在 0 ~ 850℃ 范围内，有 $R_t = R_0(1 + At + Bt^2)$

式中，$A = 3.90802 \times 10^{-3}℃^{-1}$；$B = -5.802 \times 10^{-7}℃^{-2}$；$C = -4.2735 \times 10^{-12}℃^{-4}$；$R_0 = 100\Omega$（0℃时的电阻值）。

一般，可先离线计算出温度与铂热电阻阻值的对应关系表即分度表，然后分段进行拟合，确定计算公式，可根据处理器的计算能力，拟合为线性公式，或不同形式的非线性公式。

热电偶的热电动势与温度的关系也是非线性关系，可以采用与热电阻类似的方法进行处理。

第二节　数字 PID 控制算法

按偏差的比例（P）、积分（I）和微分（D）进行控制的 PID 控制具有原理简单、易于实现等优点，多年来一直是应用最广泛的一种控制器。在计算机用于工业过程控制之前，模拟 PID 调节器在过程控制中占有垄断地位。在计算机用于过程控制之后，虽然出现了许多先进控制策略，但采用 PID 控制的回路仍占多数。

数字PID控制算法并非只是简单地重现模拟PID控制器的功能，而是在算法中结合了计算机控制的特点，根据各种具体情况，增加了许多功能模块，使传统的PID控制更加灵活多样，可以更好地满足生产过程的需要。

一、标准数字PID控制算法

在模拟控制系统中，采用如图9-1所示的PID控制，其算式为

$$u = K_p \left(e(t) + \frac{1}{T_i} \int e(t) \, dt + T_d \frac{de(t)}{dt} \right) \tag{9-6}$$

或写成传递函数形式：

$$\frac{U(s)}{E(s)} = K_p \left(1 + \frac{1}{T_i s} + T_d s \right) \tag{9-7}$$

式中，K_p 为比例增益；T_i 为积分时间；T_d 为微分时间；u 为控制量；$e(t)$ 为被控量 y 与给定值 r 的偏差。

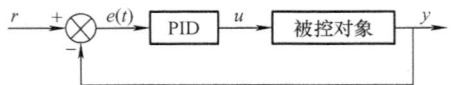

图9-1 PID控制系统框图

为了便于计算机实现PID控制算式，进行如下近似，把式(9-6) 改写成差分方程。

$$\int e(t) \, dt \approx \sum_{j=0}^{n} T e(j), \quad \frac{de(t)}{dt} \approx \frac{e(n) - e(n-1)}{T} \tag{9-8}$$

$$u(n) = K_p \left\{ e(n) + \frac{T}{T_i} \sum_{j=0}^{n} e(j) + \frac{T_d}{T} [e(n) - e(n-1)] \right\} \tag{9-9}$$

式中，T 为控制周期；n 为控制周期序号；$e(n-1)$ 和 $e(n)$ 分别为第 $(n-1)$ 和第 n 控制周期所得的偏差；$u(n)$ 为第 n 时刻的控制量。

式(9-9) 中，$u(n)$ 对应于执行机构（如调节阀）的位置，故称此式为位置型算式。通常 $u(n)$ 都送入 D/A 转换器，再转换成标准模拟量（如 $4\sim20\text{mA}$），然后作用于执行机构，直到下一个控制时刻到来为止。该式需要累加偏差 $e(j)$，不仅要占用较多的存储单元，而且不便于编程，因此，在计算机控制系统中，常采用增量型算式。

$$\begin{aligned}
\Delta u(n) &= K_p \left\{ e(n) - e(n-1) + \frac{T}{T_i} e(n) + \frac{T_d}{T} [e(n) - 2e(n-1) + e(n-2)] \right\} \\
&= K_p [e(n) - e(n-1)] + K_i e(n) + K_d [e(n) - 2e(n-1) + e(n-2)]
\end{aligned} \tag{9-10}$$

式中，K_i 为积分系数；K_d 为微分系数。

第 n 时刻的实际控制量为

$$u(n) = u(n-1) + \Delta u(n) \tag{9-11}$$

增量型算式在计算机实现时，只需用到 $e(n-1)$、$e(n-2)$ 和 $u(n-1)$ 这三个历史数据，通常采用平移法保存这些历史数据。比如，计算完成 $u(n)$ 后，首先将 $e(n-1)$ 存入 $e(n-2)$ 单元，然后将 $e(n)$ 存入 $e(n-1)$ 单元，再把 $u(n)$ 存入 $u(n-1)$ 单元，为下时刻计算做好准备，如图9-2所示。由此可见，增量型算法具有编

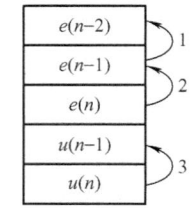

图9-2 保存历史数据

程序简单、历史数据可以递推使用、占用存储单元少、运算速度快的优点。

二、数字 PID 控制算法的改进

在计算机控制系统中数字 PID 算法是由软件实现的，因此，可非常方便地根据不同控制对象的情况以及控制品质的要求进行改进。本节主要讨论实际微分 PID 的实现，如何改进积分和微分作用，以及调整 PID 控制算法。

（一）实际微分 PID 控制

标准 PID 算法（模拟式和数字式）中的微分作用是理想的，故它们被称为理想微分 PID 算法。在模拟 PID 调节器中，PID 运算是靠硬件实现的，由于反馈电路本身特性的限制，实际上实现的是带一阶惯性环节的微分作用。采用计算机控制虽可方便地实现理想微分的差分形式，但实践表明理想微分 PID 数字控制器的控制品质有时不够理想。究其原因，如图 9-3 所示，在理想微分 PID 中，微分作用仅在第一个控制周期有一个大幅度的输出。一般的工业用执行机构无法在较短的控制周期内跟踪较大的微分作用输出。而且，理想微分还容易引进高频干扰。而实际微分 PID 中，微分作用能持续多个控制周期，使得一般的工业用执行机构能比较好地跟踪微分作用输出。而且，由于实际微分 PID 中含有一阶惯性环节，具有滤波作用，因此，抗干扰能力也较强。

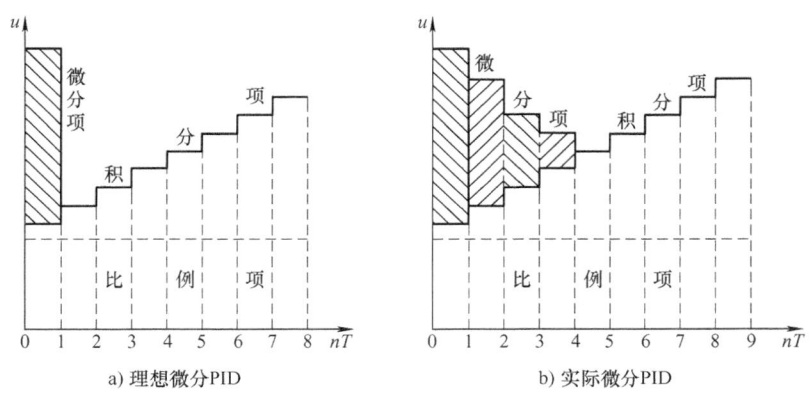

图 9-3 PID 数字控制器的阶跃响应

实际上，在计算机控制系统中实现实际微分 PID，只需要在理想微分 PID 之后，增加一个数字滤波器的一阶滞后滤波即可。

在理想 PID 后增加一阶滞后滤波，得

$$u_m(n) = au_m(n-1) + (1-a)u(n) \tag{9-12}$$

增量型控制算式也可参考其进行设计。

（二）积分项的改进

在 PID 控制中，积分作用是消除残差，为了提高控制性能，对积分项可采取以下改进措施。

1. 积分分离

在一般的 PID 控制中，当有较大的扰动或大幅度改变给定值时，由于此时有较大的偏差，以及系统有惯性和滞后，故在积分项的作用下，往往会产生较大的超调和长时间的波动。特别对于温度、成分等变化缓慢的过程，这一现象更为严重。为此，可采用积分分离措施，当偏差 $e(n)$ 较大时，取消积分作用；当偏差 $e(n)$ 较小时，才使用积分作用。即

当 $|e(n)|>\beta$ 时，用 PD 控制；

当 $|e(n)|\leqslant\beta$ 时，用 PID 控制。

积分分离值 β 应根据具体对象及要求确定。若 β 值过大，则达不到积分分离的目的；若 β 值过小，一旦被控量无法跳出积分分离区，则只进行 PD 控制，将会出现残差，如图 9-4 曲线 b 所示。

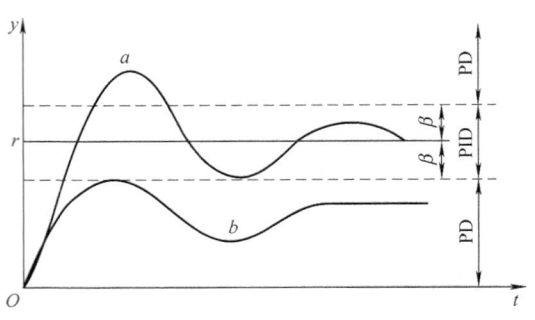

图 9-4　积分分离曲线

2. 抗积分饱和

为了提高运算精度，PID 计算通常采用双字节或浮点数。由于长时间存在偏差或偏差较大，计算出的控制量有可能溢出 D/A 所能表示的数值范围或超出执行机构的极限位置，对于这种情况，尽管计算 PID 差分方程式所得的结果继续增大或减小，而执行机构已无相应的动作，这就称为积分饱和。当出现积分饱和时，势必使超调量增加，控制品质变坏。防止积分饱和的办法之一是对运算出的控制量限幅，同时，把积分作用切除掉。

3. 梯形积分

在 PID 控制器中，积分项的作用是消除残差，故应提高积分项的运算精度。为此，可将矩形积分改为梯形积分，如图 9-5 所示。梯形积分的计算式为

$$\int_0^t e(t)\mathrm{d}t = \sum_{j=1}^n \frac{e(j)+e(j-1)}{2}T \quad (9-13)$$

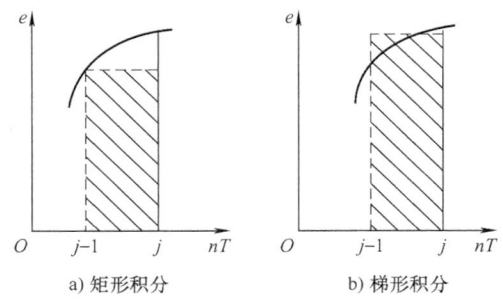

图 9-5　两种积分方式

（三）微分先行 PID 算法

当控制系统的给定值发生阶跃变化时，微分动作将导致控制量产生大幅度的变化，这样不利于生产的稳定操作。为了避免给定值变化过大对控制系统带来冲击，可在微分项中不考虑给定值，只对测量值（被控量）进行微分，即微分先行 PID 算法。考虑到在正反作用下，偏差的计算方法不同，即

$$e(n) = y(n) - r(n) \quad (正作用) \quad (9-14)$$

$$e(n) = r(n) - y(n) \quad (反作用) \quad (9-15)$$

标准 PID 增量算式中的微分项为

$$\Delta u_\mathrm{d}(n) = K_\mathrm{d}[e(n) - 2e(n-1) + e(n-2)] \quad (9-16)$$

改进后的微分项算式为

$$\Delta u_\mathrm{d}(n) = K_\mathrm{d}[y(n) - 2y(n-1) + y(n-2)] \quad (正作用) \quad (9-17)$$

$$\Delta u_\mathrm{d}(n) = -K_\mathrm{d}[y(n) - 2y(n-1) + y(n-2)] \quad (反作用) \quad (9-18)$$

三、数字 PID 控制参数的整定

数字 PID 控制系统需要通过参数整定才能正常运行。与模拟 PID 控制不同的是除了整定比例增益 K_p、积分时间 T_i、微分时间 T_d 和微分增益 K_d 外，还要确定系统的控制周期 T_c。

（一）控制周期的选取

控制周期的选取受到多方面因素的限制，需综合考虑确定。选取控制周期时，一般应考虑下列几个因素：

1）控制周期应远小于被控对象的扰动信号的周期。

2）控制周期应比被控对象的时间常数小得多，否则无法反映瞬变过程。

3）考虑执行器的响应速度。如果执行器的响应速度比较慢，那么过短的控制周期将失去意义。

4）考虑对象所要求的调节品质。在计算机运算速度允许的情况下，控制周期短，调节品质好。

5）考虑性能价格比。从控制性能来考虑，希望控制周期短。但计算机运算速度，以及 A/D 和 D/A 的转换速度要相应地提高，导致计算机的费用增加。

6）考虑计算机所承担的工作量。如果控制的回路数多，计算量大，则控制周期要加长；反之，则缩短。

在具体选择控制周期时，可参照表 9-1 所示的经验数据，再通过现场试验，最后确定合适的控制周期。表 9-1 仅列出几种经验控制周期的上限，随着计算机技术的进步及其成本的下降，一般可以选取较短的控制周期，使数字控制系统近似成连续控制系统。

表 9-1 经验控制周期

被控量	控制周期/s	备注
流量	1~2	优先选用 1s
压力	2~3	优先选用 2s
液位	3~5	优先选用 3s
温度	5~8	优先选用 5s，或对象纯迟延时间 τ
成分	10~20	优先选用 15s

（二）PID 控制参数的工程整定法

随着计算机技术的发展，一般可以选较短的控制周期 T_c，它相对于被控对象的时间常数 T_p 来说也就会更短。所以，数字 PID 控制参数的整定，一般首先按模拟 PID 控制参数整定的方式来选择，然后再适当调整，并考虑控制周期 T_c 对整定参数的影响。

由于模拟 PID 控制器应用历史悠久，已研究出多种参数整定方法，很多资料上都有详细论述，这里只做简要说明。

1）衰减曲线法：首先选用纯比例控制，给定值作阶跃扰动，从较小的比例增益开始，逐步增大，直到被控量出现 4:1 衰减过程为止，然后按照经验公式计算 PID 参数。

2）稳定边界法：首先选用纯比例控制，给定值作阶跃扰动，从较小的比例增益开始，逐步增大，直到被控量临界振荡为止，然后按照经验公式计算 PID 参数。

3）动态特性法：上述两种方法直接在闭环系统上进行参数整定。而动态特性法却是在系统处于开环情况下进行参数整定。根据被控对象的阶跃响应曲线，按照经验公式计算 PID 参数。

上述 PID 控制参数的工程整定法基本上属于试验加试凑的人工整定法，这类整定工作不仅费时费事，而且往往需要熟练的技巧和工程经验。同时，被控对象特性发生变化时，也需要 PID 控制器的参数实时做相应调整，以免影响控制品质。因此，PID 控制参数的自整定法成为过程控制的热门研究课题。所谓参数自整定，就是在被控对象特性发生变化后，立即使 PID 控制参数随之做相应的调整，使得 PID 控制器具有一定的"自调整"或"自适应"能力。众多专家为此做了许多研究工作，提出了多种自整定参数法，本节简单介绍模型参数法、特征参数法和专家整定法。

1. 模型参数法

模型参数法是基于被控对象模型参数的自适应 PID 控制器，也就是在线辨识被控对象的模型参数，再用这些模型参数来自动调整 PID 控制器的参数。

基于被控对象模型参数的自适应 PID 控制算法的首要工作是在线辨识被控对象的模型参数，这就需要占用计算机较多的软硬件资源，在工业应用中有时会受到一定的制约。

2. 特征参数法

所谓特征参数法，就是抽取被控对象的某些特征参数，以其为依据自动整定 PID 控制参数。基于被控对象特征参数的 PID 控制参数自整定法的首要工作是在线辨识被控对象的某些特征参数，诸如临界增益和临界周期。这种在线辨识特征参数占用计算机软硬件资源较少，在工业中应用比较方便。典型的有齐格勒 – 尼柯尔斯（Ziegler- Nichols）研究出的临界振荡法，在此基础上 K. J. Astrom 又进行了改进，采用具有滞环的继电器非线性反馈控制系统。

3. 专家整定法

人工智能和自动控制相结合，形成了智能控制；专家系统和自动控制相结合，形成了专家控制。用人工智能中的模式识别和专家系统中的推理判断等方法来整定 PID 控制参数，已取得工业应用成果。所谓专家整定法，就是模仿人工整定参数的推理决策过程，自动整定 PID 控制参数。首先将人工整定的经验和技巧归纳为一系列整定规则，再对实时采集的被控系统信息进行分析判断，然后自动选择某个整定规则，并将被控对象的响应曲线与控制目标曲线比较，反复调整，直到满足控制目标为止。

第三节　基于数字 PID 控制的复杂控制系统

简单控制系统指单输入单输出的单回路控制系统，是一种最基本、使用最广泛的控制系统。在实际计算机控制系统中，有些被控对象特性比较复杂，被控量不止一个，生产工艺对控制品质的要求比较高；有些被控对象特性并不复杂，但控制要求却比较特殊，对于这些情况单回路控制系统就无能为力了。为此，需要在单回路 PID 控制的基础上，采取一些措施组成复杂控制系统。在复杂控制系统中可能有几个过程测量值、几个 PID 控制器以及不止一个执行机构；或者尽管主控制回路中被控量、PID 控制器和执行机构各有一个，但还有其他的过程测量值、运算器或补偿器构成辅助控制回路，这样主辅控制回路协同完成复杂控制功能。复杂控制系统中有几个闭环回路，因而也称多回路控制系统。

常用的复杂控制系统有串级、前馈、比值、选择性、分程、纯迟延补偿和解耦控制系统等，下面将分别叙述。

一、串级控制系统

有时为了提高控制品质，必须同时调节相互有联系的两个过程参数，用这两个被控参数构成串级控制系统，即由两个 PID 控制器串联而成，如图 9-6 所示。其中 PID_1 为主控制器，PID_2 为副控制器，并有相应的主被控量 PV_1 和副被控量 PV_2。主控制量 u_1 作为 PID_2 副控制器的给定值 SV_2，副控制量 u_2 作用于执行机构，实施控制功能。

在串级控制系统中有内、外两个闭环回路。其中由副控制器 PID_2 和副对象形成的内闭环称为副环或副回路；由主控制器 PID_1 和主对象形成的外闭环称为主环或主回路。由于主、副控制器串联，副回路串在主回路之中，故称为串级控制系统。

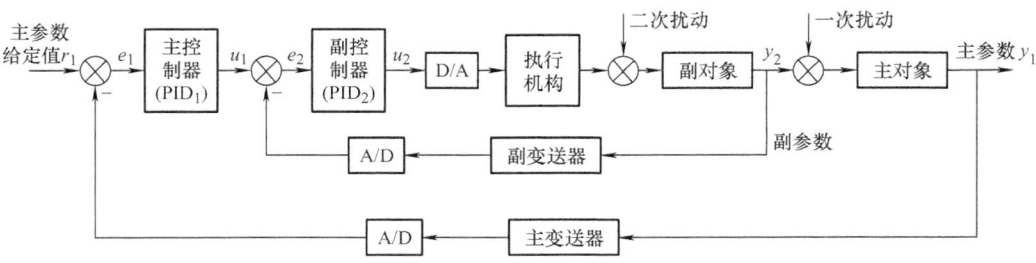

图 9-6 串级 PID 控制系统

串级控制系统的计算顺序是先主回路后副回路，控制方式有两种。一种是异步控制方式，即主回路的控制周期是副回路控制周期的整数倍。这是因为串级控制系统中主被控对象的响应速度慢，副被控对象的响应速度快的缘故。另一种是同步控制方式，即主、副回路的控制周期相同，但应以副回路控制周期为准，因为副被控对象的响应速度较快。

二、前馈控制系统

上述单回路和串级控制是基于反馈控制，只有被控量与给定值之间形成偏差后才会有控制作用。这样的控制无疑带有一定的被动性，特别是对于频繁出现的大扰动，控制品质往往不能令人满意。为此，对于可测量的扰动量可以直接通过前馈补偿器作用于被控对象，以便消除扰动对被控量的影响。

前馈补偿器属于开环控制，很少单独使用，通常采用和反馈控制相结合的方式构成前馈-反馈控制系统，如图 9-7 所示。图中，$G_f(s)$ 为前馈补偿器的传递函数；$G_d(s)$ 为扰动通道的传递函数，$G(s)$ 为对象控制通道的传递函数。若要前馈作用完全补

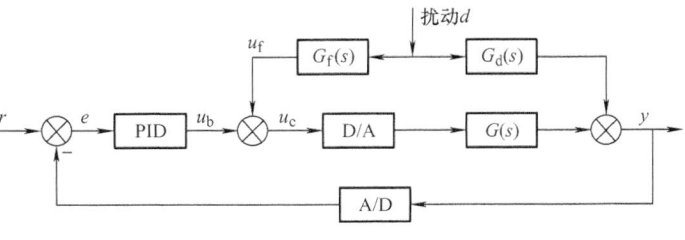

图 9-7 前馈-反馈 PID 控制系统

偿干扰的影响，则应使干扰引起的被控量变化为 0。由此可得，前馈补偿器 $G_f(s)$ 的传递函数为

$$G_f(s) = -G_d(s)/G(s) \qquad (9\text{-}19)$$

前馈补偿器将扰动控制量直接作用于执行器,响应速度比主回路快。为了进一步提高串级 PID 控制系统的控制品质,可以将前馈补偿器与串级 PID 控制相结合构成前馈-串级 PID 控制系统。

三、纯迟延补偿控制系统

被控对象的纯迟延 τ 与时间常数 T_p 之比 τ/T_p 越大,系统就越不易控制。如果 $\tau/T_p > 0.3$,则称为具有大迟延的系统。对于这样的系统,史密斯(Smith)补偿器是解决方案之一。其控制系统原理如图 9-8 所示。图中,

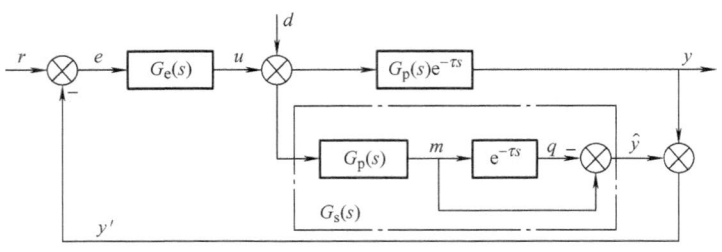

图 9-8　史密斯预估控制

$G_c(s)$ 为 PID 控制器的传递函数,$G_p(s)$ 为被控对象中不包含纯迟延环节 $e^{-\tau s}$ 部分的传递函数,图中点画线框内即为史密斯补偿器,其传递函数 $G_s(s)$ 为

$$G_s(s) = (1 - e^{-\tau s})G_p(s) \tag{9-20}$$

该系统的闭环传递函数为

$$\frac{Y(s)}{R(s)} = \frac{G_c(s)G_p(s)e^{-\tau s}}{1 + G_c(s)G_p(s)} \tag{9-21}$$

此时系统的特征方程中已不包含 $e^{-\tau s}$ 项。这就是说,已经消除了纯迟延对系统控制品质的影响。当然,闭环传递函数分子上的 $e^{-\tau s}$ 说明被控量 Y 响应还是比给定值 R 滞后 τ 时间。

史密斯补偿器对被控对象模型的误差十分敏感,为了适应工业应用,许多研究者又在史密斯补偿器的基础上研究了多种改进方案。

四、解耦控制系统

一个生产装置往往要设置两个或两个以上控制回路来调节各个被控量,由于回路之间可能互相影响、互相关联或互相耦合,导致每个被控参数都无法稳定。如图 9-9 所示的压力流量控制系统,当压力偏低通过压力控制器 PC 来开大调节阀 A 时,流量也将增加;于是,通过流量控制器 FC 来关小调节阀 B 时,又将使压力上升;这两个控制回路互相关联或互相耦合。究其原因是被控对象的模型中除了主控通道传递函数 $G_{11}(s)$ 和 $G_{22}(s)$ 外,还有耦合通道传递函数 $G_{21}(s)$ 和 $G_{12}(s)$。为此,必须采取解耦控制,即在控制器与被控对象之间设

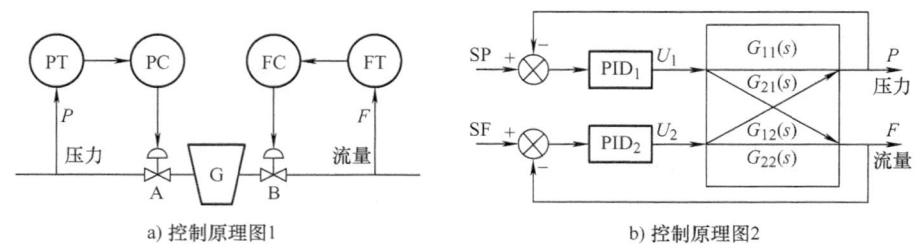

a) 控制原理图1　　　　　　　　　　b) 控制原理图2

图 9-9　耦合控制系统

置解耦器,消除控制回路之间的关联。本节以双输入双输出系统为例进行说明。

双输入双输出解耦控制系统中,在 PID 控制器与被控对象之间设置解耦器 $F_{ij}(s)$。被控量与控制量之间的系统传递矩阵为

$$\begin{pmatrix} Y_1(s) \\ Y_2(s) \end{pmatrix} = \begin{pmatrix} G_{11}(s) & G_{12}(s) \\ G_{21}(s) & G_{22}(s) \end{pmatrix} \begin{pmatrix} F_{11}(s) & F_{12}(s) \\ F_{21}(s) & F_{22}(s) \end{pmatrix} \begin{pmatrix} U_1(s) \\ U_2(s) \end{pmatrix} \quad (9\text{-}22)$$

如果使系统传递矩阵为对角矩阵,就解除了系统间耦合,Y_1 和 Y_2 两个控制回路不再关联,成为两个独立的单回路。为此,要求 $G(s)$ $F(s)$ 乘积为对角矩阵,对其非零元素又有以下两种选取方法。

(一) 对角矩阵法

该法要求 $G(s)$ $F(s)$ 乘积的对角矩阵元素是被控对象主控通道的传递函数 $G_{11}(s)$ 和 $G_{22}(s)$,即

$$\begin{pmatrix} G_{11}(s) & G_{12}(s) \\ G_{21}(s) & G_{22}(s) \end{pmatrix} \begin{pmatrix} F_{11}(s) & F_{12}(s) \\ F_{21}(s) & F_{22}(s) \end{pmatrix} = \begin{pmatrix} G_{11}(s) & 0 \\ 0 & G_{22}(s) \end{pmatrix} \quad (9\text{-}23)$$

如果矩阵 $G(s)$ 的逆存在,将式(9-23)两边左乘 $G(s)$ 的逆矩阵,可得到解耦器矩阵为

$$\begin{pmatrix} F_{11}(s) & F_{12}(s) \\ F_{21}(s) & F_{22}(s) \end{pmatrix} = \begin{pmatrix} G_{11}(s) & G_{12}(s) \\ G_{21}(s) & G_{22}(s) \end{pmatrix}^{-1} \begin{pmatrix} G_{11}(s) & 0 \\ 0 & G_{22}(s) \end{pmatrix}$$

$$= \frac{1}{G_{11}(s)G_{22}(s) - G_{12}(s)G_{21}(s)} \begin{pmatrix} G_{22}(s) & -G_{12}(s) \\ -G_{21}(s) & G_{11}(s) \end{pmatrix} \begin{pmatrix} G_{11}(s) & 0 \\ 0 & G_{22}(s) \end{pmatrix} \quad (9\text{-}24)$$

$$= \frac{1}{G_{11}(s)G_{22}(s) - G_{12}(s)G_{21}(s)} \begin{pmatrix} G_{22}(s)G_{11}(s) & -G_{12}(s)G_{22}(s) \\ -G_{21}(s)G_{11}(s) & G_{11}(s)G_{22}(s) \end{pmatrix}$$

(二) 单位矩阵法

该法要求 $G(s)$ $F(s)$ 乘积的对角矩阵是单位矩阵,即

$$\begin{pmatrix} G_{11}(s) & G_{12}(s) \\ G_{21}(s) & G_{22}(s) \end{pmatrix} \begin{pmatrix} F_{11}(s) & F_{12}(s) \\ F_{21}(s) & F_{22}(s) \end{pmatrix} = \begin{pmatrix} 1 & 0 \\ 0 & 1 \end{pmatrix} \quad (9\text{-}25)$$

如果矩阵 $G(s)$ 的逆存在,将式(9-25)两边左乘 $G(s)$ 的逆矩阵,可得到解耦器矩阵为

$$\begin{pmatrix} F_{11}(s) & F_{12}(s) \\ F_{21}(s) & F_{22}(s) \end{pmatrix} = \begin{pmatrix} G_{11}(s) & G_{12}(s) \\ G_{21}(s) & G_{22}(s) \end{pmatrix}^{-1} \begin{pmatrix} 1 & 0 \\ 0 & 1 \end{pmatrix}$$

$$= \frac{1}{G_{11}(s)G_{22}(s) - G_{12}(s)G_{21}(s)} \begin{pmatrix} G_{22}(s) & -G_{12}(s) \\ -G_{21}(s) & G_{11}(s) \end{pmatrix} \quad (9\text{-}26)$$

(三) 前馈补偿法

前馈补偿法原理同样适用于解耦控制系统,用前馈补偿法解耦的系统如图 9-10 所示。图中 $F_{21}(s)$ 和 $F_{12}(s)$ 可看作是前馈补偿器,$G_{21}(s)$ 和 $G_{12}(s)$ 可看作是扰动通道,$G_{11}(s)$ 和 $G_{22}(s)$ 是主控通道。根据前馈控制的"不变性"原理,应使下列两式等于 0,即

$$\frac{Y_2(s)}{V_1(s)} = G_{21}(s) + F_{21}(s)G_{22}(s) = 0 \tag{9-27}$$

$$\frac{Y_1(s)}{V_2(s)} = G_{12}(s) + F_{12}(s)G_{11}(s) = 0 \tag{9-28}$$

由式(9-27)和式(9-28)可分别求得前馈解耦器的算式为

$$F_{21}(s) = -\frac{G_{21}(s)}{G_{22}(s)} \tag{9-29}$$

$$F_{12}(s) = -\frac{G_{12}(s)}{G_{11}(s)} \tag{9-30}$$

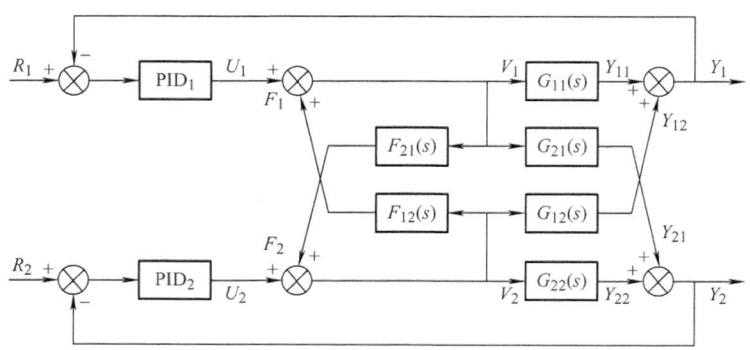

图 9-10 前馈补偿解耦控制系统

第四节 模型预测控制

20 世纪 50 年代末 60 年代初，以状态空间方法为基础的现代控制理论对控制理论的发展起到了积极的推动作用。状态反馈、自适应控制等一系列多变量控制系统设计方法被提出，对于状态不能直接测量的问题，也有观测器和估计器等工具解决。然而现代控制理论真正应用于工业生产过程中，却遇到了前所未有的困难。因为实际工业过程往往很难建立其精确的数学模型，即使一些对象能够建立起数学模型，其结构也往往十分复杂，难以设计同时也难以实现有效控制。自适应、自校正控制技术，虽然能在一定程度上解决不确定性问题，但其本质仍需要在线辨识对象模型技术，所以算法复杂，计算量大，且它对过程的未建模动态和扰动的适应能力差，系统的鲁棒性尚有待进一步解决，故应用范围受到限制。因此在实际工业过程中，应用现代控制理论设计的控制器的控制效果往往还不如 PID 调节器好。这就产生了理论和应用的不协调现象，但是也孕育了新的突破。模型算法控制（Model Algorithmic Control, MAC）和动态矩阵控制（Dynamic Matrix Control, DMC）被提出并在工业过程中得到成功地应用之后，沉闷的局面被打破。通过模型识别、优化算法、控制结构分析、参数整定等一系列的工作，基于模型控制的理论体系基本形成，并成为现代控制应用最成功的先进控制策略。

本节主要介绍模型算法控制和动态矩阵控制。

一、模型算法控制

模型算法控制主要包括：内部模型、反馈校正、滚动优化和参考输入轨迹等。它采用基于脉冲响应的非参数模型作为内部模型，用过去和未来的输入输出信息，根据内部模型，预测系统未来的输出状态，经过用模型输出误差进行反馈校正以后，再与参考输入轨迹进行比较，应用二次型性能指标进行滚动优化，然后再计算当前时刻应加于系统的控制动作，完成整个控制循环（见图9-11）。这种算法的基本思想是先预测系统未来的输出状态，再确定当前时刻的控制动作，即先预测后控制，所以其具有预见性。它明显优于先有信息反馈，再产生控制动作的经典反馈控制系统。

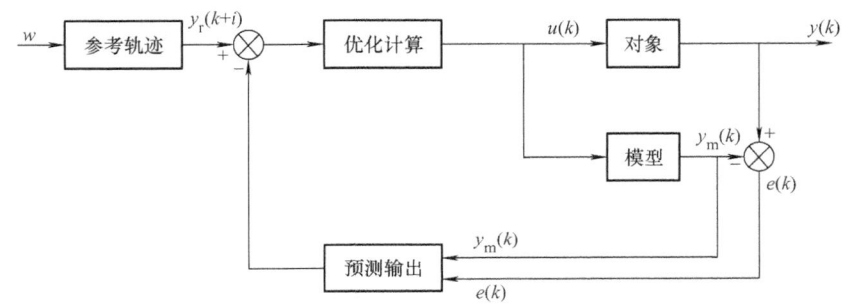

图 9-11　MAC 系统原理图

（一）输出预测

模型算法控制采用被控对象的脉冲响应模型描述。设被控对象真实模型的离散差分形式为

$$y(k+1) = g_1 u(k) + g_2 u(k-1) + \cdots + g_N u(k-N+1) + \xi(k+1) \\ = g(z^{-1}) u(k) + \xi(k) \tag{9-31}$$

式中，$y(k+1)$ 为 $k+1$ 时刻系统的输出；$u(k)$ 为 k 时刻系统的输入；$\xi(k+1)$ 为 $k+1$ 时刻系统的不可测干扰或噪声；N 为脉冲响应序列长度，$N = 20 \sim 50$；$g_1, g_2, \cdots, g_N$ 为系统的真实脉冲响应序列值，$g(z^{-1}) = g_1 + g_2 z^{-1} + \cdots + g_N z^{-N+1}$。

系统的真实脉冲传递函数为

$$G(z^{-1}) = z^{-1} g(z^{-1}) \tag{9-32}$$

由于系统的真实模型未知，需要通过实测或参数估计得到。通过实测或参数估计得到的模型称为内部模型或预测模型

$$y_m(k+1) = \hat{g}_1 u(k) + \hat{g}_2 u(k-1) + \cdots + \hat{g}_N u(k-N+1) \\ = \hat{g}(z^{-1}) u(k) \tag{9-33}$$

式中，$y_m(k+1)$ 为 $k+1$ 时刻预测模型输出；$\hat{g}_1, \hat{g}_2, \cdots, \hat{g}_N$ 为系统的实测或估计脉冲响应序列值，$\hat{g}(z^{-1}) = \hat{g}_1 + \hat{g}_2 z^{-1} + \cdots + \hat{g}_N z^{-N+1}$。

内部模型的传递函数为

$$\hat{G}(z^{-1}) = z^{-1} \hat{g}(z^{-1}) \tag{9-34}$$

脉冲响应模型如图 9-12 所示。

在实际工业控制过程中，常采用多步预测输出的办法来扩大预测的信息量，以提高系统的抗干扰性和鲁棒性。

对于多步预测情况，预测模型输出为
$$y_m(k+i) = \hat{g}(z^{-1})u(k+i-1)$$
$$(i=1,2,\cdots,P) \quad (9\text{-}35)$$

式中，P 为多步输出预测时域长度（$N \geq P \geq M$），其中 M 为控制时域长度。

将式（9-35）从 $i=1$ 到 $i=P$ 写成展开式有

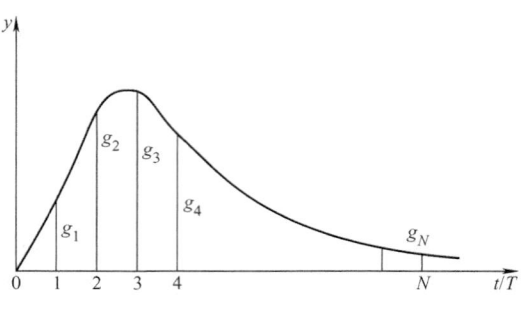

图9-12 脉冲响应模型

$$\begin{aligned}
y_m(k+1) &= \hat{g}_1 u(k) &&+ \hat{g}_2 u(k-1) + \cdots + \hat{g}_N u(k-N+1) \\
y_m(k+2) &= \hat{g}_1 u(k+1) + \hat{g}_2 u(k) &&+ \hat{g}_3 u(k-1) + \cdots + \hat{g}_N u(k-N+2) \\
&\quad\vdots &&\quad\vdots \\
y_m(k+M) &= \hat{g}_1 u(k+M-1) \\
&\quad + \hat{g}_2 u(k+M-2) + \cdots + \hat{g}_M u(k) &&+ \hat{g}_{M+1} u(k-1) \cdots + \hat{g}_N u(k-N+M) \\
&\quad\vdots &&\quad\vdots \\
y_m(k+P) &= \sum_{i=1}^{P-M+1} \hat{g}_i u(k+M-1) \\
&\quad + \hat{g}_{P-M+2} u(k+M-2) + \cdots \\
&\quad + \hat{g}_P u(k) &&+ \hat{g}_{P+1} u(k-1) + \cdots \\
&&&+ \hat{g}_N u(k-N+P)
\end{aligned} \quad (9\text{-}36)$$

待求未知控制量产生的预测输出 | 已知控制量产生的预测输出

式（9-36）推导时考虑到在 $k+M-1$ 时刻后控制量不再改变，即
$$u(k+M-1) = u(k+M) = \cdots = u(k+P-1)$$

显然，多步预测模型输出包括两部分：第一是过去已知的控制量所产生的预测模型输出部分，它相当于多步预测模型输出初值；第二是由现在和未来将施加于系统，影响系统未来行为的控制量所产生的预测模型输出部分，它可根据某一优化指标选取待求的现在和未来控制量，以获得所期望的预测模型输出。

将式（9-35）写成矢量矩阵形式
$$\boldsymbol{Y}_m(k+1) = \boldsymbol{G}\boldsymbol{U}(k) + \boldsymbol{F}_0 \boldsymbol{U}(k-1) \quad (9\text{-}37)$$

式中，$\boldsymbol{Y}_m(k+1)$ 为预测模型输出矢量
$$\boldsymbol{Y}_m(k+1) = [y_m(k+1), y_m(k+2), \cdots, y_m(k+P)]^T$$

$\boldsymbol{U}(k)$ 为待求控制矢量
$$\boldsymbol{U}(k) = [u(k), u(k+1), \cdots, u(k+M-1)]^T$$

$\boldsymbol{U}(k-1)$ 为已知控制矢量
$$\boldsymbol{U}(k-1) = [u(k-N+1), u(k-N+2), \cdots, u(k-2), u(k-1)]^T$$

$$\boldsymbol{G} = \begin{pmatrix} \hat{g}_1 & & & \\ \hat{g}_2 & \hat{g}_1 & & 0 \\ \vdots & \vdots & & \\ \hat{g}_P & \hat{g}_{P-1} & \cdots & \sum_{i=1}^{P-M+1}\hat{g}_i \end{pmatrix}_{P \times M} \quad (9\text{-}38)$$

$$\boldsymbol{F}_0 = \begin{pmatrix} \hat{g}_N & \hat{g}_{N-1} & \cdots & \hat{g}_3 & \hat{g}_2 \\ & \hat{g}_N & \hat{g}_{N-1} & \cdots & \hat{g}_4 & \hat{g}_3 \\ & & \ddots & & \vdots & \vdots \\ 0 & & \hat{g}_N & \cdots & \hat{g}_{P+2} & \hat{g}_{P+1} \end{pmatrix}_{P \times (N-1)} \quad (9\text{-}39)$$

考虑到实际对象中存在着时变或非线性等因素,模型存在误差,加上系统中的各种随机干扰,使得预测模型不可能与实际对象的输出完全一致,因此,需要对上述开环模型进行修正。在预测控制中常用的输出误差反馈校正方法,即闭环预测。具体做法是,将第 k 步的实际对象输出测量值 $y(k)$ 与预测模型输出 $y_m(k)$ 之间的误差,加到模型的预测输出上,即得到闭环输出预测

$$\begin{aligned}\boldsymbol{Y}_P(k+1) &= \boldsymbol{Y}_m(k+1) + \boldsymbol{h}[y(k) - y_m(k)] \\ &= \boldsymbol{G}\boldsymbol{U}(k) + \boldsymbol{F}_0\boldsymbol{U}(k-1) + \boldsymbol{h}e(k)\end{aligned} \quad (9\text{-}40)$$

式中,$\boldsymbol{Y}_P(k+1)$ 为系统输出预测矢量

$$\boldsymbol{Y}_P(k+1) = [y_P(k+1), y_P(k+2), \cdots, y_P(k+P)]^T$$

$\boldsymbol{Y}_m(k+1)$ 为预测模型输出矢量

$$\boldsymbol{Y}_m(k+1) = [y_m(k+1), y_m(k+2), \cdots, y_m(k+P)]^T$$

$e(k)$ 为 k 时刻预测模型输出误差

$$e(k) = y(k) - y_m(k)$$

$$\boldsymbol{h} = [h_1, h_2, \cdots, h_P]^T \quad (\text{一般令 } h_1 = 1)。$$

(二) 参考轨迹

在模型算法控制中,控制的目的是使系统的输出沿着一条事先规定的曲线逐渐到达设定值,这条指定的曲线称为参考轨迹 y_r,通常参考轨迹采用从现在时刻实际输出值出发的一阶指数形式。它在未来 i 个时刻的值为

$$\begin{aligned}y_r(k+i) &= y(k) + [r - y(k)](1 - e^{-iT_0/\tau}) \quad (i=1,2,\cdots) \\ y_r(k) &= y(k)\end{aligned} \quad (9\text{-}41)$$

式中,τ 为参考轨迹时间常数;T_0 为采样周期。

若令 $\alpha_r = e^{-T_0/\tau}$,则式(9-41)可写成

$$\begin{aligned}y_r(k+i) &= \alpha_r^i y(k) + (1 - \alpha_r^i)\omega \quad (i=1,2,\cdots) \\ y_r(k) &= y(k)\end{aligned} \quad (9\text{-}42)$$

采用上述形式的参考轨迹,将减小过量的控制作用,使系统的输出能平滑地到达设定值。还可看出,参考轨迹的时间常数越大,则 α_r 的值也越大,系统的柔性越好,鲁棒性越强,但控制的快速性却变差。因此,在 MAC 系统的设计中,α_r 是一个很重要的参数,它对闭环系统的动态特性和鲁棒性起重要作用。

（三）最优控制律计算

当选用包括输出预测误差和控制量加权的二次型性能指标时，其表达式如下：

$$J_P = \sum_{i=1}^{P} q_i [y_P(k+i) - y_r(k+i)]^2 + \sum_{j=1}^{M} \lambda_j [u(k+j-1)]^2 \quad (9-43)$$

式中，q_i、λ_i 分别为多步预测输出误差和控制量的加权系数。

将性能指标写成矢量矩阵形式

$$\begin{aligned} J_P &= [\boldsymbol{Y}_P(k+1) - \boldsymbol{Y}_r(k+1)]^T \boldsymbol{Q} [\boldsymbol{Y}_P(k+1) - \boldsymbol{Y}_r(k+1)] + \boldsymbol{U}^T(k)\boldsymbol{\lambda}\boldsymbol{U}(k) \\ &= [\boldsymbol{G}\boldsymbol{U}(k) + \boldsymbol{F}_0\boldsymbol{U}(k-1) + \boldsymbol{h}e(k) - \boldsymbol{Y}_r(k+1)] \boldsymbol{Q} [\boldsymbol{G}\boldsymbol{U}(k) + \boldsymbol{F}_0\boldsymbol{U}(k-1) \\ &\quad + \boldsymbol{h}e(k) - \boldsymbol{Y}_r(k+1)] + \boldsymbol{U}^T(k)\boldsymbol{\lambda}\boldsymbol{U}(k) \end{aligned} \quad (9-44)$$

式中，$\boldsymbol{Y}_r(k+1)$ 为参考输入矢量。

$$\boldsymbol{Y}_r(k+1) = [y_r(k+1), y_r(k+2), \cdots, y_r(k+P)]^T$$
$$\boldsymbol{Q} = \text{diag}[q_1, q_2, \cdots, q_P]$$
$$\boldsymbol{\lambda} = \text{diag}[\lambda_1, \lambda_2, \cdots, \lambda_M]$$

上式对未知控制矢量 $\boldsymbol{U}(k)$ 求导，即可求出控制律，令 $\partial J_P / \partial \boldsymbol{U}(k) = 0$，有

$$\boldsymbol{U}(k) = (\boldsymbol{G}^T\boldsymbol{Q}\boldsymbol{G} + \boldsymbol{\lambda})^{-1} \boldsymbol{G}^T \boldsymbol{Q} [\boldsymbol{Y}_r(k+1) - \boldsymbol{F}_0 \boldsymbol{U}(k-1) - \boldsymbol{h}e(k)] \quad (9-45)$$

式（9-45）可以一次同时算出 M 个控制量，但在实际执行时，由于模型误差、系统的非线性特性和干扰等不确定因素的影响，若按式（9-45）求得的控制律去进行当前和未来 M 步的开环顺序控制，则经过 M 步控制后，可能会偏离期望轨迹较多。为了及时纠正这一误差，可采用闭环控制算法，即按式（9-45）算得控制量后，实际只执行当前一步，下一时刻的控制量 $u(k+1)$ 再按式（9-45）递推一步重算。因此，式（9-45）可写成

$$\begin{aligned} u(k) &= (1, 0, \cdots, 0)(\boldsymbol{G}^T\boldsymbol{Q}\boldsymbol{G} + \boldsymbol{\lambda})^{-1} \boldsymbol{G}^T \boldsymbol{Q} [\boldsymbol{Y}_r(k+1) - \boldsymbol{F}_0 \boldsymbol{U}(k-1) - \boldsymbol{h}e(k)] \\ &= \boldsymbol{d}^T [\boldsymbol{Y}_r(k+1) - \boldsymbol{F}_0 \boldsymbol{U}(k-1) - \boldsymbol{h}e(k)] \end{aligned} \quad (9-46)$$

式中，

$$\boldsymbol{d}^T \stackrel{\text{def}}{=} (1, 0, \cdots, 0)(\boldsymbol{G}^T\boldsymbol{Q}\boldsymbol{G} + \boldsymbol{\lambda})^{-1} \boldsymbol{G}^T \boldsymbol{Q} = [d_1, d_2, \cdots, d_P] \quad (9-47)$$

二、动态矩阵控制

动态矩阵控制是一种重要的预测控制算法，由 Culter（1980年）提出。与模型算法控制不同之处是，它采用在工程上易于测取的对象阶跃响应作为模型，算法比较简单，计算量较少，鲁棒性较强，适用于有纯时延、开环渐近稳定的非最小相位系统，近年来已在冶金、石油、化工等部门的过程控制中得到了成功的应用。

（一）预测模型

当在系统的输入端加上一控制增量后，在各采样时间 $t = T, 2T, 3T, \cdots, NT$ 分别可在系统的输出端测得一序列采样值，它们可用动态系数 $\hat{a}_1$, $\hat{a}_2$, $\cdots$, $\hat{a}_N$ 来表示（见图9-13），由此构成被控对象的阶跃响应非参数模型。N 是阶跃响应的截断点，称为模型时域长度，N 的选择应使过程响应值已接近其稳态值，即 $\hat{a}_N \approx \hat{a}_\infty$。根据线性系

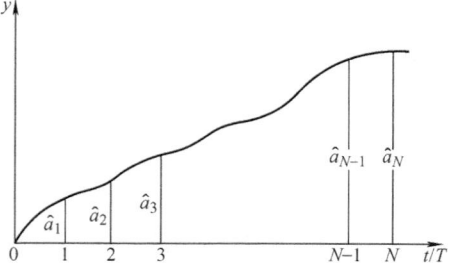

图9-13 系统阶跃响应曲线

的比例和叠加性质，利用这一模型，可由给定的输入控制增量，预测系统未来时刻的输出。如在 k 时刻加一控制增量 $\Delta u(k)$，在未来 N 个时刻的模型输出预测值为

$$y_m\left(\frac{k+1}{k}\right) = y_0\left(\frac{k+1}{k}\right) + \hat{a}_1 \Delta u(k)$$

$$y_m\left(\frac{k+2}{k}\right) = y_0\left(\frac{k+2}{k}\right) + \hat{a}_2 \Delta u(k)$$

$$\vdots$$

$$y_m\left(\frac{k+N}{k}\right) = y_0\left(\frac{k+N}{k}\right) + \hat{a}_N \Delta u(k)$$

写成矢量形式为

$$\boldsymbol{Y}_m(k+1) = \boldsymbol{Y}_0(k+1) + \boldsymbol{T}\Delta u(k) \tag{9-48}$$

式中，$\boldsymbol{Y}_m(k+1)$ 为 k 时刻有 $\Delta u(k)$ 作用时未来 N 个时刻的预测模型输出矢量

$$\boldsymbol{Y}_m(k+1) = \left[y_m\left(\frac{k+1}{k}\right), y_m\left(\frac{k+2}{k}\right), \cdots, y_m\left(\frac{k+N}{k}\right)\right]^T$$

$\boldsymbol{Y}_0(k+1)$ 为 k 时刻无 $\Delta u(k)$ 作用时未来 N 个时刻的输出初始矢量

$$\boldsymbol{Y}_0(k+1) = \left[y_0\left(\frac{k+1}{k}\right), y_0\left(\frac{k+2}{k}\right), \cdots, y_0\left(\frac{k+N}{k}\right)\right]^T$$

$\boldsymbol{T}$ 为阶跃响应动态系数矢量，$\boldsymbol{T} = [\hat{a}_1, \hat{a}_2, \cdots, \hat{a}_N]^T$

式(9-48) 是假定 $\Delta u(k)$ 不再变化而得到的预测结果。如果控制增量在未来 M 个采样间隔都在变化，即 $\Delta u(k)$，$\Delta u(k+1)$，$\cdots$，$\Delta u(k+M-1)$，则系统在未来 P 个时刻的预测模型输出（见图9-14）为

$$y_m\left(\frac{k+1}{k}\right) = y_0\left(\frac{k+1}{k}\right) + \hat{a}_1 \Delta u(k)$$

$$y_m\left(\frac{k+2}{k}\right) = y_0\left(\frac{k+2}{k}\right) + \hat{a}_2 \Delta u(k) + \hat{a}_1 \Delta u(k+1)$$

$$\vdots$$

$$y_m\left(\frac{k+P}{k}\right) = y_0\left(\frac{k+P}{k}\right) + \hat{a}_P \Delta u(k) + \hat{a}_{P-1} \Delta u(k+1)$$

$$+ \cdots + \hat{a}_{P-M+1} \Delta u(k+M-1)$$

写成矢量矩阵形式有

$$\boldsymbol{Y}_m(k+1) = \boldsymbol{Y}_0(k+1) + \boldsymbol{A}\Delta \boldsymbol{U}(k) \tag{9-49}$$

式中，$\boldsymbol{Y}_m(k+1) = \left[y_m\left(\frac{k+1}{k}\right), y_m\left(\frac{k+2}{k}\right), \cdots, y_m\left(\frac{k+P}{k}\right)\right]^T$

$\boldsymbol{Y}_0(k+1) = \left[y_0\left(\frac{k+1}{k}\right), y_0\left(\frac{k+2}{k}\right), \cdots, y_0\left(\frac{k+P}{k}\right)\right]^T$

$\Delta \boldsymbol{U}(k) = [\Delta u(k), \Delta u(k+1), \cdots, \Delta u(k+M-1)]^T$

$\boldsymbol{A}$ 为动态矩阵

$$\boldsymbol{A} = \begin{pmatrix} \hat{a}_1 & & & \\ \hat{a}_2 & \hat{a}_1 & & 0 \\ \vdots & \vdots & & \\ \hat{a}_P & \hat{a}_{P-1} & \cdots & \hat{a}_{P-M+1} \end{pmatrix}_{P \times M} \tag{9-50}$$

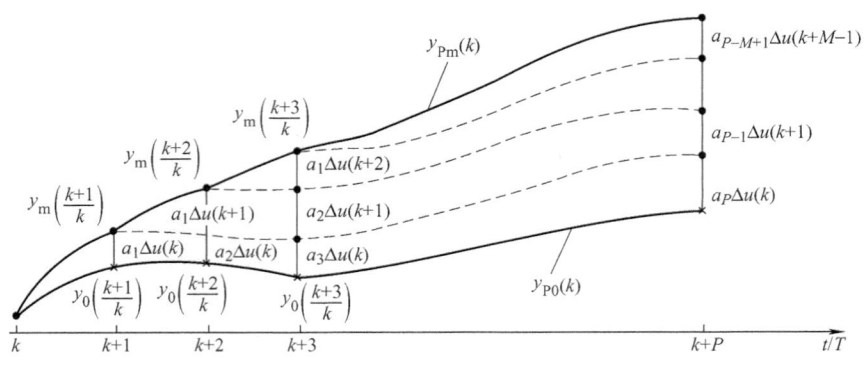

图 9-14 由输入控制增量预测输出

模型输出初值是由 k 时刻以前加在系统输入端的控制增量产生的。假定从 $(k-N)$ 到 $(k-1)$ 时刻加入的控制增量分别为 $\Delta u(k-N)$，$\Delta u(k-N+1)$，$\cdots$，$\Delta u(k-1)$，而在 $(k-N-1)$ 时刻假定 $\Delta u(k-N-1) = \Delta u(k-N-2) = 0$，则对于 $y_0\left(\dfrac{k+1}{k}\right)$，$y_0\left(\dfrac{k+2}{k}\right)$，$\cdots$，$y_0\left(\dfrac{k+P}{k}\right)$ 各个分量来说，有下列关系式：

$$y_0\left(\frac{k+1}{k}\right) = \hat{a}_N \Delta u(k-N)$$
$$\underbrace{+ \hat{a}_N \Delta u(k-N+1) + \hat{a}_{N-1}\Delta u(k-N+2) + \cdots + \hat{a}_3 \Delta u(k-2) + \hat{a}_2 \Delta u(k-1)}_{(N-1 \text{ 项})}$$

$$y_0\left(\frac{k+2}{k}\right) = \hat{a}_N \Delta u(k-N) + \hat{a}_N \Delta u(k-N+1) + \hat{a}_N \Delta u(k-N+2)$$
$$+ \hat{a}_{N-1} \Delta u(k-N+3) + \cdots + \hat{a}_4 \Delta u(k-2) + \hat{a}_3 \Delta u(k-1)$$
$$\vdots$$
$$y_0\left(\frac{k+P}{k}\right) = \underbrace{\hat{a}_N \Delta u(k-N) + \hat{a}_N \Delta u(k-N+1) + \cdots + \hat{a}_N \Delta u(k-N+P)}_{P+1 \text{ 个 } \hat{a}_N \text{ 的项}}$$
$$+ \cdots + \hat{a}_{P+2} \Delta u(k-2) + \hat{a}_{P+1} \Delta u(k-1)$$

将上式写成矢量矩阵形式，有

$$\boldsymbol{Y}_0(k+1) = \begin{pmatrix} \hat{a}_N & \hat{a}_N & \hat{a}_{N-1} & \hat{a}_{N-2} & \cdots & & \hat{a}_3 & \hat{a}_2 \\ \hat{a}_N & \hat{a}_N & \hat{a}_N & \hat{a}_{N-1} & \cdots & & \hat{a}_4 & \hat{a}_2 \\ \vdots & \vdots & \vdots & \vdots & & & \vdots & \vdots \\ \underbrace{\hat{a}_N & \hat{a}_N & \hat{a}_N & \hat{a}_N & \cdots & \hat{a}_{N-1}}_{P+1 \text{ 个 } \hat{a}_N} & \cdots & \hat{a}_{P+2} & \hat{a}_{P+1} \end{pmatrix}_{P \times N} \times \begin{pmatrix} u(k-N+1) \\ u(k-N+2) \\ \vdots \\ u(k-1) \end{pmatrix}_{N \times 1}$$

$$= \overline{\boldsymbol{A}}_0 \boldsymbol{U}(k-1) \tag{9-51}$$

式中，$\Delta \boldsymbol{U}(k-1) = [\Delta u(k-N), \Delta u(k-N+1), \cdots, \Delta u(k-1)]^{\mathrm{T}}$

$$\overline{\boldsymbol{A}}_0 = \begin{pmatrix} \hat{a}_N & \hat{a}_N & \hat{a}_{N-1} & \hat{a}_{N-2} & \cdots & & \hat{a}_3 & \hat{a}_2 \\ \hat{a}_N & \hat{a}_N & \hat{a}_N & \hat{a}_{N-1} & \cdots & & \hat{a}_4 & \hat{a}_2 \\ \vdots & \vdots & \vdots & \vdots & & & \vdots & \vdots \\ \hat{a}_N & \hat{a}_N & \hat{a}_N & \hat{a}_N & \cdots & \hat{a}_{N-1} & \cdots & \hat{a}_{P+2} & \hat{a}_{P+1} \end{pmatrix}_{P \times N}$$

$$\underbrace{\qquad\qquad\qquad\qquad}_{P+1 \text{ 个 } \hat{a}_N}$$

对式 (9-51) 作进一步变换,将控制增量化为全量形式,并注意到 $\Delta u(k-N-1)=0$,则有

$$\boldsymbol{Y}_0(k+1) = \begin{pmatrix} \hat{a}_N - \hat{a}_{N-1} & \hat{a}_{N-1} - \hat{a}_{N-2} & \hat{a}_{N-2} - \hat{a}_{N-3} & \cdots & \hat{a}_3 - \hat{a}_2 & \hat{a}_2 \\ & \hat{a}_N - \hat{a}_{N-1} & \hat{a}_{N-1} - \hat{a}_{N-2} & \cdots & \hat{a}_4 - \hat{a}_3 & \hat{a}_3 \\ & & & \vdots & & \vdots & \vdots \\ & & & \hat{a}_{N-1} - \hat{a}_{N-2} & \cdots & \hat{a}_{P+2} - \hat{a}_{P+1} & \hat{a}_{P+1} \end{pmatrix}_{P \times N} \times \begin{pmatrix} u(k-N+1) \\ u(k-N+2) \\ \vdots \\ u(k-1) \end{pmatrix}_{N \times 1}$$

$$= \boldsymbol{A}_0 \boldsymbol{U}(k-1) \tag{9-52}$$

式中,$\boldsymbol{U}(k-1) = [u(k-N+1), u(k-N+2), \cdots, u(k-1)]^T$

$$\boldsymbol{A}_0 = \begin{pmatrix} \hat{a}_N - \hat{a}_{N-1} & \hat{a}_{N-1} - \hat{a}_{N-2} & \hat{a}_{N-2} - \hat{a}_{N-3} & \cdots & \hat{a}_3 - \hat{a}_2 & \hat{a}_2 \\ & \hat{a}_N - \hat{a}_{N-1} & \hat{a}_{N-1} - \hat{a}_{N-2} & \cdots & \hat{a}_4 - \hat{a}_3 & \hat{a}_3 \\ & & & & \vdots & \vdots & \vdots \\ 0 & & & & \vdots & \vdots & \vdots \\ & & & \hat{a}_{N-1} - \hat{a}_{N-2} & \cdots & \hat{a}_{P+2} - \hat{a}_{P+1} & \hat{a}_{P+1} \end{pmatrix}$$

将式 (9-52) 代入式 (9-49) 中,即可求出用过去施加于系统的控制量表示初值的预测模型输出。

$$\boldsymbol{Y}_m(k+1) = \boldsymbol{A}\Delta\boldsymbol{U}(k) + \boldsymbol{A}_0 \boldsymbol{U}(k-1) \tag{9-53}$$

式 (9-53) 表明,预测模型输出由两部分组成,第一项为待求的未知控制增量对预测模型输出的贡献;第二项为过去已施加的控制量对预测模型输出的贡献。

由于模型误差和干扰等影响,系统的输出预测值需在预测模型输出的基础上,用实际输出误差修正,即

$$\begin{aligned}\boldsymbol{Y}_P(k+1) &= \boldsymbol{Y}_m(k+1) + \boldsymbol{h}[y(k) - y_m(k)] \\ &= \boldsymbol{A}\Delta\boldsymbol{U}(k) + \boldsymbol{A}_0 \boldsymbol{U}(k-1) + \boldsymbol{h}e(k)\end{aligned} \tag{9-54}$$

式中,$\boldsymbol{Y}_P(k+1) = [y_P(k+1), y_P(k+2), \cdots, y_P(k+P)]^T$

$e(k) = y(k) - y_m(k)$

$\boldsymbol{h} = [h_1, h_2, \cdots, h_P]^T$

(二) 最优控制律计算

最优控制律由二次型性能指标确定

$$J_P = [Y_P(k+1) - Y_r(k+1)]^T Q [Y_P(k+1) - Y_r(k+1)] + \Delta U^T(k) \lambda \Delta U(k)$$
$$= [A\Delta U(k) + A_0 U(k-1) + he(k) - Y_r(k+1)]^T Q [A\Delta U(k) \qquad (9\text{-}55)$$
$$+ A_0 U(k-1) + he(k) - Y_r(k+1)] + \Delta U^T(k) \lambda \Delta U(k)$$

由 $\partial J_P / \partial \Delta U(k) = 0$，化简后有

$$\Delta U(k) = (A^T Q A + \lambda)^{-1} A^T Q [Y_r(k+1) - A_0 U(k-1) - he(k)] \qquad (9\text{-}56)$$

将式(9-56)展开，即可求出从 k 到 $k+M-1$ 时刻的顺序开环控制增量，即

$$\Delta u(k+i-1) = d_i^T [Y_r(k+1) - A_0 U(k-1) - he(k)] \qquad (9\text{-}57)$$

式中，$d_i^T = (A^T Q A + \lambda)^{-1} A^T Q$ 的第 i 行。

若只执行当前时刻的控制增量，则只需计算 d_i^T 的第 1 行即可。

三、预测控制系统的参数选择

预测控制算法的参数包括：预测时域长度 P、控制时域长度 M、预测误差加权阵 Q 和控制量加权阵 λ 等。Q、λ、P 和 M 等参数都隐含在控制参数 d_i 中，不易直接考察它们的取值对控制性能的影响，只能通过试凑和仿真研究来初步选定。所有这些都给缺乏经验的设计者在设计预测控制系统时带来困难。本节以单输入单输出的模型算法控制为例，给出预测时域长度 P、控制时域长度 M、误差加权矩阵 Q、控制加权矩阵 λ 以及采样周期 T_0 等几个主要参数的选择原则和计算方法，供设计时参考。

（一）预测时域长度 P

预测时域长度 P 与误差矩阵 Q 联系在一起，构成优化性能指标式中的第一项。为了使滚动优化真正有意义，应该使预测时域长度 P（即优化范围）包含对象的真实动态部分，也就是说应把当前控制影响较大的所有响应都包括在内。对有时延或非最小相位系统，P 必须选得超过对象脉冲响应（或阶跃响应）的时延部分，或非最小相位特性引起的反向部分，并覆盖对象的重要动态响应。

预测时域长度 P 的大小，对于控制的稳定性和快速性有较大影响，下面分两种极端情况来讨论。一是 P 取得足够小，如 $P=1$，则多步预测优化问题退化为在一步内通过计算控制量，以达到输出跟踪参考输入的目标。如果模型准确，则它可使对象输出在各采样点跟踪输出期望值，即实现一步最小拍控制。但对模型失配及有干扰情况，和对有时延及非最小相位系统，则上述一步跟踪目标无法实现，且有可能导致系统失稳。另一种极端情况是保持有限的控制时域长度 M，而把 P 取得充分大。当 P 增加很大后，优化性能指标中稍后时刻的输出预测值几乎只取决于 M 个控制增量的稳态响应。其虽为动态优化，但实际上接近稳态优化。此时系统的动态响应将接近于对象的固有特性，这对改善系统的快速性和动态响应不会产生什么明显作用。此外，大的 P 还会使控制矩阵的阶次显著增高，增加计算时间。

总结上述两种极端情况，前者虽然快速性好，但稳定性和鲁棒性较差。后者虽然稳定性好，但动态响应慢，且增加了计算时间，降低了系统的实时性。实际上，这两种 P 的取法都是不可取的。实际选择时，可在上述两者间取值，使系统既能获得所期望的稳定鲁棒性，又能具有所要求的动态快速性。

综合上面的结果，一般 P 的选择方法是，先取

$$q_i = \begin{cases} 0 & \text{对应 } q_i \text{ 的时延及反向部分} \\ 1 & \text{其他部分} \end{cases}$$

然后，选择 P，使预测时域长度包含对象脉冲响应的主要动态部分，以此初选结果进行仿真研究。若快速性不够，则可适当减小 P，若稳定性较差，则可增大 P。

（二）控制时域长度 M

控制时域长度 M 在优化性能指标式中表示所要计算和确定的未来控制量改变的数目。由于优化主要是针对未来 P 个时刻的输出预测误差进行的，它们最多只受到 P 个控制增量的影响，所以应有 $M \leq P$。

在 P 已确定的情况下，一般 M 选得越小，则越难保证在各采样点使输出紧跟期望值变化，反映在性能指标中效果也越差。例如，若取 $M=1$，则意味着只用一步控制量就要使系统在以后的输出 $k+1$，$\cdots$，$k+P$ 时刻都能跟踪期望值变化，显然，对于复杂动态过程这是不可能的。为了改善跟踪性能，就要用增加控制步数 M 的方法来提高对系统的控制能力，使各采样点的输出误差尽可能小。也就是说，把 P 个点的输出误差优化，要求由给出的 M 个控制变量来分担。对于原被控对象有不稳定极点的系统，M 至少要取为过程不稳定极点和欠阻尼极点数之和才能得到满意的动态特性。但也不是 M 越大越好，M 越大，控制的机动性越强，可提高控制的灵敏度，但系统的稳定性和鲁棒性会随之下降。为提高系统的稳定性和鲁棒性，又要求 M 选得小些，因 M 越小，远程跟踪控制能力就有所削弱，但可导致一个稳定的控制的机动性差。因此，M 的选择应兼顾快速性和稳定性，综合平衡考虑。此外，当控制时域长度 M 增大时，控制矩阵 $(\boldsymbol{G}^\mathrm{T}\boldsymbol{Q}\boldsymbol{G}+\lambda\boldsymbol{I})^{-1}$ 维数也增加，计算控制参数 d_i 的时间迅速增加，从而会使系统的实时性下降。

还必须指出，通过上面的分析和仿真研究均表明，在许多情况下，M 和 P 这两个参数在性能指标中起着相反的作用，即增大 M 与减小 P 有着类似的控制效果。因此，为了简便，在设计时可先根据对象的动态特性初选 M，然后再根据仿真和调试结果确定 P，这样可减少调试时间。

（三）误差加权矩阵 Q

误差加权矩阵一般选为对角阵

$$\boldsymbol{Q} = \mathrm{diag}(q_1, q_2, \cdots, q_p) \tag{9-58}$$

权系数的大小反映了在优化性能指标中不同时刻对输出预测值逼近期望值的重视程度，它决定了相应误差项在优化指标中所占的比重。q_i 值的选择对系统的稳定性有直接影响。为了使控制系统稳定，通常 q_i 的选择应满足下列条件：

$$\sum_{i=1}^{P}(\sum_{j=1}^{i}\hat{g}_j)q_i\sum_{l=1}^{N}\hat{g}_l > 0 \tag{9-59}$$

此外，对于时延和因非最小相位特性引起的反向部分，q_i 应取为零，即

$$q_i = 0 \quad (i < N_1)$$

式中，N_1 为系统时延或因反向部分引起的时延。

在一般情况下，可采用下列策略，即选

$$q_i = \begin{cases} 0 & (i < N_1) \\ 1 & (i \geq N_1) \end{cases}$$

再调整其他控制参数，来获得所要求的动静态特性。

（四）控制加权矩阵 λ

控制加权矩阵通常选为对角阵

$$\boldsymbol{\lambda} = \text{diag}(\lambda_1, \lambda_2, \cdots, \lambda_M) \tag{9-60}$$

λ_i 常取相同值 λ。由性能指标式可知：权矩阵 $\boldsymbol{\lambda}$ 的作用是用来限制控制量的剧烈变化，以减少对系统过大的冲击。只要式(9-59)满足，则任何系统总可以通过增大 λ 来实现稳定控制。但当 λ 充分大时，控制作用减弱，闭环系统虽然稳定，但因有一个接近单位圆的极点，它使闭环动态响应变得相当缓慢，不易得到满意的动态响应，所以一般 λ 常取得较小。调整权系数 λ 时，不要把着眼点放在控制系统的稳定性上，这一要求可通过调整 P 和 M 来实现。引入 λ 的目的主要是限制变化剧烈的控制量对系统引起的过大冲击。因此，若已取 $q_i = 1$（$i > N_1$），则 λ 为一可调参数，可先令 $\lambda = 0$ 或一个较小的数值，此时若控制系统稳定，则停止，但若控制量变化太大，则适当加大 λ，直到得到满意的控制效果为止。实际上，即使 λ 取值很小，但对控制量仍有明显的抑制作用。

（五）预测控制系统参数整定的实现

总结上面的讨论，预测控制系统参数整定的步骤如下：

1）初选预测时域长度 P，使之能覆盖过程响应的主要动态部分。

2）选

$$q_i = \begin{cases} 0 & (i < N_1) \\ 1 & (i \geqslant N_1) \end{cases}$$

3）初选 $\lambda = 0$，并设定控制时域长度

$$M = \begin{cases} 1 \sim 2 & \text{针对具有简单动态响应的对象} \\ 4 \sim 8 & \text{针对包括有振荡等复杂动态响应的对象} \end{cases}$$

4）计算控制系统 d_i，仿真检验系统的动态响应，若不稳定或过程过于缓慢，则调整 P，直到满意为止。

5）以上述结果检验控制量的变化幅度，若偏大，则可略加大 λ 的值。

6）当模型失配时，可调整反馈滤波器参数，直到获得所期望的稳定性和鲁棒性为止。

（六）采样周期 T_0 与模型长度 N 的选择

采样周期 T_0 的选择，原则上应使采样频率满足香农定理的要求，即采样频率应大于 2 倍截止频率。如果采样周期太长，将会丢失一些有用的高频信息，无法重构出连续时间信号，且使模型不准，控制质量下降。采样周期也不能太短，否则计算机计算不过来，且有可能出现离散非最小相位零点，影响闭环系统的稳定。因此，采样周期的选择应在控制效果与稳定性之间综合平衡考虑。

在大多数情况下，采样周期的选择是不严格的，因为太小或太大之间的范围是很宽的。比较好的经验规则是选取

$$\frac{T_{95}}{T_0} = 5 \sim 15 \tag{9-61}$$

式中，T_{95} 为过渡过程上升到95%的调节时间。

Astrom 建议用

$$\frac{T_r}{T_0} = N_r \tag{9-62}$$

式中，T_r 为过程上升时间。

对于一阶系统，T_r 等于系统的时间常数，此时 N_r 的合理选择为 2~4。对于阻尼系数为 ζ、自然振荡频率为 ω_n 的二阶系统，上升时间为

$$T_r = \frac{e^{\phi/\tan\phi}}{\omega_n}$$

式中，$\zeta = \cos\phi$。若 $\zeta = 0.7$，则 $\omega_n T_0 \approx 0.5$~1（ω_n 单位为 rad/s）。

此时，采样周期的合理选择是

$$\frac{T_r}{T_0} = N_r = 2 \sim 4 \tag{9-63}$$

上面给出的采样周期 T_0 的选择规则是针对一般最小化参数模型的，自然也可作为选择预测控制系统采样周期时参考。但对于非参数模型，采样周期的选择还与模型长度 N 有关，为了使模型参数 g_i（$i = 1, 2, \cdots, N$）尽可能完整地包含对象的动态信息，通常要求脉冲响应（或阶跃响应）到 NT_0，此时已接近稳态值，即 $g_N \to 0$。因此，采样周期 T_0 的减少将会使模型维数 N 增加，导致计算量因 N 的增大而增大，计算机算不过来，使系统的实时性降低。因而应适当地选取采样周期，使模型的维数 N 控制在 20~50 的范围内。如果达不到上述要求，建议从实时性的要求出发，采用最小化的参数模型来设计预测控制系统。

四、预测控制仿真计算工具

MATLAB 是 Matrix 和 Laboratory 两个词的组合，意为矩阵实验室，是由美国 MathWorks 公司出品的商业数学软件。该软件将数值分析、矩阵计算、科学数据可视化以及非线性动态系统的建模和仿真等诸多强大功能集成在一个易于使用的视窗环境中。目前，在工程计算、控制设计、信号处理与通信、图像处理、信号检测、金融建模设计与分析等领域获得了非常广泛的应用。MATLAB 的基本数据单位是矩阵，它的指令表达式与数学、工程中常用的形式十分相似，因此，解算问题要比用 C、FORTRAN 等语言简捷得多。

MATLAB 也提供了一个"模型预测控制工具箱（Model Predictive Control Toolbox）"，可为模型预测控制的研究和应用提供很大的助力。本节将对这个工具箱的使用进行简单的介绍。

（一）MPC 工具箱中阶跃响应参数矩阵的形式与构建

对于有 n_v 个输入和 n_y 个输出的多输入多输出系统，可得到一系列的阶跃响应参数矩阵

$$S_i = \begin{pmatrix} s_{1,1,i} & s_{1,2,i} & \cdots & s_{1,n_v,i} \\ s_{2,1,i} & & & \\ \vdots & & & \\ s_{n_y,1,i} & s_{n_y,2,i} & \cdots & s_{n_y,n_v,i} \end{pmatrix} \tag{9-64}$$

式中，$s_{l,m,i}$ 表示第 m 个输入对第 l 个输出的第 i 步阶跃响应参数。

MPC 工具箱按照下面的形式存储阶跃响应参数矩阵。

$$\text{plant} = \begin{pmatrix} & \mathbf{S}_1 & & \\ & \mathbf{S}_2 & & \\ & \vdots & & \\ & \mathbf{S}_n & & \\ \text{nout}(1) & 0 & \cdots & 0 \\ \text{nout}(2) & 0 & \cdots & 0 \\ \vdots & \vdots & & \vdots \\ \text{nout}(n_y) & 0 & \cdots & 0 \\ n_y & 0 & \cdots & 0 \\ \text{delt2} & 0 & \cdots & 0 \end{pmatrix}_{(n \cdot n_y + n_y + 2) \times n_v} \quad (9\text{-}65)$$

式中，delt2 为采样周期；nout（i）表示输出是稳定过程（nout（i）=1）还是积分过程（nout（i）=0）。

阶跃响应模型除按图 9-13 直接测量阶跃响应数据构建外，还可以从实验数据辨识得到，也可以由传递函数或状态空间模型得到，MPC 工具箱也提供了这方面的函数，可构建如式（9-65）形式的阶跃响应参数矩阵。

MPC 工具箱提供了函数 tfd2step 完成由传递函数转变为阶跃响应参数矩阵的功能。

$$\text{plant} = \text{tfd2step}(\text{tfinal}, \text{delt2}, \text{nout}, g1, \cdots, g25)$$

式中，tfinal 为阶跃响应的截断时间；delt2 为阶跃响应的采样周期；g1，…，g25 为传递函数；tfd2step 最多可处理 25 传递函数的多输入多输出系统。

对于传递函数，MPC 工具箱也采用标准的矩阵形式，如式（9-66）所示。

$$g = \begin{pmatrix} b_0 & b_1 & b_2 & \cdots \\ a_0 & a_1 & a_2 & \cdots \\ \text{delt} & \text{delay} & & \cdots \end{pmatrix} \quad (9\text{-}66)$$

式中，delt 为采样周期；delay 为纯时延；b_0，b_1，…为传递函数分子的系数；a_0，a_1，…为传递函数分母的系数。

另外，MPC 工具箱还提供函数 ss2step，可实现由状态空间模型转变为阶跃响应模型。还可以使用 MPC 工具箱中的函数，针对实际测量数据，对多输入单输出系统进行辨识。感兴趣的读者可查阅 MATLAB 模型预测控制工具箱的手册。

（二）模型预测控制的仿真

MPC 工具箱还提供函数 mpccon 计算 MPC 控制器增益（类似公式（9-57）中的 d_1^T），函数原型为

$$\text{Kmpc} = \text{mpccon}(\text{model}, \text{ywt}, \text{uwt}, M, P)$$

其中，model 为式（9-65）所示形式的阶跃响应参数矩阵；ywt 为输出误差加权系数，与误差加权矩阵 **Q** 对应；uwt 为控制量的加权系数，与控制加权矩阵 **λ** 对应。M 为控制时域长度；P 为预测时域长度。

模型预测控制仿真使用函数 mpcsim 计算。函数原型为

$$[y, u, ym] = \text{mpcsim}(\text{plant}, \text{model}, \text{Kmpc}, \text{tend}, r, \text{usat}, \text{tfilter}, \text{dplant}, \text{dmodel}, \text{dstep})$$

其中，plant 和 model 分别是对象的阶跃响应参数矩阵和对应模型的阶跃响应参数矩阵；

tend 为仿真的时间长度；

r 为设定值或者随时间变化的参考轨迹；

后面的参数为可选输入参数：

usat 为控制量约束矩阵；它是一个常数或是一个随时间变化控制量的下限、上限和变化率限；

tfilter 为噪声滤波器和未测量干扰滞后的时间常数；

dplant 是干扰与对象输出之间对应的阶跃响应参数矩阵；

dmodel 是干扰与对应模型输出之间对应的阶跃响应参数矩阵；

dstep 为对象的扰动，可以是一个常数或者随时间变化的轨迹；

函数的输出包括：y 为系统的输出；u 为控制量；ym 为模型输出。

图 9-15 为 mpcsim 的控制结构图，其中 ym、model 隐含在了图中的控制器里。

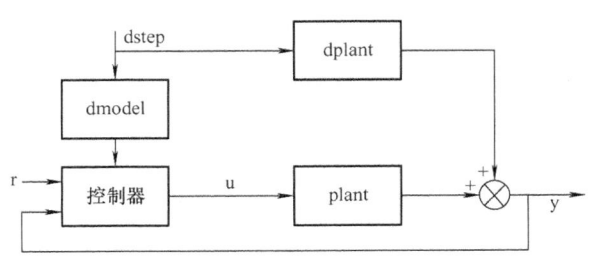

图 9-15　mpcsim 的控制结构图

第五节　其他先进控制策略简介

随着工业应用领域的扩大，控制精度和性能要求的提高，必须考虑控制对象参数乃至结构的变化、非线性的影响、运行环境的改变以及环境干扰等不确定的因素，才能得到满意的控制效果。在实际应用需求的激励，和计算机的高速、小型、大容量、低成本所提供的良好物质条件下，一系列新型的先进控制策略应运而生，并迅速在实际中得到应用、改进和发展。本节选几个有代表性的先进控制策略进行介绍。

一、自适应控制

自适应控制是针对对象特性的变化、漂移和环境干扰对系统的影响而提出来的。它的基本思想是通过在线辨识使这种影响逐渐降低以至消除。

自适应控制策略可以归纳成模型参考自适应控制和自校正控制两类。这两类自适应控制策略都是在控制器和控制对象组成的闭环回路外，再建立一个附加调节回路，用于调整控制器参数。

（一）模型参考自适应控制

模型参考自适应控制如图 9-16 所示。其设计目标是：使系统在运行过程中，力求保持被控过程的响应特性与参考模型的动态性能的一致性，而参考模型始终具有所期望的闭环性能。

模型参考自适应控制的主要技术问题是实现性能比较和自适应控制器的设计，其实际运行过程可分为 3 个阶段：

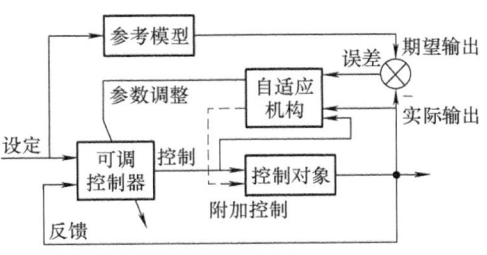

图 9-16　模型参考自适应控制框图

1) 比较参考模型的期望输出与控制对象的实际输出，产生误差。
2) 按自适应规律计算控制器参数。
3) 调整可调控制器。

（二）自校正控制

自校正控制又称为自优化控制或模型辨识自适应控制，自校正控制的附加调节回路由辨识器和控制器设计组成，如图9-17所示。

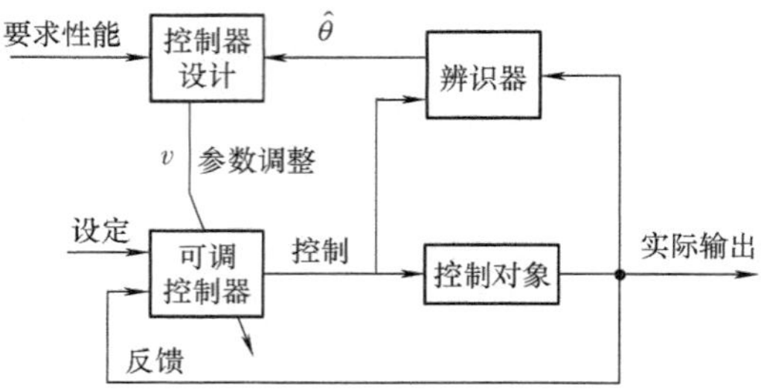

实际运行过程可分为3个阶段：
1) 辨识器根据对象的输入和输出信号在线估计对象的参数。
2) 以对象参数的估计值 $\hat{\theta}$ 作为对象参数的真值 θ，送入控制器设计机构，按设计好的控制规律进行计算。

图 9-17 自校正控制框图

3) 计算结果 v 送入可调控制器，形成新的控制输出，以补偿对象特性的变化。

自适应控制是一种逐渐修正、渐近趋向期望性能的过程，适用于模型和干扰变化缓慢的情况。对于模型参数变化快、环境干扰强的工业场合，以及比较复杂的生产过程，应用仍存在困难。

二、模糊控制

模糊控制是用语言归纳操作人员的控制策略，运用语言变量和模糊集合理论形成控制算法的一种控制。1974年Mamdani首次用模糊逻辑和模糊推理实现了第一台试验性的蒸汽机控制，开启了模糊控制在工业中的应用。

模糊控制不需要建立控制对象精确的数学模型，只要求把现场操作人员的经验和数据总结成较完善的语言控制规则，因此它能绕过对象的不确定性、不精确性、噪声以及非线性、时变性、时滞等影响。系统的鲁棒性强，尤其适用于非线性、时变、滞后系统的控制。模糊控制的基本结构如图9-18所示。

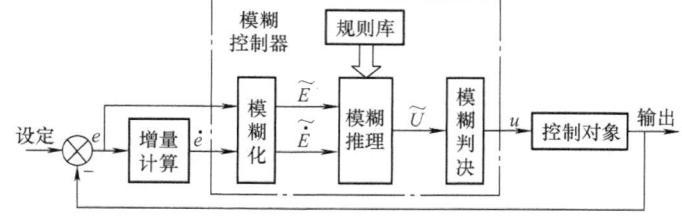

图 9-18 模糊控制框图

在最简单的模糊控制器中，需要完成的主要功能如下：
1) 把精确量（一般是系统的误差及误差变化率）转化成模糊量。
2) 按总结的语言规则（在图中的规则库中）进行模糊推理。
3) 把推理的结果从模糊量转化成可以用于实际控制的精确量。

模糊控制由于理论研究较成熟、实现较简单、适应面广而获得了广泛的应用。从复杂的水泥回转窑，到单回路的温度控制，以及洗衣机等很普及的家用电器都有所应用。现在，许多公司和生产厂家都能生产定型的模糊控制器，提供各种型号和功能的模糊控制芯片，从而大大地促进了模糊控制技术的广泛应用。但是，模糊控制要想获得较好的效果，必须具备完善的控制规则。对于某些复杂的工业过程，有时难以总结出较完整的经验，并且当对象动态特性发生变化或者受到随机干扰时都会影响模糊控制的效果。

三、专家控制

专家控制的思想是瑞典学者 K. J. Astrom 提出的，并获得了许多成功应用。但它在理论上还不完善，并未形成有普遍意义的理论体系和设计方法。

专家控制的基本思想可以作一个形象的比喻：专家控制是试图在控制闭环中加入一个有经验的控制工程师，系统能为他提供一个"控制工具箱"，即可对控制、辨识、测量、监视等各种方法和算法自由选择，调用自如。因此，专家控制可以看成是对一个"控制专家"在解决控制问题或进行控制操作时的思路、方法、经验、策略的模拟。控制专家在完成控制任务时主要进行三件工作：观察、检测系统中的有关变量和状态；运用自己的知识和经验判断当前系统运行的情况并分析比较各种可以采用的控制策略；选择控制策略予以执行。这三个基本功能体现在图 9-19 所示专家控制器的三个基本模块中，并用计算机予以实现，就构成了最基本的专家控制器。

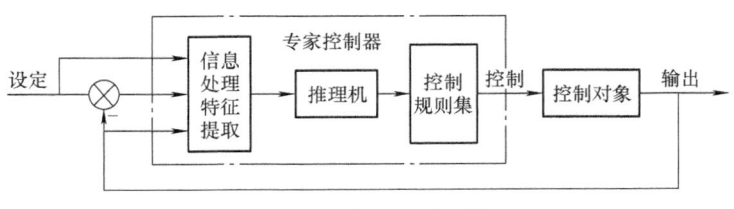

图 9-19　专家控制框图

四、神经网络控制

神经网络是由大量的、简单的处理单元（称为神经元）广泛地互相连接而形成的复杂网络系统，反映了人脑功能的许多基本特征，是一个高度复杂的非线性动力学习系统。神经网络与控制相结合，为解决复杂的非线性、不确定、不确知系统的控制问题开辟了新途径。

神经网络在自动控制系统中的应用方式是多种多样的，基本上可分为单神经元的应用和神经网络的应用。下面以结构简单、易于实现实时控制的单个神经元控制为例进行说明，如图 9-20 所示。

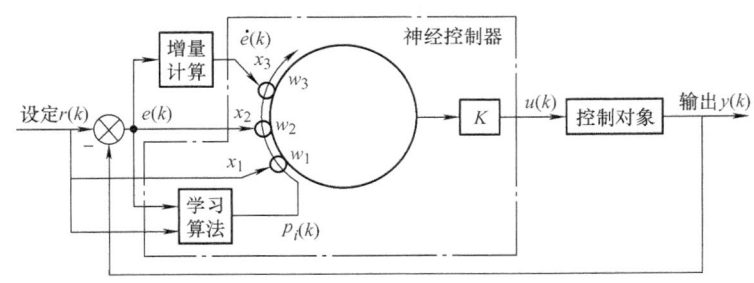

图 9-20　单神经元控制框图

神经控制器有多个输入 $x_i(k)$，$i=1,\cdots,n$ 和一个输出 $u(k)$。每个输入有相应的权值 $w_i(k)$，$i=1,\cdots,n$。输出为输入的加权求和：

$$u(k+1) = K\sum_{i=1}^{n} w_i(k)x_i(k) \tag{9-67}$$

K 为比例系数（$K>0$）。神经网络的学习过程就是调整权值 $w_i(k)$ 的过程，其值通过学习算法来决定。学习算法可以是各式各样的，例如，可以和神经元的输出以及控制对象的状态输出、环境变量等产生联系，以实现在线自学习。图 9-20 中取学习算法与误差有关，反映了神经元的自学习；其与设定值也有关，反映了神经元在外界信号作用下的监督学习。

第六节　控制策略的工程实现

计算机中的各种控制策略都是由软件来实现，它们被编制成程序模块，可被所有的控制回路公用。只是由于各控制回路提供的原始数据不同，所以必须给每个控制回路提供一段内存数据区（亦称线性表），以便存放各自的参数。既然控制策略是公用模块，为方便用户，在设计控制策略模块时就应考虑各种工程的实际问题，应包含多种功能，尤其是设计通用控制模块。

一般来说，控制策略的工程实现可分为六个部分：给定值处理、被控量处理、偏差处理、控制算法的计算、控制量处理以及自动手动切换，如图 9-21 所示。图中，PV 表示被控量，SV 表示给定值，MV 表示控制量。

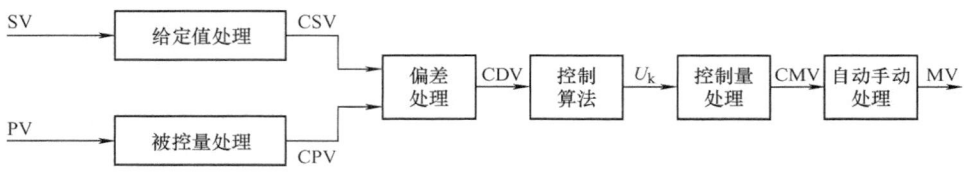

图 9-21　控制策略的工程实现

一、给定值处理

给定值处理包括选择给定值 SV 和给定值变化率限制 SR 两部分，如图 9-22 所示。图中的 CL/CR 为选择内给定状态或外给定状态的软开关；CAS/SCC 软开关用于选择串级控制或监督计算机控制（Supervisory Computer Control，SCC）的给定值。

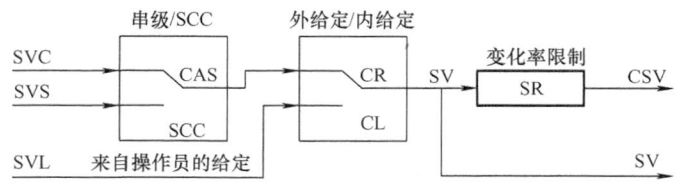

图 9-22　给定值处理

给定值处理部分共有 3 个输入量（SVL、SVC、SVS），2 个输出量（SV、CSV），2 个开关量（CL/CR、CAS/SCC），1 个变化率（SR）。为了让控制算法程序调用这些量，需要给每个回路的控制模块提供一段内存数据区，用于存放以上变量。

（一）选择给定值

1. 内给定状态

当软开关 CL/CR 切向 CL 位置时，为内给定状态。这时选择操作员可设置的给定值 SVL，系统处于单回路控制的内给定状态。可以利用操作员键盘或屏幕操作画面上的给定值按键改变给定值。

2. 外给定状态

当软开关 CL/CR 切向 CR 位置时，给定值来自上位机、主回路或运算模块，系统处于外给定状态。可以实现以下两种控制方式。

1）SCC 控制：当软开关 CAS/SCC 切向 SCC 位置时，控制器接收上位机给出的给定值 SVS，以实现 SCC 二级控制。

2）串级控制：当软开关 CAS/SCC 切向 CAS 位置时，控制器的给定值 SVC 由主回路的调节模块给出。

（二）给定值变化率的限制

给定值的突变会对控制系统产生大的扰动。为实现平稳控制，需对给定值的变化率 SR 加以限制。SR 的选取应适当，太小会使响应变慢，过大则达不到限制的目的。

二、被控量处理

对于被控量的处理主要是出于对安全考虑的上下限报警。其原理如图 9-23 所示。设上限值为 PH，上限报警状态为 PHA；下限值为 PL，下限报警状态为 PLA，被控量为 PV，则

当 PV > PH 时，PHA 为 "1"；

当 PV < PL 时，PLA 为 "1"。

当出现上下限报警状态时，该模块可通过驱动电路发出声或光报警信号以提醒操作员注意。为了不使报警状态频繁改变，可设置一定的报警死区（HY）。为实现平衡控制，有时还需对参与控制的被控量的变化率 PR 加以限制，其大小的选取应适中。

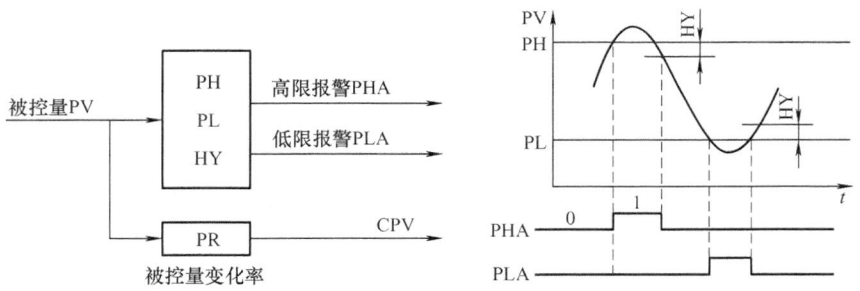

图 9-23　被控量处理示意

被控量处理的数据区共需存放 1 个输入量（PV）、3 个输出量（PHA、PLA 和 CPV）、4 个参数（PH、PL、HY 和 PR）。

三、偏差处理

偏差处理包括四个部分：计算偏差、偏差报警、非线性补偿和输入补偿，如图 9-24 所示。

偏差处理数据区共存放 1 个输入补偿量（ICV）、2 个输出量（DLA 和 CDV）、2 个状态量（D/R 和 ICM），以及 4 个参数（DL、$-A$、$+A$ 和 K）。

（一）计算偏差

根据正/反作用方式（D/R）计算偏差 DV，即

当 D/R = 0，代表正作用，偏差 $DV_+ = CPV - CSV$；

当 D/R = 1，代表反作用，偏差 $DV_- = CSV - CPV$。

（二）偏差报警

对于控制要求较高的对象，为保证生产过程平稳，除了设置被控量 PV 的上下限报警以外，还要设置偏差报警，当偏差的绝对值大于某个极限值 DL 时，则给出报警信息。即一旦 |DV| > DL，则偏差报警状态 DLA 为"1"。

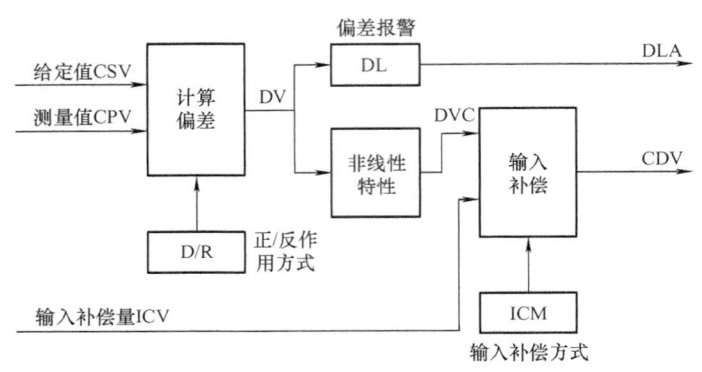

图 9-24　偏差处理部分示意

（三）非线性补偿

非线性特性可设置非线性增益 K，非线性区 $-A \sim +A$，如图 9-25 所示，其目的是实现非线性控制或带死区的控制。

当 $K = 0$ 时，为带死区的控制；

当 $0 < K < 1$ 时，为非线性控制；

当 $K = 1$ 时，为正常的控制。

如果 DV 在非线性区域外，则恢复正常的控制。

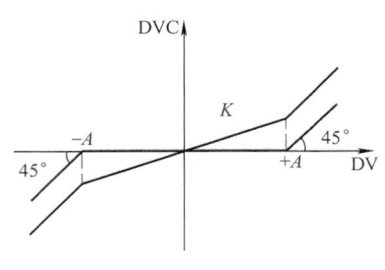

图 9-25　非线性特性

（四）输入补偿

输入补偿的方式 ICM 决定了偏差 DVC 与输入补偿量 ICV 之间的关系。

当 ICM = 0 时，表示不考虑输入补偿，即 CDV = DVC；

当 ICM = 1 时，表示加补偿，此时 CDV = DVC + ICV；

当 ICM = 2 时，表示减补偿，此时 CDV = DVC – ICV；

当 ICM = 3 时，表示置换补偿，此时 CDV = ICV。

利用加、减补偿，可以分别实现前馈控制与史密斯纯滞后补偿控制。

四、控制策略的实现

控制策略的实现指的是在自动状态下，由前面得到的偏差，再根据各种控制算法计算出控制量，进而进行上、下限限幅，最终确定控制输出量 U_k 的过程。以 PID 控制算法为例，当图 9-26 中的软开关 DV/PV 切向 DV 位置时，选用偏差微分方式；当切向 PV 位置时，则选用测量值（被控量）微分方式。

在 PID 计算数据区，不仅需要存放 PID 参数 K_c、T_i、T_d 等，而且还需

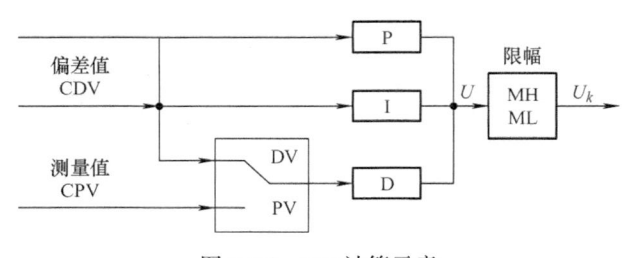

图 9-26　PID 计算示意

要存放微分方式 DV/PV、控制量上限限值 MH 和下限限值 ML，控制输出量 U_k，为了实现递推运算，还应保存 PID 计算所必需的历史数据，如 $e(k-1)$、$e(k-2)$ 和 $u(k-1)$ 等。

五、控制量处理

在实际输出控制策略计算得到控制量 U_k 之前，一般还要经过如图 9-27 所示的控制量处理，以扩展控制功能，实现安全平稳操作。

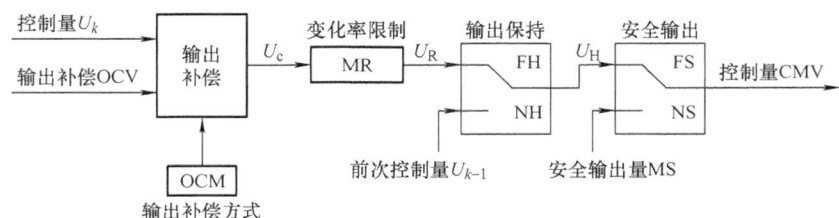

图 9-27 控制量处理部分

控制量处理数据区需要存放输出补偿量 OCV 和补偿方式 OCM、变化率限制值 MR、软开关 FH/NH 和 FS/NS、安全输出量 MS，以及控制量 CMV。

（一）输出补偿

由输出补偿方式 OCM 的状态，决定控制量 U_k 与输出补偿量 OCV 之间的关系：

当 OCM = 0 时，表示无输出补偿，此时 $U_c = U_k$；

当 OCM = 1 时，表示加补偿，此时 $U_c = U_k +$ OCV；

当 OCM = 2 时，表示减补偿，此时 $U_c = U_k -$ OCV；

当 OCM = 3 时，表示置换补偿，此时 $U_c =$ OCV。

利用输入补偿和输出补偿，可以灵活地组成复杂的数字控制算法，进而组建复杂的自动控制系统，扩大控制策略的实际应用范围。

（二）变化率限制

MR 的设置是为了限制控制量变化率，使生产过程平稳操作。MR 应选取适中，过小会使操作减缓，过大则达不到限制的目的。

（三）输出保持

当软开关 FH/NH 切向 NH 位置时，k 时刻的控制量 $u(k)$ 等于前一采样时刻的控制量 $u(k-1)$，也即输出控制量保持不变。当软开关 FH/NH 切向 FH 位置时，即为正常输出方式。软开关 FH/NH 的状态一般取决于系统的安全报警开关的状态。

（四）安全输出

当软开关 FS/NS 切向 NS 位置时，k 时刻的控制量等于预置的安全输出量 MS。当软开关 FS/NS 切向 FS 位置时，又恢复正常的输出方式。软开关 FS/NS 状态一般也取决于系统的安全报警开关的状态。

六、自动/手动切换

在控制系统正常运行时，系统处于自动状态；而在调试阶段或出现故障时，系统处于手动状态。因此，一定要有自动/手动切换处理部分，如图 9-28 所示。

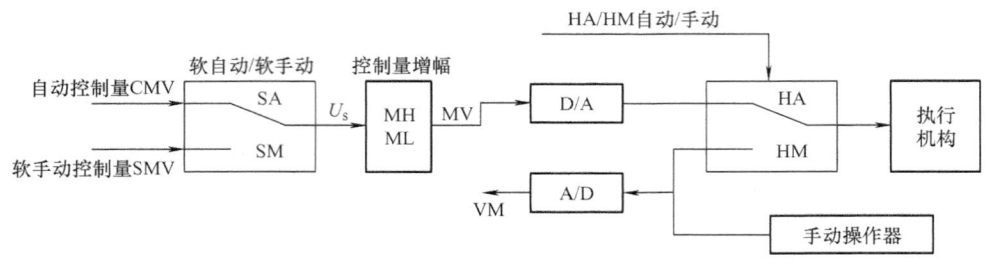

图 9-28 自动/手动切换处理示意

自动/手动切换数据区需要存放软手动控制量（SMV）、软开关 SA/SM 状态、控制量上限限值（MH）和下限限值（ML）、控制量 MV、切换开关 HA/HM 状态，以及手动操作输出 VM。

（一）软自动/软手动

当软开关 SA/SM 切向 SA 位置时，系统处于正常的自动状态，称为软自动（SA）；反之，切向 SM 位置时，控制量直接由操作键盘或上位计算机给出，系统处于计算机手动状态，称之为软手动（SM）。系统调试阶段一般采用软手动（SM）方式。

（二）控制量限幅

为保证执行机构工作在有效范围内，需要对控制量 U_s 进行上、下限限幅，使 MH ≤ MV ≤ ML，再经 D/A 转换器输出 DC0~10mA 或 DC4~20mA。

（三）自动/手动

一般的计算机控制系统可采用手动操作器作为计算机的后备操作。当切换开关处于 HA 位置时，控制量 MV 通过 D/A 输出，系统处于正常的计算机控制方式，称为自动状态（HA 状态）；反之，若切向 HM 位置，则计算机不再承担控制任务，而由操作人员通过手动操作器输出信号，对执行机构进行遥控操作，称之为手动状态（HM 状态）。

（四）无平衡无扰动切换

无扰动切换指的是在进行手动到自动或自动到手动的切换之前，不需要由人工进行手动输出控制信号与自动输出控制信号之间的对位平衡操作，就可以保证切换时不会对执行机构的现有位置产生扰动。为此应采取以下措施。

1. 手动到自动

为了实现手动到自动的无平衡无扰动切换，在手动（SM 或 HM）状态下，尽管并不进行控制算法的运算，但应在每个采样周期都让存放在给定值数据区的给定值（CSV）跟踪存放在被控量数据区的被控量（CPV）。同时将历史数据如 $e(k-1)$、$e(k-2)$ 等清零，并使 $u(k-1)$ 跟踪手动控制量（MV 或 VM）。这样，一旦切向自动时，由于给定值等于被控量，偏差为零，而 $u(k-1)$ 又等于切换瞬间的手动控制量，就可保证控制算法的连续性。当然，这一切都应有相应的硬件电路配合。

2. 自动到手动

当从自动（SA 或 HA）切向软手动（SM）时，只要计算机应用程序工作正常，就能自动保证无扰动切换。当从自动（SA 或 HA）切向硬手动（HM）时，通过手操器电路也能保证无扰动切换。

从输出保持状态或安全输出状态切向正常的自动工作状态时,同样需要进行无扰动切换,可采取如上所述的类似措施,此处不再赘述。

以上以 PID 控制器为例讨论了控制程序的各部分功能及相应的数据区。完整的控制模块数据区除了上述各部分外,还有被控量量程上限 RH 和量程下限 RL、工程单位代码、采样(控制)周期等。只有正确地设置了数据区后,才能实现控制系统。对于其他控制算法,其各部分的基本原理也是相似的。

思 考 题

1. 某热处理炉温度测量变送器的量程为 200~800℃,通过 4~20mA 两线制传送信号,在模拟量输入通道过程中,将电流转变为 1~5V 的电压信号,并由 10 位精度、量程范围为 0~10V 的 A/D 转换器进行采集,其转换输出为无符号数字量。在某一测量时刻,计算机采样并经数字滤波后的数字量为 132H,求此时对应的温度值是多少?

2. 数字 PID 的位置型控制算法与增量型控制算法有何区别?

3. 试编写数字 PID 的程序,并设定不同控制对象,尝试采用不同的参数整定方法对参数进行整定,并比较效果。

4. 含有理想微分的标准数字 PID 控制算式与含有实际微分的数字 PID 算式有何区别?试对两者进行阶跃响应的计算机数字仿真。

5. 请写出数字 PID 增量型算式是如何实现积分分离的。

6. 对于串级控制的副控制器,能否采用微分先行 PID 算法?

7. 请说明模型预测控制的算法实现方案,试编写 MATLAB 程序实现预测控制,并与 PID 进行控制效果的比较。

8. 动态矩阵控制与模型算法控制有何异同?

9. 图 9-15 为 mpcsim 的控制结构图,试按照模型预测控制的结构图,画出完整的包含 ym、model 的完整结构图。

10. 设对象传递函数为 $g = \dfrac{5.72e^{-14s}}{60s+1}$,扰动传递函数为 $g_d = \dfrac{1.52e^{-15s}}{25s+1}$,试利用 MPC 工具箱对模型预测控制进行仿真计算。

11. 请查阅文献,写出模型预测控制、自适应控制、专家控制、模糊控制和神经网络控制等先进过程控制的新发展。

第十章 计算机控制系统中的软件技术

与我们使用计算机类似，要真正实现计算机控制系统，必须要为计算机硬件提供或研制相应的软件。只有通过软件和硬件相互配合，才能充分发挥计算机的优势。

计算机控制系统的软件技术除涉及软件技术的所有内容外，还包括与计算机控制系统相关的技术内容，本章以这部分内容为目标，重点介绍计算机控制系统的功能模块、开发工具、设计流程以及监控组态软件。

第一节 计算机控制系统软件概述

一、计算机控制系统软件的功能模块

目前，在计算机控制系统中，控制软件除控制生产过程之外，还对生产过程实现管理，根据控制软件的功能，一个工业控制软件应包含以下几个主要模块：

（一）数据采集及处理模块

实时数据采集模块主要完成多路信号（包括模拟量、数字量和脉冲量）的采样、输入变换、存储等。数据处理程序包括：数字滤波程序用来滤除干扰造成的错误数据或不宜使用的数据；标度变换程序把采集到的数字量转换成操作人员所熟悉的工程量；数字信号采集与处理程序是对数字输入信号进行采集及码制之间的转换，如 BCID 码转换成 ASCII 码等；脉冲信号处理程序是对输入的脉冲信号进行电平高低判断和计数；数据可靠性检查程序用来检查数据是可靠输入数据还是故障数据。

（二）控制算法模块

控制算法模块是计算机控制系统中的一个核心程序模块，主要实现所选控制规律的计算，产生对应的控制量。它主要实现对系统的调节和控制，根据各种各样的控制策略和千差万别的被控对象的具体情况来写控制程序。控制程序的主要目标是满足系统的性能指标。常用的有数字式 PID 调节控制程序、模型预测控制程序等，还有运行参数设置程序，对控制系统的运行参数进行设置。运行参数有采样通道号、采样点数、采样周期、信号量程范围、放大器增益系数和工程单位等。

（三）监控报警模块

需要将采样读入或经计算机处理后的数据进行显示或打印，以便实现对某些物理量的监视。根据控制策略，判断是否超出工艺参数的范围，如果超越了限定值，就需要由计算机或操作人员采取相应的措施，实时地对执行机构发出控制信号完成控制，或输出其他有关信号，如报警信号等，以确保生产的安全。

（四）系统管理模块

首先将各个功能模块程序组织成一个程序系统，并管理和调用各个功能模块程序；其次将管理数据文件的存储和输出。系统管理模块一般以文字菜单和图形菜单的人机界面技术来组织、管理和运行系统程序。

（五）数据管理模块

这部分模块用于生产管理部分，主要包括变化趋势分析、报警记录、统计报表、打印输出、数据操作、生产调度及库存管理等程序。

（六）人机交互模块

人机交互模块分为两部分：人机对话程序，包括显示、键盘、指示等程序；画面显示程序，包括用图、表及曲线在显示器屏幕上形象地反映生产状况的远程监控程序等。

（七）数据通信模块

数据通信模块是用于完成计算机与计算机之间、计算机与智能设备之间的信息传递和交换。它的主要功能：设置数据传送的比特率；上位机向下位机（数据采集站）发送指令；向命令相应的下位机传送数据；上位机接收下位机传送来的数据等。

二、计算机控制系统软件的开发工具

简化的计算机控制系统结构可分为两层，即 I/O 控制层和操作控制层。I/O 控制层主要完成对过程现场 I/O 处理并实现控制；操作控制层则实现一些与运行操作有关的人机界面功能。与操作控制层有关的控制软件编写常采用以下三种开发工具：一是采用机器语言、汇编语言等面向机器的低级语言来编制；二是采用 C、Visual Basic、Visual C++和 Visual C#等高级语言来编制；三是采用监控组态软件来编制。

（一）面向机器的语言

机器语言是一种 CPU 指令系统，也称为 CPU 的机器语言，它是 CPU 可以识别的一组由 0 和 1 序列构成的指令码。用机器语言编制程序，就是从所使用的 CPU 指令系统中挑选合适的指令，组成一个指令序列。这种程序可以被机器直接理解并执行，速度很快，但由于它们不直观、难以记忆、难以理解、不易查错、开发周期长，现在只有专业人员在编制对执行速度有很高要求的程序时才采用。

为了降低编程者的劳动强度，人们使用一些用于帮助记忆的符号来代替机器语言中的 0、1 指令，使得编程效率和质量都有了很大的提高。由这些助记符号组成的指令系统，称为汇编语言。汇编语言指令与机器语言指令基本上是一一对应的。因为这些助记符号不能被机器直接识别，所以汇编语言程序必须被编译成机器语言程序才能被机器理解和执行。编译之前的程序被称为源程序；编译之后的程序被称为目标程序。

汇编语言与机器语言都因 CPU 的不同而不同，所以统称为"面向机器的语言"。使用这类语言，可以编出效率极高的程序，但对程序设计人员的要求也很高，他们不仅要考虑解题思路，还要熟悉机器的内部结构。

用汇编语言编写的程序代码针对性强、代码长度短、程序执行速度快、实时性强、要求的硬件也少，但编程烦琐、工作量大、调试困难、开发周期长、通用性差、不便于交流推广。

(二) 高级语言

常用高级语言有 C、Visual Basic、Visual C++ 和 Visual C# 等。使用这类编程语言，程序设计者可以不关心机器的内部结构甚至工作原理，只需要把主要精力集中在解决问题的思路和方法上。这类摆脱了硬件束缚的程序设计语言被统称为高级语言。高级语言的出现是计算机技术发展的里程碑，它大大地提高了编程效率，使人们能够开发出越来越高效、功能越来越强的程序。

随着计算机技术的进一步发展，特别是像 Windows 这样具有图形用户界面的操作系统的广泛使用，促使人们又形成了一种面向对象的程序设计思想。这种思想把整个现实世界或它的其中一部分看成是由不同种类对象组成的有机整体。同一类型的对象既有共同点，又有各自不同的特性。各种类型的对象之间通过发送消息进行联系，消息能够激发对象做出相应的反应，从而构成了一个运动的整体。采用了面向对象思想的程序设计语言就是面向对象的程序设计语言，当前使用较多的面向对象的语言有 Visual C++、Visual C# 和 Java 等。

(三) 组态软件

组态软件是一种针对控制系统而设计的面向问题的开发软件，它为用户提供了众多的功能模块，例如控制算法模块（如 PID）、运算模块（如四则运算、开方、最大/最小值选择、一阶惯性、超前滞后、工程量变换、上下限报警等）、计数/计时模块、逻辑运算模块、输入模块、输出模块、打印模块和显示模块等。系统设计者只需根据控制要求，选择所需的模块就能方便地生成系统控制软件。

监控组态软件是标准化、规模化、商品化的通用开发软件，只需进行标准功能模块的软件组态和简单的编程，就可设计出专业化、通用性强、可靠性高的上位机人机界面监控程序（HMI 系统）。且其工作量较小、开发调试周期较短、对程序设计员要求也低一些。因此，监控组态软件是性能优良的软件产品，将成为开发上位机监控程序的主流开发工具。

工业控制软件包是由专业公司开发的现成控制软件产品，它具有标准化、模块组合化、组态生成化通用性强、实时性和可靠性高等特点。利用工业控制软件包和用户组态软件，设计者可根据控制系统的需求来组态生成各种实际的应用软件。这种开发方式极大地方便了设计者，他们不必过多地了解和掌握如何编制程序的技术细节，只需要掌握工业控制软件包和组态软件的操作规程和步骤，就能开发、设计出符合需要的控制系统应用软件，从而大大缩短了研制时间，也提高了软件的可靠性。

在软件技术飞速发展的今天，各种软件开发工具琳琅满目，每种开发语言都有其各自的长处和短处。在设计控制系统的应用程序时，究竟选择哪种开发工具，还是几种软件混合使用，需根据对象的特点、控制任务的要求以及所具备的条件而定。

三、计算机控制系统软件的设计流程

一个完整的计算机控制系统软件设计流程可以用图 10-1 来说明。

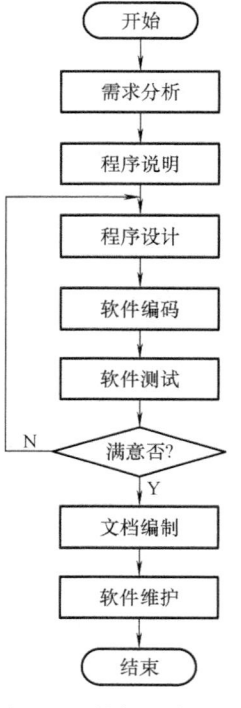

图 10-1 软件设计流程

(一) 需求分析

需求分析是分析用户的要求，主要是确定待开发软件的功能、性能、数据和界面等要求。系统的功能要求，即列出应用软件必须完成的所有功能。系统的性能要求包括：响应时间、处理时间、振荡次数、超调量等；数据要求：如采集量、导出量、输出量、显示量等，确定数据类型、数据结构和数据之间的关系等；系统界面要求：描述系统的外部特性；系统的运行要求：对硬件、支撑软件、数据通信接口等；安全性、保密性和可靠性方面的要求；异常处理要求：在运行过程中出现异常情况时应采取的行动及需显示的信息。

(二) 程序说明

根据需求分析，编写程序说明文档，作为软件设计的依据，其中一个重要的工作是绘制流程图。

把控制系统整个软件分解为若干部分，它们各自代表了不同的分立操作，把这些不同的分立操作用方框表示，并按一定顺序用连线连接起来，表示它们的操作顺序，这种互相联系的示意图称为功能流程图。

功能流程图中的模块，只表示所要完成的功能或操作，并不表示具体的程序。在实际工作中，设计者总是先画出一张非常简单的功能流程图，然后随着对系统各细节认识的加深，逐步对功能流程图进行补充和修改，使其逐渐趋于完善，最终将其转换为程序流程图。

(三) 程序设计

程序设计可分为概要设计和详细设计。概要设计的任务是确定软件的结构，进行模块划分，确定每个模块的功能和模块间的接口，以及全局数据结构的设计。详细设计的任务是对每个模块实现细节和局部数据结构的设计。所有设计中的考虑都应以设计说明书的形式加以描述，以供后续工作使用。

(四) 软件编码或组态

软件编码是用某种语言编写程序，可用汇编语言或各种高级语言；究竟采用何种语言由程序长度、控制系统的实时性要求及所具备的工具而定。在编码过程中还必须进行优化工作，即仔细推敲，合理安排，利用各种程序设计技巧使编出的程序所占内存空间较小，且执行时间短。当然，写出的程序应当是结构良好、清晰易读，且与设计相一致。

组态软件是实现计算控制系统的专用软件，用户开发界面友好便捷，可非常容易地实现和完成控制软件的各项功能，并能同时支持各种硬件厂家的计算机和I/O设备。

(五) 软件测试

测试是保证软件质量的重要手段，是计算机控制系统软件设计中很关键的一步，其目的是为了在软件引入控制系统之前，找出并改正其逻辑错误或与硬件有关的程序错误。可利用各种测试方法检查程序的正确性，发现软件中的错误，修改程序编码，改进程序设计，直至程序运行达到预定要求为止。

(六) 文档编制

文档编制也是软件设计的重要内容。它不仅有助于设计者进行查错和测试，而且对程序的使用和扩充也是必不可少的。如果文档编得不好，就不能说明问题，程序就难以维护、使用和扩充。一个完整的应用软件文档，一般应包括流程图、程序的功能说明、所有参量的定义清单、存储器的分配图、完整的程序清单和注释、测试计划和测试结果说明。

实际上，文档编制工作贯穿着软件研制的全过程。各个阶段都应注意收集和整理有关的资料，最后的编制工作只是把各个阶段的文件连贯起来，并加以完善而已。

（七）软件维护

软件的维护是指软件的修复、改进和扩充。当软件投入现场运行后，一方面，可能会发生各种现场问题，因而，必须利用特殊的诊断方式和其他的维护手段，像维护硬件那样修复各种故障；另一方面，用户往往会由于环境或技术业务的变化，提出比原计划更多的要求，因此，需要对原来的应用软件进行修改或扩充，以适应情况变化的需要。

因此，一个好的应用软件，不仅要能够执行规定的任务，而且在开始设计时，就应该考虑到维护和再设计的方便性，使它具有足够的灵活性、可扩充性和可移植性。

引起修改软件的原因主要有三种：一是在运行过程中发现了软件中隐藏的错误而修改软件；二是为了适应变化了的环境而修改软件；三是为修改或扩充原有软件的功能而修改软件。

第二节　监控组态软件

随着工业自动化水平的迅速提高，计算机在工业领域的广泛应用，人们对工业自动化的要求也越来越高，种类繁多的控制设备和过程监控装置应用在工业领域中，使得传统的工业控制软件已无法满足用户的各种需求。在开发传统的工业控制软件时，工业被控对象一旦有变动，就必须修改其控制系统的源程序，导致其开发周期长；已开发成功的工控软件又由于每个控制项目的不同而使其重复使用率很低，导致它的价格非常昂贵；在修改工控软件的源程序时，倘若原来的编程人员因工作变动而离去时，则必须由其他人员进行源程序的修改，因而难度很大。

监控组态软件的出现为解决上述实际工程问题提供了一种崭新的方法，因为它能够很好地解决传统工业控制软件中存在的种种问题，使用户能根据自己的控制对象和控制目的任意组态，完成最终的自动化控制工程。

一、组态软件的含义

在使用工控软件时，人们经常提到组态一词。与硬件生产相对照，组态与组装类似。如要组装一台计算机，事先提供了各种型号的主板、机箱、电源、CPU、显示器、硬盘及光驱等，我们的工作就是用这些部件拼凑成自己需要的计算机。当然软件中的组态要比硬件的组装有更大的发挥空间，因为它一般要比硬件中的"部件"更多，而且每个"部件"都很灵活，因为软件都有内部属性，通过改变属性可以改变其规格（如大小、形状、颜色等）。

组态（Configuration）有设置、配置等含义，就是模块的任意组合。在软件领域内，是指开发人员根据应用对象及控制任务的要求，配置用户应用软件的过程（包括对象的定义、制作和编辑、对象状态特征属性参数的设定等），即使用软件工具对计算机及软件的各种资源进行配置，达到让计算机或软件按照预设置自动执行特定任务，以满足使用者要求的目的，也就是为什么把组态软件视为"应用程序生成器"。

组态软件更确切的称呼应该是人机界面（Human Machine Interface，HMI）/监控与数据采集（Supervisory Control And Data Acquisition，SCADA）软件。最早出现组态软件时，实现HMI 和控制功能是其主要内涵，即主要解决人机图形界面和计算机数字控制问题。

组态软件是指一些用于数据采集与过程控制的专用软件，它们是自动控制系统控制层的软件平台和开发环境，使用灵活的组态方式（而不是编程方式）为用户提供良好的开发界面和简捷的使用方法，它解决了控制系统通用性问题。其预设置的各种软件模块可以非常容易地实现和完成控制层的各项功能，并能同时支持各种硬件厂家的计算机和 I/O 产品。它与工控计算机和网络系统结合，可向控制层和管理层提供软、硬件的全部接口，进行系统集成。组态软件应该支持各种工控设备和常见的通信协议，并且通常应提供分布式数据管理和网络功能。

在工业控制中，组态一般是指通过对软件采用非编程的操作方式（主要有参数填写、图形连接和文件生成等）使得软件乃至整个系统具有某种指定的功能。由于用户对计算机控制系统的要求千差万别（包括流程画面、系统结构、报表格式、报警要求等），而开发商又不可能专门为每个用户去进行开发，所以只能是事先开发好一套具有一定通用性的软件开发平台，生产（或者选择）若干种规格的硬件模块（如 I/O 模块、通信模块、现场控制模块等），然后再根据用户的要求在软件开发平台上进行二次开发，以及进行硬件模块的连接。这种软件的二次开发工作就称为组态，相应的软件开发平台就称为监控组态软件，简称组态软件。组态一词既可以用作名词也可以用作动词。计算机控制系统在完成组态之前只是一些硬件和软件的集合，只有通过组态，才能使其成为一个具体的满足生产过程需要的应用系统。

二、组态软件的地位

在实时工业控制应用系统中，为了实现特定的应用目标，需要进行应用程序的设计和开发。在过去，由于技术发展水平的限制，没有相应的软件可供利用。应用程序一般都需要应用单位自行开发或委托专业单位开发，这就影响了整个工程的进度，系统的可靠性和其他性能指标也难以得到保证。

为了解决这个问题，不少厂商在开发系统的同时，也致力于控制软件产品的开发。由于工业控制系统的复杂性，对软件产品就提出了很高的要求。要想成功开发一个较好的通用的控制系统软件产品，需要投入大量的人力物力，并需经实际系统检验，代价是很昂贵的，特别是功能较全、应用领域较广的软件系统，投入的费用更是惊人。

在组态软件出现之前，工控领域的用户通过手工或委托第三方编写 HMI 应用，开发时间长、效率低、可靠性差；或者购买专用的工控系统，但其通常是封闭的系统，选择余地小，往往不能满足需求，很难与外界进行数据交互，升级和增加功能都受到严重的限制。组态软件的出现把用户从这些困境中解脱出来。用户可以利用组态软件的功能，构建一套最适合自己的应用系统。

采用组态技术构成的计算机控制系统在硬件设计上，除采用工业 PC 外，系统大量采用各种技术成熟的通用 I/O 接口设备和现场设备，基本不再需要单独进行具体电路设计。这不仅节约了硬件开发时间，更提高了工控系统的可靠性。

组态软件实际上是一个专为工控开发的工具软件。一方面，从用户的角度来看，它为用户提供了多种通用工具模块，用户不需要掌握太多的编程语言技术（甚至不需要编程技术），就能很好地完成一个复杂工程所要求的所有功能。系统设计人员可以把更多的注意力集中在如何选择最优的控制方法、设计合理的控制系统结构、选择合适的控制算法等这些提高控制品质的关键问题上。另一方面,从管理的角度来看,用组态软件开发的系统具有与Windows一致的图形化操作界面,非常便于生产的组织与管理。

组态软件都是由专门的软件开发人员按照软件工程的规范来开发的,使用前又经过了比较长时间的工程运行考验,其质量是有充分保证的。因此,只要开发成本允许,采用组态软件是一种比较稳妥、快速和可靠的办法。

监控组态软件得到了广泛的重视和迅速的发展。目前,国外的产品包括:Wonderware公司的Intouch、Intellution公司的iFIX、Siemens公司的WinCC、ASPEN公司的InfoPlus等。国内的产品包括:组态王、紫金桥、MCGS、三维力控、易控等。

三、组态软件的系统构成

组态软件的结构划分有多种依据,下面按照软件的工作阶段和软件体系的成员构成讨论其体系结构。

(一) 以使用软件的工作阶段划分

从总体结构上看,组态软件一般都是由系统开发环境(或称为组态环境)与系统运行环境两大部分组成。系统开发环境和系统运行环境之间的联系纽带是实时数据库。

1. 系统开发环境

系统开发环境是自动化工程设计师为实施其控制方案,在组态软件的支持下进行应用程序的系统生成所依赖的工作环境。通过建立一系列用户数据文件,生成最终的图形目标应用系统,供系统环境运行时使用。

系统开发环境由若干个组态程序组成,如图形界面组态程序、实时数据库组态程序等。

2. 系统运行环境

在系统运行环境下,目标应用程序被装入计算机内存并投入实时运行。系统运行环境由若干个运行程序组成,如图形界面运行程序、实时数据库运行程序等。

组态软件支持在线组态技术,即在不退出系统运行环境的情况下可以直接进入组态环境并修改组态,使修改后的组态直接生效。

自动化工程设计师最先接触的一定是系统开发环境,通过一定工作量的系统组态和调试,最终将目标应用程序在系统运行环境中投入实时运行,以完成一个工程项目。

一般工程应用必须有一套开发环境,运行环境可以有多套。一套好的组态软件应该能够为用户提供快速构建自己计算机控制系统的手段。例如,对输入信号进行处理的各种模块、各种常见的控制算法模块、构造人机界面的各种图形要素、使用户能够方便地进行二次开发的平台或环境等。如果是通用的组态软件,还应当提供各类工控设备的驱动程序和常见的通信协议。

(二) 按照成员构成划分

组态软件因为其功能强大,且每个功能相对来说又具有一定的独立性,因此其组成形式是一个集成软件平台,由若干程序组件构成。

组态软件必备的功能组件包括如下6个部分:

1. 应用程序管理器

应用程序管理器是提供应用程序的搜索、备份、解压缩、建立应用等功能的专用管理工具。在自动化工程设计中,工程师应用组态软件进行工程设计时,经常会遇到下面一些烦恼：经常要进行组态数据的备份，经常需要引用以往成功项目中的部分组态成果（如画面），经常需要迅速了解计算机中保存了哪些应用项目。虽然这些工作可以用手动方式实现，但效率低下，极易出错。有了应用程序管理器的支持，这些工作将变得非常简单。

2. 图形界面开发程序

图形界面开发程序是自动化工程设计人员为实施其控制方案，在图形编辑工具的支持下进行图形系统生成工作所依赖的开发环境。通过建立一系列用户数据文件，生成最终的图形目标应用系统，供图形环境运行时使用。

3. 图形界面运行程序

在系统运行环境下，图形目标应用系统被图形界面运行程序装入计算机内并投入实时运行。

4. 实时数据库系统组态程序

有的组态软件只在图形开发环境中增加了简单的数据管理功能，因而不具备完整的实时数据库系统。目前比较先进的组态软件都有独立的实时数据库组件，以提高系统的实时性、增强处理能力。实时数据库系统组态程序是建立实时数据库的组态工具，可以定义实时数据库的结构、数据来源、数据连接、数据类型及相关的各种参数。

5. 实时数据库系统运行程序

在系统运行环境下，目标实时数据库及其应用系统被实时数据库运行程序装入计算机内存，并执行预定的各种数据计算、数据处理任务。历史数据的查询、检索和报警的管理都是在实时数据库系统运行程序中完成的。

6. I/O 驱动程序

I/O 驱动程序是组态软件中必不可少的组成部分，用于 I/O 设备通信，互相交换数据。DDE 和 OPC 客户端是两个通用的标准 I/O 驱动程序，用来支持 DDE 和 OPC 标准的 I/O 设备通信，多数组态软件的 DDE 驱动程序被整合在实时数据库系统或图形系统中，而 OPC 客户端多数单独存在。

四、组态软件的使用步骤

组态软件通过 I/O 驱动程序从现场 I/O 设备获得实时数据，对数据进行必要的加工后，一方面以图形方式直观地显示在计算机屏幕上；另一方面按照组态要求和操作人员的指令将控制数据送给 I/O 设备，对执行机构实施控制或调整控制参数。具体的工程应用必须经过完整、详细的组态设计，组态软件才能够正常工作。

下面列出组态软件的使用步骤：

1）将所有 I/O 点的参数收集齐全，并填写表格，以备在控制组态软件和控制、检测设备上组态时使用。

2）清楚地了解所使用的 I/O 设备的生产商、种类、型号，使用的通信接口类型，采用的通信协议，以便在定义 I/O 设备时做出准确选择。

3）将所有 I/O 点的 I/O 标识收集齐全，并填写表格，I/O 标识是唯一确定 I/O 点的关键字，组态软件通过向 I/O 设备发出 I/O 标识来请求对应的数据。在大多数情况下，I/O 标识是 I/O 点的地址或位号名称。

4）根据工艺过程绘制、设计画面结构和画面草图。

5）按照第1）步统计出的表格，建立实时数据库，正确组态各种变量参数。

6）根据第1）步和第3）步的统计结果，在实时数据库中建立实时数据库变量与I/O点的一一对应关系，即定义数据连接。

7）根据第4）步的画面结构和画面草图，组态每一幅静态的操作画面。

8）将操作画面中的图形对象与实时数据库变量建立动画连接关系，规定动画属性和幅度。

9）对组态内容进行分段和总体调试。

10）系统投入运行。

在一个自动控制系统中，投入运行的控制组态软件是系统的数据收集处理中心、远程监视中心和数据转发中心。处于运行状态的控制组态软件与各种控制、检测设备（如PLC、智能仪表、DCS等）共同构成快速响应的控制中心。控制方案和算法一般在设备上组态并执行，也可以在PC上组态，然后下装到设备中执行，根据设备的具体要求而定。

监控组态软件投入运行后，操作人员可以在它的支持下完成以下6项任务：

1）查看生产现场的实时数据及流程画面。

2）自动打印各种实时/历史生产报表。

3）自由浏览各个实时/历史趋势画面。

4）及时得到并处理各种过程报警和系统报警。

5）在必要时，人为干预生产过程，修改生产过程参数和状态。

6）与管理部门的计算机联网，为其提供生产实时数据。

第三节 计算机控制系统中的数据库

一、数据库系统概述

（一）数据库系统的产生与发展

计算机在企业管理以及其他许多领域里的应用，都与数据打交道，以数据处理为基础。早期（20世纪50年代），计算机的数据管理为文件管理；在20世纪60年代发展为数据库管理。数据库管理系统已从早期专用的应用程序包发展成为通用的系统软件。数据库技术是计算机科学技术中发展最快的领域之一，也是应用最广的技术之一，并且成为计算机信息系统与应用系统的核心技术和重要基础。

从20世纪60年代开始，存储技术取得了很大的发展，有了大容量的磁盘。计算机用于管理的规模更加庞大，数据量急剧增长，为了提高效率，人们着手开发和研制更加有效的数据管理模式，从而提出了数据库的概念。

20世纪60年代末，IBM公司研制了层次模型数据库管理系统（Information Management System，IMS），标志着数据管理技术进入了数据库系统阶段。美国数据库系统语言协会（Conference on Data System Language Data Base Task Group，CODASYL）发表了若干报告，确定了数据库系统的许多概念、方法和技术，推动了网状数据库系统的发展。

1970年，埃德加·弗兰克·科德（Edgar Frank Codd，1923—2003）发表题为"A Relational Model of Data for Large Shared Data Banks"（大型共享数据库的关系模型）的论文，文中首次提出了数据库的关系模型。由于关系模型简单明了、具有坚实的数学理论基础，所以一经推出就受到了学术界和产业界的高度重视并引起广泛的响应，并很快成为数据库市场的主流。20 世纪 80 年代以来，计算机厂商推出的数据库管理系统几乎都支持关系模型，数据库领域当前的研究工作大都以关系模型为基础。

20 世纪 70 年代中期以来，随着计算机技术的不断发展，出现了分布式数据库、面向对象数据库和智能型知识数据库等，通常被称为高级数据库技术，这个阶段通常被称为数据库系统的高级阶段。

1. 分布式数据库

由于计算机网络通信的迅速发展，使得分散在不同地理位置的计算机能够实现数据的通信和资源的共享，且已经建立并使用中的许多数据库也需要互联，因此产生了分布式数据库系统。分布式数据库是分布在计算机网络不同节点上的数据的集合。它有两个主要特点，一个是网络中每个节点上的数据库都具有独立处理的能力，多数数据处理就地完成，不能处理的才交于其他处理器处理；另一个是计算机之间用通信网络连接；每个节点上的应用既可访问本节点上数据库中的数据（这种应用称为局部应用），也可以通过网络访问其他节点的数据库的数据（这种应用称为全局应用）。

分布式数据库在物理上是分散的，而在逻辑上是统一的。在分布式数据库系统中，适当地增加了数据冗余，个别节点的失效不会引起系统瘫痪，且多台处理器可并行工作，从而提高了数据处理的效率。

2. 面向对象数据库

随着计算机的发展，数据库的应用领域不断扩大，逐渐从商务领域（如存款取款、财务管理、人事管理等应用领域）拓宽到计算机集成制造系统、计算机辅助设计和计算机辅助生产管理等应用领域。这些新的应用领域对数据库技术提出了新要求。

20 世纪 80 年代产生了面向对象的数据库系统（Object-Oriented Database System，OODBS）。在面向对象的数据库系统中，一切概念上存在的小至单个整数或数字串，大至由许多部件构成的系统均称为对象。任何一个对象都有数据部分和程序部分，例如，职工张三是一个对象，他 25 岁，每月工资 5000 元。这个对象的数据部分是姓名张三、年龄 25、工资 5000 元。修改或检索所使用的程序构成了对象的程序部分。

3. 智能型知识数据库

人们对数据进行分析找出其中关系并形成信息，然后对信息进行再加工，获得更有用的信息，即知识。人工智能的发展，要求计算机不仅能够管理数据，还能管理知识。管理知识可用知识库系统实现。

知识库是一门新的学科，它研究知识表示、结构、存储和获取等技术。知识库是专家系统、知识处理系统的重要组成部分。知识库系统把人工智能的知识获取技术和机器学习的理论引到数据库系统中，通过抽取隐含在数据库实体间的逻辑蕴含关系和隐含在应用中的数据操纵之间的因果联系，形式化地描述数据库中的实体联系。在知识库系统中可以把语义知识自动提供给推理机，从已有的知识推出新的知识。

另外，在特定的应用领域中，数据库并不能完美表现，于是，也产生了一些新的数据库类型，例如：在协同办公领域中使用的文档型数据库（如 NOTES），在嵌入式应用领域中使用的嵌入式数据库（如 SQLite），在工业监控领域中使用的实时数据库，等等。

（二）数据库系统的三级模式

1975 年，美国国家标准协会/标准计划和需求委员会（ANSI/SPARC）为数据库管理系统建立了三级模式结构，即外模式、概念模式和内模式，如图 10-2 所示。

1. 外模式

外模式又称关系子模式或用户模式，是数据库用户看见的局部数据的逻辑结构和特征的描述，即应用程序所需要的那部分数据库结构。外模式是应用程序与数据库系统之间的接口，是保证数据库安全性的一个有效措施。用户可使用数据定义语言（DDL）和数据操纵语言（DML）来定义数据库的结构和对数据库的操纵。对于用户而言，只需要按照所定义的外模式进行操作，而无须了解概念模式和内模式等的内部细节。一个数据库可以有多个外模式。

2. 概念模式

概念模式又称模式/关系模式或逻辑模式，是数据库整体逻辑结构的完整描述，包括概念记录模型的选定、记录长度之间的联系、所允许的操作以及数据的完整性、安全性约束等数据控制方面的规定。概念模式位于数据库系统模式结构的中间层，不涉及数据的物理存储细节和硬件环境，与应用程序、开发工具及程序设计语言无关。一个数据库只能有一个概念模式。

3. 内模式

内模式又称存储模式，是数据库内部数据存储结构的描述。它定义了数据库内部记录类型、索引和文件的组织方式以及数据控制方面的细节。一个数据库只能有一个内模式。

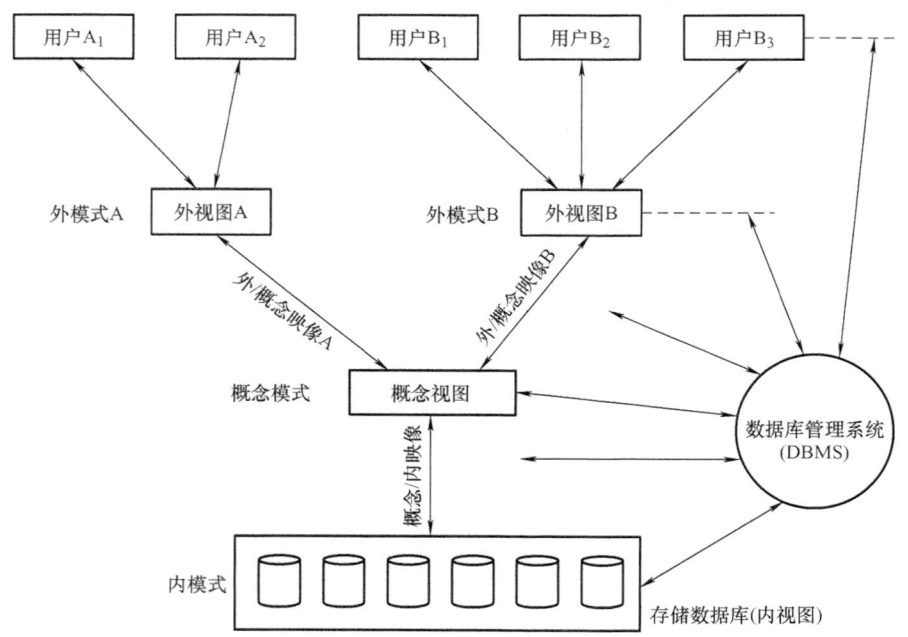

图 10-2 数据库系统的三级模式

（三）结构化查询语言

数据库系统中用于管理数据库的软件称为数据库管理系统（Data Base Management System，DBMS），是数据库系统的核心组成部分。商品化数据库管理系统以关系型数据库为主导，主要有 SQL Sever、Oracle、Informix、Sybase 和 DB2 等。

结构化查询语言（Structured Query Language，SQL）是一种关系数据库语言，1974 年由 Boyce 和 Chamberlin 提出。由于 SQL 语言使用方便、功能强，因此很快得到推广和应用。1986 年 10 月，美国国家标准局（ANSI）的数据库委员会批准 SQL 作为关系数据库语言的美国标准，1987 年 6 月，国际标准化组织（ISO）也采纳它为国际标准。我国也已制定出 SQL 的国家标准。现在，各种机型的数据库系统都采用 SQL 作为共同的数据库语言。SQL 成为国际标准以后，数据库产品的各个厂家纷纷推出各自支持 SQL 的软件或与 SQL 的接口软件。目前各个 DBMS 厂商都自称采用 SQL 语言，虽然并不都是完全按 ISO 标准实现的，不过总的倾向是向国际标准靠拢的。

SQL 是一种统一的非过程化语言。由于所有主要的关系数据库管理系统都支持 SQL，因此，用户可将使用 SQL 的技能从一个关系数据库管理系统转到另一个，用 SQL 写的程序也可很方便地进行移植。

这里只介绍 SQL 的一些基本内容，详细的 SQL 可以通过相关书籍去掌握。SQL 按其功能可分为以下四大部分：

1. 数据定义语言（Data Definition Language，DDL）

数据定义语言用于定义、撤销和修改数据库中的各种对象，包括表、视图和索引等。

常用命令包括：CREATE TABLE、CREATE VIEW、CREATE INDEX、ALTER TABLE、DROP TABLE、DROP VIEW、DROP INDEX。

2. 查询语言（Query Language，QL）

查询语言用于按照指定的组合、条件表达式或排序检索已存在数据库中的数据，而不改变数据库中的数据。

常用的命令包括：SELECT…FROM…WHERE…。

3. 数据操纵语言（Data Manipulation Language，DML）

数据操纵语言用于对已经存在的数据库的元组进行增、删、改操作。

常用的命令包括：INSERT、UPDATE、DELETE。

4. 数据控制语言（Data Control Language，CL）

数据控制语言用于授予或收回访问数据库的权限、控制数据操作事务的发生时间及效果、对数据库进行监视。

常用的命令包括：GRANT、REVOKE、COMMIT、ROLLBACK。

二、实时数据库

（一）实时数据库的概念

实时数据库（Real-Time Data Base，RTDB）是数据库系统发展的一个分支，适用于处理不断更新、快速变化的数据及具有时间限制的事务处理。

这里以这类应用领域中的火电厂厂级监控系统为例说明其数据库应用的特点，具体如下：

1. 测点数量多

一个新建 300MW 的火电厂的厂级监控系统，需要处理的测点数超过了 10000 点，这些测点的变化周期通常在 1s 之内，也就是说，需要将超过 10000 点的数据在 1s 之内保存到数据库中。

2. 数据存储量大

成年累月的实时数据将占据大量的硬盘空间。例如：对于 10000 点的系统，每 1s 存储一次，每次单点占用 8 个字节，那么保存 10 年的数据量将有 $10000 \times 8 \times 10 \times 365 \times 86400B = 25228800000000B$，也就是约为 23TB。若用 80GB 的硬盘存放，需要存放近 300 块硬盘。

3. 数据时效性强

每个需要处理的测点的值都与时间相关，1s 之后的数据与 1s 之前的数据可能就不一样了，因此，在保存测点值的同时，必须通过某种方法将其对应的时间也记录下来。

对于工业生产过程控制的计算机控制系统而言，需要及时采集现场数据并快速进行处理，常规的管理型数据库在处理速度上不能满足要求，因此需要实时数据库系统的支持。从流程工业 CIMS 层次功能图可以看出，整个 CIMS 系统中各功能层都需要与实时数据库打交道，而过程监控层和过程控制层与实时数据库关系最为密切，例如与实时数据关系密切的应用有动态流程显示、报警、棒图、趋势曲线等，它们都需借助实时数据库才能得以完成。

实时数据库是数据和事务都具有定时特性或受到定时限制的数据库。RTDB 的本质特征就是定时限制，定时限制可以归纳为两类：一类是与事务相连的定时限制，典型的就是"截止时间"；另一类为与数据相连的"时间一致性"，时间一致性则是作为过去限制的一个时间窗口。引起时间一致性的原因是数据库中数据的状态与外部环境中对应实体的实际状态要随时一致，事务存取的各数据状态在时间上要一致。实时数据库是一个新的数据库研究领域，它在概念、方法和技术上都与传统的数据库有很大的不同。其核心问题是事物处理既要确保数据的一致性，又要保证事物的正确性，而它们都与定时限制相关联。

目前，国外实时数据库的产品主要包括：OSI 公司的 PI（Plant Information System）、HONEYWELL 公司的 PHD（Process History Database）、AspenTech 公司的 IP21（InfoPlus 21）、Wonderware 公司的 Historian、Instep 公司的 eDNA 和 Intellution 公司的 iHistorian 等；国内的实时数据库的产品主要包括：和利时公司的 HiRIS、紫金桥公司的 RealDB 和北京亚控公司的 KingRDB 等。

（二） 实时数据库的主要技术

实时数据库技术是实时系统和数据库技术相结合的产物，研究人员希望利用数据库技术来解决实时系统中的数据管理问题，同时利用实时技术为实时数据库提供时间驱动调度和资源分配算法。然而，实时数据库并非是两者在概念、结构和方法上的简单集成，涉及很多技术问题。

1. 实时事务的处理

RTDB 中的事务有多种定时限制，其中最典型的是事务截止期，系统必须能让截止期更早或让更紧急的事务较早地执行，换句话说，就是能控制事务的执行顺序，所以就需要基于截止期和紧迫度来标明事务的优先级，然后按优先级进行事务调度。

另一方面，对于 RTDB 事务，传统的可串行化并发控制过严，且也不一定必要，它们"宁愿要部分正确而及时的数据，而不愿要绝对正确但过时的数据"，故应允许"放松的可串行化"或"暂缓可串行化"并发控制,于是需要制定新的并发控制正确性的概念标准和实现技术开发。

2. 数据存储与缓冲区管理

传统的磁盘数据库的操作是受 I/O 限制的,其 I/O 的时间延迟及其不确定性对实时事务是难以接受的,因此 RTDB 中数据存储的一个主要问题就是如何消除这种延迟及其不确定性,这需要底层的"内存数据库"支持,因而内存缓冲区的管理就显得更为重要。这里所说的内存缓冲区除"内存数据库"外,还包括事务的执行代码及其工作数据等所需的内存空间。此时的管理目标是高优先事务的执行不应因此而受阻,它要解决以下问题:

1)如何保证事务执行时,只存取"内存数据库",即其所需数据均在内存中(因而它本身没有 I/O)。

2)如何给事务及时分配所需缓冲区。

3)必要时,如何让高优先级事务抢占低优先级事务的缓冲区。因而,传统的管理策略也不适用,必须开发新的基于优先级的算法。

3. 实时数据库的压缩

实时数据库系统的技术核心在于数据压缩。需要将数据经压缩后再存入硬盘,当需要用数据时再解压缩硬盘上的数据。目前用于国内外实时数据库上的压缩算法通常分为两类:无损压缩和有损压缩。

(1)无损压缩

大多数信息的表达都存在着一定的冗余度,通过采用一定的模型和编码方法,可以降低这种冗余度。Huffman 编码是无损压缩中非常著名的算法之一。WinRAR 和 WinZip 等软件都采用了类似 Huffman 编码的压缩方式。这些压缩方法的共同特点是:压缩和解压过程中信息不会发生变化。

在实时数据库中,也可以采用无损压缩技术,但是在实现时,必须要考虑压缩和解压缩的效率,如果某个压缩算法的压缩比非常高,但是其解压的速度非常慢,则肯定不能用于实时数据库中。

(2)有损压缩

相对于无损压缩,有缩压缩肯定会丢失一些信息,但必须要保证这些丢失的信息不能影响系统数据的精度。大家在其他领域中也遇到过有损压缩的应用,比如:JPG 图像压缩就是一种有损压缩,MP3 声音压缩也是一种有损压缩。

在实时数据库中,有损压缩主要有两种方法:死区压缩和趋势压缩。

所谓死区就是定义某一测点的值不变的范围。采用死区压缩就是记录该点死区之外的数据值。例如有一测点 A,定义其死区为 1%,上次记录的测点值为 110.00,那么此次采集的测点值为 111.00,两者差值 (111 - 110)/110 < 1%,于是认为此次测点值在该点的死区范围内,则认为不变化,即不记录。若下一次测点值为 120.00,那么两者差值 (120 - 110)/110 > 1%,于是认为此次测点值在该点的死区范围外,则认为变化,记录。

趋势压缩是根据测点的阶段性趋势进行压缩,原则上只记录满足趋势条件的起点和终点。PI 的旋转门压缩技术(Spinning Door Transformation,SDT)是该类算法的典范。

一般的趋势压缩如图 10-3 所示,以保存数据项作为起点,从该数据项到 T_1 时刻的所有数据点都在允许的压缩偏差限的范围内,那么,就可以用这两点的连线来拟合中间的若干点，显然压缩掉了大量数据。若下一时刻 T_2，有数据点落在了两条容差线之外，则将 T_1 时刻的数据记录，以 T_2 时刻的数据为新的起点，重复上述压缩过程。

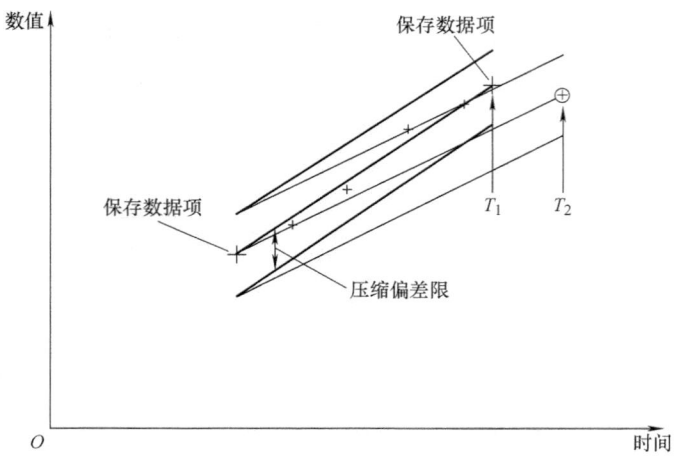

图 10-3　趋势压缩示意图

根据上述过程可知，压缩偏差限的选择越大，压缩比越高，数据精度的损失越多。

思 考 题

1. 计算机控制系统软件的开发工具有哪三类？各自有何特点？
2. 试描述一个完整的计算机控制系统软件设计流程。
3. 试描述组态软件的使用步骤。
4. 实时数据库应用的特点是什么？

第十一章 计算机控制系统的设计及实例

设计与实施计算机控制系统是一项复杂的工作,其内容几乎涵盖本书前面章节的所有内容。尽管计算机控制系统对象各不相同,其设计方案和具体的技术指标也有很大差别,但在系统的设计与实施过程中,还是需遵守共同的设计原则。计算机控制系统对被控生产过程的工艺要求的适用性也是设计过程中要考虑的问题,需根据需求选择合适的计算机控制系统的结构类型。

前面的章节介绍了构建计算机控制系统的关键技术,本章目标则是引导学生学会应用这些技术解决实际问题,系统地思考如何构建一个计算机控制系统。因此,本章在介绍计算机控制系统的结构类型和设计原则的基础上,以计算机控制的单元技术和集成技术分类,给出了三个计算机控制系统的实例,并且采用了实例和任务相结合的方式进行叙述,尤其在第一个实例中,给出了设计任务和前面章节知识的关系。

第一节 计算机控制系统的结构类型

由于被控对象不同,工业生产过程及被测参数也千差万别,因此,计算机控制系统也不尽相同,应根据实际情况采用不同的设计方案。下面根据计算机控制系统的工作特点,对不同类型的计算机控制系统进行分类描述。

一、数据采集系统

数据采集系统(Data Acquisition System,DAS)是计算机应用于工业生产过程中最早的一种类型,其结构如图11-1所示。

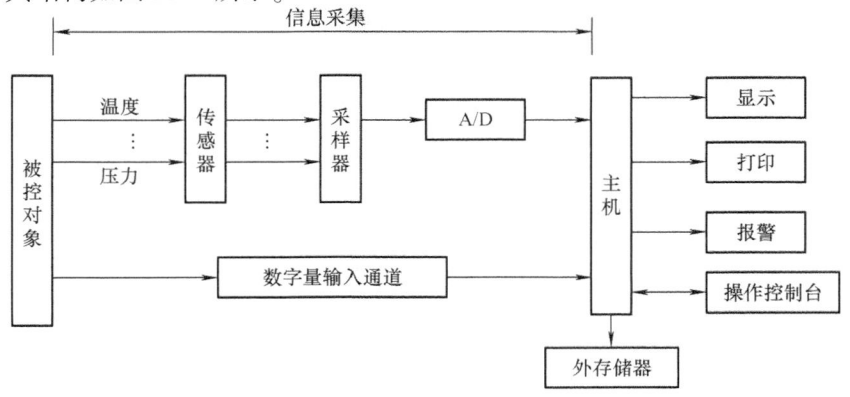

图 11-1 数据采集系统

在数据采集系统中，计算机周期地通过传感器检测生产过程中的某些参量，经过采样器，再经 A/D 转换后送入计算机，计算机进行必要的数据处理，比如数据滤波、工程量变换和超限比较等，定时地刷新显示，也可按照操作员的要求进行打印。当发生故障或超限时，则发出声、光报警。过程参数也可以输出给外存储器，以备数据查询和分析等使用。

二、操作指导系统

操作指导系统又称数据处理系统（Data Process System，DPS），是在数据采集系统的基础上发展起来的，属于开环控制结构，如图 11-2 所示。操作指导系统不仅完成数据采集系统的相关工作，而且还根据一定的数学模型和控制算法进行计算和处理，但是其结果不直接用来控制生产对象，只是为操作人员提供操作条件及操作方案。操作人员根据计算机输出的信息去改变调节器的给定值或直接操作执行机构。

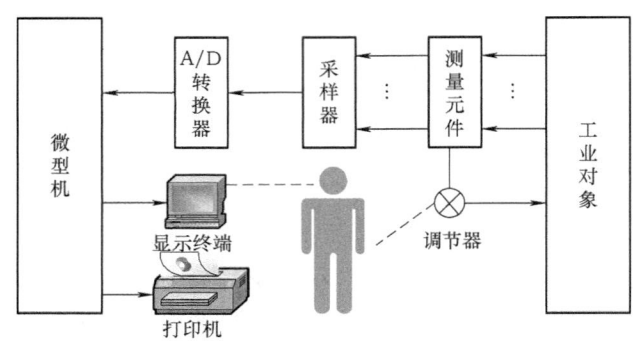

图 11-2 操作指导系统

当对生产过程了解得不够彻底时，可考虑采用这种形式的控制系统。

三、直接数字控制

直接数字控制（Direct Digital Control，DDC）将输出直接作用于被控对象，属于计算机闭环控制系统，如图 11-3 所示。计算机首先通过模拟量输入通道（AI）和开关量输入通道（DI）实时采集数据，然后按照一定的控制规律进行计算，最后发出控制信息，并通过模拟量输出通道（AO）和开关量输出通道（DO）直接控制生产过程。

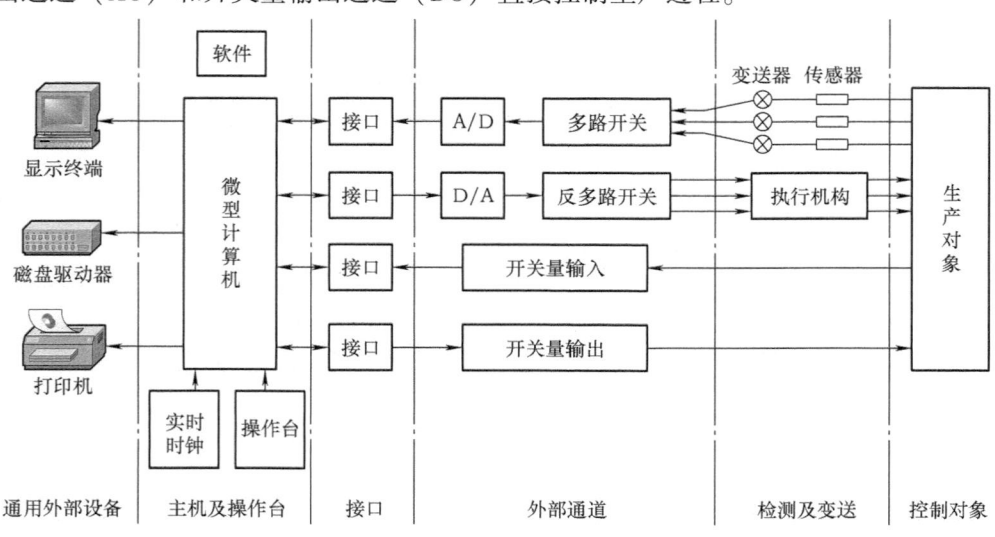

图 11-3 直接数字控制

由于计算机运算速度快,因此可以分时处理多个控制回路,不仅可以实现简单回路控制,而且可以实现复杂回路控制,如前馈控制、串级控制、选择性控制、迟延补偿控制和解耦控制等。直接数字控制系统一般用于小型或中型生产装置的控制。

四、监督控制系统

监督控制系统(Supervisory Computer Control,SCC),又称为设定值控制(Set Point Control,SPC)。计算机根据原始工艺信息和其他的参数,按照描述生产过程的数学模型或其他方法,自动地改变模拟调节器或以直接数字控制方式控制器的给定值,从而使生产过程始终处于最优工况(如保持高质量、高效率、低消耗和低成本等)。

监督控制系统从结构上可分为与模拟调节器配合和与DDC控制器配合两种,如图11-4所示。与模拟调节器配合的监督控制系统已经越来越少,该结构特别适合使用模拟调节器人工改变设定值的老企业的技术改造工程。它既用上了原有的模拟调节器,又实现了最佳给定值控制。

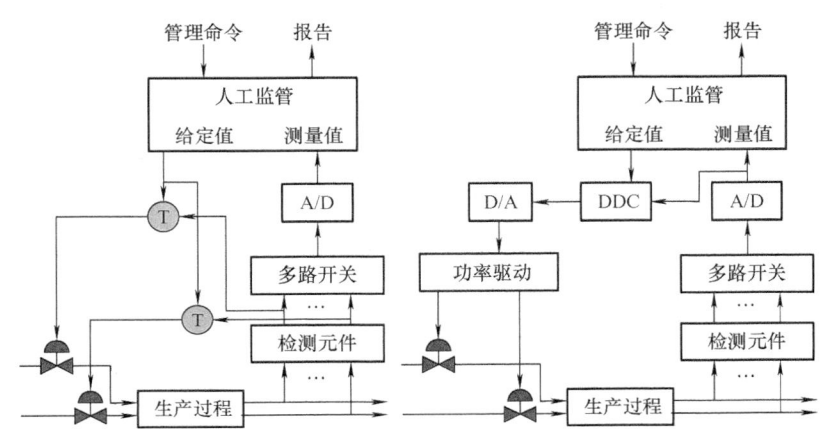

图11-4 两种结构的监督控制系统

五、集散控制系统

集散控制系统(Distributed Control System,DCS)又称分布式或分散型控制系统。对于一个大型、复杂、分散的生产过程,若仍采用一台计算机集中进行控制和管理,那么一旦计算机出现故障,整个系统都将停顿。

DCS采用分散控制、集中操作、分级管理、分而自治和综合协调的设计原则,形成分级分布式控制。

下面以和利时公司的MACS(Meet All Customers' Satisfaction)系统说明DCS的体系结构,如图11-5所示。该系统采用控制网络、系统网络和监控网络的三层网络结构。控制网络采用现场总线Profibus-DP进行主控单元与各模块的连接。系统网络和监控网络采用以太网。双冗余的系统服务器用来存储系统所有的实时数据、历史数据、操作记录、事件记录、日志记录等。现场控制站与控制室中的操作员站通过系统服务器进行数据交换。工程师站用于实现系统工程,如控制回路组态、画面生成、报表生成等,以及过程趋势和参数整定等。操作员站使操作员可在正常或异常情况下对本站各设备进行控制,并可监视全线各站的操作数据和状态。为了保障系统的可靠性,采用了多种冗余技术。主控器可配置为包括两个主控单元的冗余设计,每个主控单元上由硬件构成冗余切换电路和故障自检电路。两个主控单元进行热备份,同时接收网络数据和进行控制运算,但只有一个输出控制结果,且通过双口

RAM 实时更新数据。发生故障可进行无扰切换。另外，网络、电源和一些重要测点的 I/O 设备都采用冗余配置。

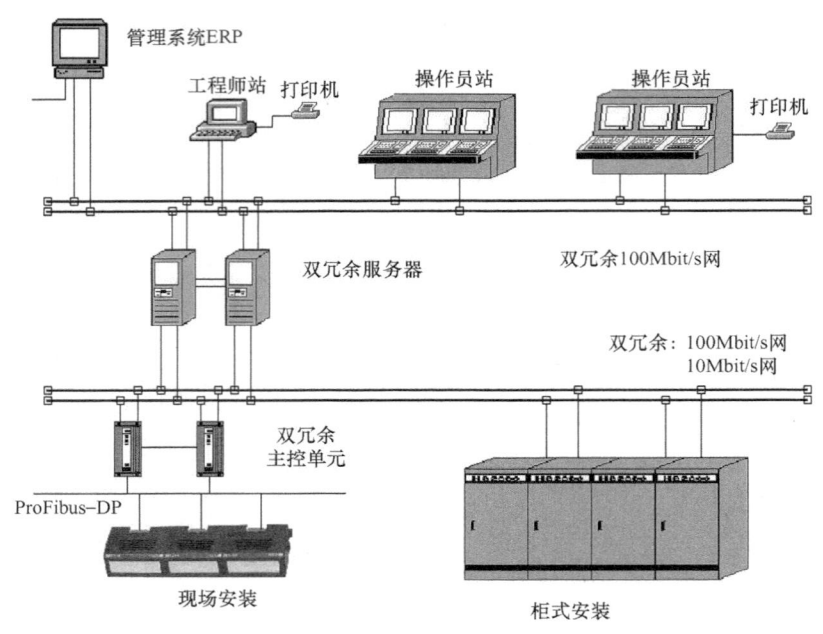

图 11-5　和利时公司的 MACS 系统

六、现场总线控制系统

现场总线控制系统（Fieldbus Control System，FCS）是新一代分布式控制结构。20 世纪 80 年代发展起来的 DCS 往往采用"操作站—控制站—现场仪表"三层结构模式，控制功能主要集中于主控单元，而且各厂商的 DCS 又有各自的标准，不能互连。FCS 与 DCS 不同，它以现场总线为基础，把输入、输出、运算和控制功能分散分布到现场总线仪表中，改变了传统计算机控制系统的结构形式。

例如在现场总线控制系统中，流量变送器不仅具有流量信号变换、补偿和累加输入模块，而且有 PID 控制和运算功能块。调节阀的基本功能是信号驱动和执行，还内含了输出特性补偿模块，也可以有 PID 控制和运算模块，甚至有阀门特性自检验和自诊断功能。功能块分散在多台现场仪表中，并可统一组态，供用户灵活选用各种功能块，构成所需的控制系统，进而实现彻底的分散控制。

第二节　计算机控制系统的设计与实施

设计或组建计算机控制系统是一项复杂的工作，其内容几乎涵盖本书前面的所有内容，同时，还需熟悉被控生产过程、掌握其工艺要求，考虑整个计算机控制系统的技术经济指标等。

一、计算机控制系统设计原则

尽管计算机控制系统对象各不相同,其设计方案和具体的技术指标也千变万化,但在系统的设计与实施过程中,仍然有许多共同的设计原则。

(一) 安全可靠

计算机控制系统一旦出现故障,轻则影响生产,造成产品质量不合格,重则会造成人员和设备的事故。而且,过程控制的对象往往是连续工艺流程的一部分,一个系统的事故往往会引起前、后工序的连锁反应,最后导致整个生产线的失调。因此,在计算机控制系统的整个设计过程中,可靠性应是首要原则。

首先,应该通过合理的选型和抗干扰技术措施,保证系统在恶劣的工业环境下仍能正常运行。其次,在设计控制方案时应考虑各种安全保护措施,使系统具有诸如异常报警、事故预测、故障诊断与处理、安全连锁等功能。最后,为预防计算机出故障,还可设计后备装置。对于一般的控制回路,可以选用手动操作器作为后备;对于必须采用自动控制的重要回路或特殊回路,可采用常规控制仪表或后备计算机作为后备。

(二) 操作、维护与维修方便

操作方便主要体现在系统便于掌握、操作简单,而且画面显示直观形象。由于系统投运后,将由操作工进行日常操作与维护,所以在考虑操作先进性的同时,还应兼顾操作工以往的操作习惯,使操作工更容易掌握。例如,操作工已经习惯了 PID 调节器的面板操作,那就在硬件上或在显示器画面上设计成回路操作显示面板(画面)。另外,人机对话的操作也应简单明了,尽量采用图示与中文操作提示,热键设置不宜太多。对重要的参数要设置一些保护性措施,增加操作的鲁棒性。

维修方便要从软件与硬件两个方面考虑,目的是易于查找故障、排除故障。硬件上宜采用标准的功能模板式结构,便于及时查找并更换故障模板。模板上还应安装工作状态指示灯和监测点,便于检修人员检查与维修。在软件上应配备检测与诊断程序,用于查找故障源。必要时还应考虑设计容错程序,在出现故障时能保证系统的安全。

(三) 实时性强

实时性是工业控制系统最主要的特点之一,要对内部和外部事件都能及时地响应,并在规定的时限内做出相应的处理。系统处理的事件一般有两类:一类是定时事件,如定时采样、运算处理、输出控制量到被控对象等;另一类是随机事件,如出现事故后的报警、安全连锁、打印请求等。对于定时事件,由系统内部设置的时钟保证定时处理。对于随机事件,系统应设置中断,根据故障的轻重缓急,预先分配中断级别,一旦事件发生,根据中断优先级别进行处理,保证最先处理紧急故障。

(四) 通用性好

计算机控制系统的研制与开发需要一定的投资和周期。尽管控制对象千变万化,但若从控制功能上进行分析与归类,仍然可以找到许多共性。例如,计算机控制系统的输入输出信号统一为 4~20mA;控制算法有简单 PID、前馈、串级、纯滞后补偿等多回路 PID、预测控制和模糊控制等。因此,在设计开发计算机控制系统时就应尽量考虑能适应这些共性,采用积木式的模块化结构。在此基础上,再根据各种不同设备和不同控制对象的控制要求,灵活地构成系统。这样设计出的系统便于随时进行系统的扩充或改造,通用性好。特别是,在针对某一行业或某一类装置开发具有某些特殊功能的过程计算机控制系统时，设计时就应考虑在该行业或该类装置上的通用性，以便系统建成后能迅速地推广。

控制系统的通用性和灵活性设计具体体现在硬件和软件两个方面。硬件方面宜采用标准总线结构（如 PCI 总线、PC-104 总线），配置各种通用的功能模板，并留有一定的冗余，在需要扩充时只需增加相应功能的通道或模板就能实现。在系统监控软件和控制算法软件设计中也应采用标准模块化结构。类似硬件设计，软件设计中也可按控制需求选择各种功能模块灵活地构成控制系统整体软件。

随着软件技术的发展，已出现了许多种不依赖于计算机硬件平台的工业控制商品化软件包。这类软件经过多年人力物力的高投入，并经过应用系统的实际检验，已经比较成熟。有的公司往往还以"套件"的方式提供，除了实时控制所需的功能外，还提供了如监控、质量分析、建企业内部网、网上发布信息等实施企业综合自动化 CIMS 所需的几乎涵盖了工业控制各方面的功能，比较全面地考虑了用户不同的需求。当然，由于投入高，产品的售价也比较高。

（五）经济效益高

工业过程计算机控制系统除了满足生产工艺所必需的技术质量要求外，也应该带来良好的经济效益。这主要体现在两个方面：一方面是系统的性能价格比要尽可能高，而投入产出比要尽可能低，回收周期要尽可能短；另一方面，还要从提高产品质量与产量、降低能耗、减少污染、改善劳动条件等经济、社会效益方面进行综合评估，有可能是一个多目标优化的命题。由于计算机技术发展迅速，在设计计算机控制系统时，还要有市场竞争意识，在尽量缩短设计研制周期的同时，还要有一定的预见性。

二、计算机控制系统的设计与实现

虽然计算机控制系统的设计原则中有一条是通用性好，然而，在针对一个具体的生产过程进行计算机控制系统设计时，还是必须注重对实际问题的调查。只有在深入了解生产过程、分析工艺流程及工作环境、总结操作工现有控制经验的基础上，才能确定系统的控制目标与任务，提出切实可行的总体设计与实验方案。

（一）计算机控制系统的设计与实施的阶段

任何一个计算机控制系统的设计与开发基本上是由六个阶段组成的，即可行性研究、初步设计、详细设计、系统实施、系统测试（调试）和系统运行。当然，这六个阶段的发展并不是完全按照直线顺序进行的，在任何一个阶段出现了新问题后，都可能要返回到前面的阶段进行修改。

1. 可行性研究阶段

开发者要根据被控对象的具体情况，按照企业的经济能力、未来系统运行后可能产生的经济效益、企业的管理要求、人员的素质、系统运行的成本等要素进行分析。可行性分析的结果最终是要确定使用计算机控制技术能否给企业带来一定经济效益和社会效益。这里要指出的是，不顾企业的经济能力和技术水平而盲目地采用最先进的设备是不可取的。

2. 初步设计阶段

初步设计阶段也可以称为总体设计阶段。系统的总体设计是进入实质性设计阶段的第一步，也是最重要和最为关键的一步。总体方案的好坏会直接影响整个计算机控制系统的成本、性能、设计和开发周期等。

在这个阶段，首先要进行比较深入的工艺调研，对被控对象的工艺流程有一个基本的了解，包括要控制的工艺参数的大致数目和控制要求、控制的地理范围的大小、操作的基本要求等。然后初步确定未来控制系统要完成的任务，写出设计任务说明书，提出系统的控制方案，画出系统组成的原理框图，以作为进一步设计的基本依据。

3. 详细设计阶段

详细设计是将总体设计具体化。首先要进行详尽的工艺调研，然后选择相应的传感器、变送器、执行器、I/O通道装置以及进行计算机系统的硬件和软件的设计。对于不同类型的设计任务，则要完成不同类型的工作。

如果是小型的计算机控制系统，则硬件和软件都是自己设计和开发；此时，硬件的设计包括电路原理图的绘制、元器件的选择、印制电路板的绘制与制作；软件的设计则包括工艺流程图的绘制、程序流程图的绘制、将一个个模块编写成对应的程序等。

4. 系统实现阶段

系统实现阶段要完成各个元器件的制作、购买、安装；进行软件的安装和组态以及各个子系统之间的连接等工作。

5. 系统测试（调试）阶段

该阶段是通过整机的调试，发现问题，及时修改的过程，例如检查各个元器件安装是否正确，并对其特性进行检查或测试；检验系统的抗干扰能力等。调试成功后，还要进行烤机，其目的是通过连续不停机的运行来暴露问题和解决问题。

6. 系统运行阶段

该阶段占据了系统生命周期的大部分时间，系统的价值也是在这一阶段中得到体现的。在这一阶段应该由高素质的使用人员严格按照章程进行操作，尽可能减少故障的发生。

（二）总体方案设计

确定计算机控制系统总体方案是进行系统设计的关键而重要的一步。总体方案的好坏，直接影响到整个控制系统的成本、性能、实施细则和开发周期等。总体方案的设计主要是根据被控对象的工艺要求来确定。

为了设计出一个切实可行的总体方案与实施方案，设计者必须深入了解生产过程，分析工艺流程及工作环境，熟悉工艺要求，确定系统的控制目标与任务。尽管被控对象多种多样，工艺要求各不相同，但在总体方案设计中还是有一定共性的。

1. 工艺调研

总体设计的第一步是进行深入的工艺调研和现场环境调研，明确系统所要完成的任务，然后按一定规范、标准和格式，对控制任务和过程进行描述，形成设计任务书，作为整个控制系统设计的依据。

（1）调研的任务

经过调研要完成如下几个任务：

1）掌握系统的规模。明确控制的范围是一台设备、一个工段、一个车间，还是整个企业。

2）熟悉工艺流程，并用图形和文字的方式对其进行描述。

3）初步明确控制的任务。了解生产工艺对控制的基本要求。掌握控制的任务是要保持工艺过程稳定，还是要实现工艺过程的优化；掌握被控制的参量之间是否关联比较紧密，是否需要建立被控制对象的数学模型，是否存在比较大的滞后、非线性以及随机干扰等复杂现象。

4）初步确定 I/O 的数目和类型。通过调研掌握哪些参量需要检测、哪些参量需要控制以及这些参量的类型。

5）掌握现场的电源情况（是否经常波动，是否经常停电，是否含有较多谐波）和其他情况（如振动、温度、湿度、粉尘、电磁干扰等）。

（2）形成调研报告和初步方案

在完成调研后，可以着手撰写调研报告，并在调研报告的基础上草拟出初步方案。如果系统不是特别复杂，也可以将调研报告和初步方案合二为一。

在对初步方案进行讨论时，往往会发现一些新问题或是不清楚之处，此时，需要再次调研，然后对原有方案进行修改。一般来说，在工艺调研、方案修改、方案讨论之间往往需要多个循环方能确定最后的总体设计方案。在这个过程中，如果系统开发者对计算机监控技术与自动控制技术的发展现状以及市场情况还不是很清楚，同样需要对其进行详细的调研。

（3）形成总体设计技术报告

在经过多次的调研和讨论后可以形成总体设计技术报告，它包含如下内容：

1）工艺流程的描述。可以用文字和图形的方式来描述。如果是流程型的被控制对象，则可以在确定了控制算法后画出管道仪表流程图。

2）功能描述。描述未来计算机控制系统应具有的功能，并在一定的程度上进行分解，然后设计相应的子系统。在此过程中，可能要对硬件和软件的功能进行分配与协调。对于一些特殊的功能，可能要采用专用的设备来实现，例如，发电机的励磁控制可以采用专用的励磁控制器。

3）结构描述。结构描述用于描述未来计算机控制系统的结构，确定其是采用单元设计方案还是集成设计方案，是采用开环控制还是闭环控制，是采用单回路还是多回路控制，进而确定采用哪种计算机控制系统的类型（DDC、SCC、DCS 和 FCS 等）。

如果采用分布式控制，则对于网络层次结构的描述可以详细到每一台主机、控制节点、通信节点和 I/O 设备，可以用结构图的方式对系统的结构进行描述，用箭头来表示信息的流向。

由于计算机控制系统的结构是多种多样的，为了便于理解，大致将其归纳为三种形式：

① 形式 A：硬件和软件都是自己设计和开发的单元结构。
② 形式 B：上位机加 I/O 板卡/模块或一体化工作站。
③ 形式 C：多层复合结构。

4）控制算法的确定。如果各个被控参量之间关联不是十分紧密，可以分别采用单回路控制，否则，就要考虑采用多变量控制算法。如果被控制对象的数学模型不是很典型，但也不是很复杂，则不必建立数学模型，可以直接采用常规的 PID 控制算法。

如果被控制对象十分复杂，存在比较大的滞后、非线性以及随机干扰，则要采用其他的控制算法。一般来说，尽可能多地了解被控制对象的情况，或建立尽可能准确反映被控制对象特性的数学模型，这对于提高控制质量是有益处的。

5）I/O 变量总体描述。I/O 变量总体描述可以采用表格的方式进行。

另外，总体设计方案中还要包括硬件设计与软件设计两大部分，设计时一般采用画方块图的方法做出系统的硬件与软件结构设计。

软件设计与硬件设计是密切相关的，它们合在一起便构成了整个系统的总体方案。总体方案是系统具体设计时的依据，应在工艺技术人员的配合下，从合理性、经济性以及可行性等方面反复论证形成。经论证可行后的总体方案，要形成文件，建立完整的总体方案文档，其内容包括：

① 系统的主要功能、技术指标、原理性框图及文字说明。
② 控制策略与算法。
③ 系统的硬件结构与配置，主要的软件功能、结构、平台及实现框图。
④ 方案的比较与选择。
⑤ 抗干扰措施与可靠性设计。
⑥ 机柜或机箱的结构与外形设计。
⑦ 经费和进度计划的安排。
⑧ 对现场条件的要求等。

总之，系统的总体方案反映了整个系统的综合情况，要从正确性、可行性、先进性、可用性和经济性等角度来评价系统的总体方案。

只有当拟定的总体方案能满足上述基本要求后，设计好的目标系统才有可能符合这样的基本要求。总体方案通过之后，才能为各子系统的设计与开发提供一个指导性的文件。

作为总体方案的一部分，设计者还应提供对各子系统功能检测的一些测试依据或标准。对于较大的系统，还要编制专门的测试规范，这样既有利于系统的集成、测试和联调，也有利于系统交付使用前的验收测试。

2. 硬件工程设计

计算机控制系统的硬件工程设计主要包括以下内容：系统的构成方式、现场设备及自动化仪表的选择、人机联系方式、系统的机柜或机箱结构设计、抗干扰措施等。

根据具体被控生产过程的输入参数、输出参数的种类、数量和控制要求进行现场检测设备和执行机构的选型，以此为基础，进行硬件工程设计，并应适当考虑系统将来的扩充需要。

对于单元设计方案，要确定处理器的选择，以及过程通道的电路设计。

对于集成设计方案，要确定系统总线和主机类型（工控机、PLC 或 DCS 等），并对 I/O 板卡或模块类型和数量进行选型。

随着控制要求的提高和控制系统内涵的扩展，计算机控制系统中，如计算机监督控制（SCC）、计算机集散控制（DCS）、现场总线控制（FCS）、企业综合自动化（CIMS）等越来越多地会遇到通信问题。除了常用的外部总线外，还越来越多地用到了计算机网络通信。具体选择时可根据通信的速率、距离、系统拓扑结构、通信协议等要求来综合分析确定。

3. 软件工程设计

软件工程设计总体方案的内容主要是确定软件平台、软件结构、任务分解，建立系统的数学模型、控制策略和算法的实现等。在软件设计中也应采用结构化、模块化、通用化的设计方法，自上而下或是自下而上地画出软件结构方块图，逐级细化，直到能清楚地表达出控制系统所要解决的问题为止。

在系统总体方案设计中，系统各个模块之间存在着各种因果关系，互相之间要进行各种信息的传递。如数据采集模块的输出信息，是数据处理模块的输入，而数据处理模块的输出可能又是显示模块、打印模块、控制模块等的输入。各模块之间的关系，一方面体现在程序流程上，一方面体现在接口条件上。为防止接口条件出错，可将每个执行模块要用到的参数和要输出的结果列出来，为每一个参数规划一个数据类型和数据结构，然后严格规定各个接口条件，即输入条件与输出结果。需要注意的是，不同模块有关的参数只能取一个名称，以保证同一个参数只有一种格式。数据类型分为数值型与逻辑型两种，逻辑型数据通常用于设置软件标志。当参数为一系列有序的数据集合时，还要考虑数据的存放格式，即所谓的数据结构问题。

对于单元设计方案，还应进行详细的资源分配，包括 ROM、RAM、定时器/计数器、中断源、I/O 地址等。

生产管理程序用于生产的管理（或监控），主要包括画面显示、变化趋势分析、报警记录、统计报表、打印输出等功能，虽与控制精度无直接关系，但却影响到控制系统给人的外观印象与操作者的使用方便程度，因此也应引起注意。

随着现代化工业的发展，数据通信已越来越多地用于计算机控制系统。在计算机集散控制（DCS）、现场总线控制（FCS）、工业监控网络、企业综合自动化（CIMS）等系统中经常需要用到数据通信功能，完成计算机与计算机之间、计算机与智能设备之间的实时信息传递和交换。因此，数据通信软件也必然会成为实时过程控制软件的一部分。

（三）管道仪表流程图

管道仪表流程图（Piping and Instument Diagram，P&ID）也称带控制点的工艺流程图。它的绘制是自控工程设计的核心内容。在自控工程设计图上，需要采用标准的设计符号来表示工艺流程图中的检测和控制系统，设计符号分为文字代号和图形符号两类。

1. 仪表位号

在检测、控制系统中，构成一个回路的一组工业自动化仪表，其中每个仪表（或元件）都用仪表位号来标识。仪表位号由字母代号组合和回路编号两部分组成，仪表位号中的第一位字母表示被测量，后继字母表示仪表的功能；回路的编号由工序号和顺序号组成，一般用三~五位阿拉伯数字表示，如图 11-6 所示。

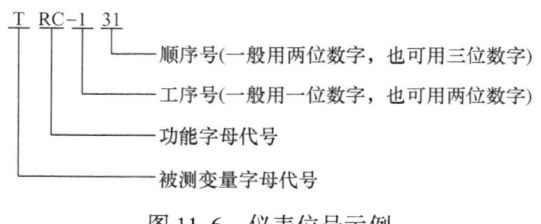

图 11-6　仪表位号示例

仪表位号在管道仪表流程图和系统图中的标注方法：字母代号填写在仪表圆圈的上半圆中；回路编号填写在下半圆中，如图 11-7 所示。图 11-7a 表示安装在控制室的位号为 TRC-131 的温度记录与控制仪表，图 11-7b 表示现场就地安装的位号为 PI-1201 的压力指示仪表。

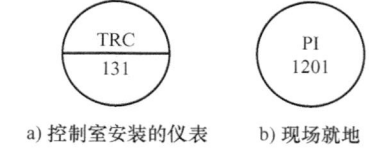

a) 控制室安装的仪表　　b) 现场就地

图11-7　仪表位号在管道仪表流程图和系统图中的标注方法

2. 文字代号

被测量或被控量用规范的字母进行表示，如 F 表示流量；L 表示物位；P 表示压力；T 表示温度等。详见表 11-1。

表 11-1　被测量或被控量的字母表示

字母	被测量或被控量	字母	被测量或被控量	字母	被测量或被控量
A	分析	J	功率	S	速度、频率
B	烧嘴、火焰	K	时间	T	温度
C	电导率	L	物位	U	多变量
D	密度	M	湿度	V	黏度
E	电压（电动势）	N	（供选用）	W	重力、力
F	流量	O	（供选用）	X	未分类
G	位置或长度	P	压力	Y	事件、状态
H	手动	Q	数量	Z	位置、尺寸
I	电流	R	核辐射		

被测量或被控量和仪表功能相组合代表不同的意义。一个被测量或被控量可能通过不同的设备进行配合，如控制器、读出仪表、变送器等，不同字母组合对应不同的功能的组合。

对于控制器，RC 表示"有记录功能的控制器"；IC 表示"有指示功能的控制器"；C 表示"无指示功能的控制器"。

对于读出仪表，R 表示"有记录功能的读出仪表"；I 表示"有指示功能的读出仪表"；

对于变送器，RT 表示"有记录功能的变送器"；IT 表示"有指示功能的变送器"；T 表示"无指示功能的变送器"。

3. 图形符号

过程检测和控制系统的图形符号，一般来说包括测量点、连接线（引线、信号线）和仪表圆圈三部分。

（1）测量点

测量点（包括检出元件）是由过程设备或管道符号引到仪表圆圈的连接引线的起点，一般无特定的图形符号，如图 11-8 所示。

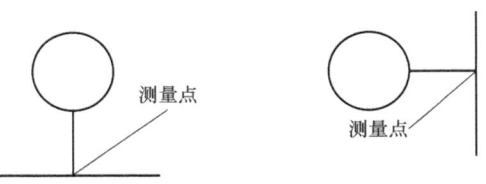

图 11-8　测量点标注方法

必要时，检测元件或检测仪表可以用一些专门的图形符号表示，如图 11-9 所示。

a) 流量检测元件的通用符号　　b) 差压式指示流量计法兰或角接取压孔板

图 11-9　检测元件或检测仪表的图形符号

(2) 连接线

通用的仪表信号线和能源线的符号是细实线。当通用的仪表信号线为细实线可能造成混淆时，信号线符号可在细实线上加斜短画线（斜短画线与细实线成45°）。当有必要区分信号线的类别时，还可以用专门的图形符号来表示，如图11-10所示。在复杂系统中，当有必要表明信息流动的方向时，应在信号线符号上加箭头。

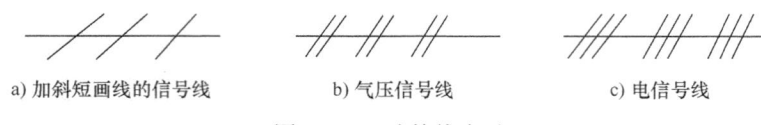

a) 加斜短画线的信号线　　b) 气压信号线　　c) 电信号线

图 11-10　连接线表示

连接线的交叉和连接线的相接图形符号有两种方式，在同一个工程中只能任选一种，如图11-11和图11-12所示。

a) 交叉线　　b) 连接线　　　　　　a) 交叉线　　b) 连接线

图 11-11　交叉和连接线的表示方式一　　图 11-12　交叉和连接线的表示方式二

(3) 仪表图形符号

常规仪表、计算机、PLC 和 DCS 等都有标准的图形符号表示，如图11-13所示。常规仪表图形为细实线圆圈；计算机图形为细实线正六边形；PLC 图形由细实线正方形与内接四边形组成；DCS 图形由细实线正方形与内切圆组成。

 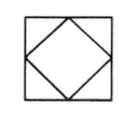 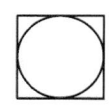

a) 常规仪表　b) 计算机　c) PLC　d) DCS

图 11-13　仪表图形符号

仪表安装在不同位置和操作员能否监控由不同的图形符号进行表示，见表11-2。

表 11-2　仪表安装不同位置的图形符号

	现场安装 操作员不能监控	控制室安装 操作员可监控	盘后安装 不与DCS通信	辅助安装 操作员可监控
常规仪表	○	⊖	⊝	⊖
计算机	⬡	⬢	⬢	⬢
PLC	◇	◇	◇	◇
DCS	⊙	⊖	⊝	⊖

(4) 控制阀的图形符号

控制阀由执行机构和控制机构组成，对应的图形符号见表11-3和表11-4。

表11-3 执行机构图形符号

名 称	带弹簧的薄膜执行机构	不带弹簧的薄膜执行机构	电动执行机构	数字执行机构
图形符号			M	D
名 称	活塞执行机构单作用	活塞执行机构双作用	电磁执行机构	带手轮的薄膜执行机构
图形符号			S	

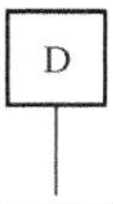

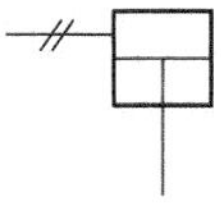

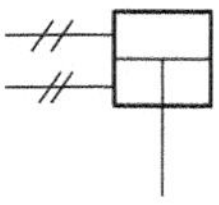

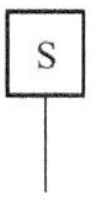

表11-4 控制机构图形符号

名 称	截止阀	角阀	三通阀	隔膜阀
图形符号		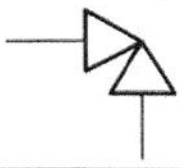		
名 称	蝶阀	球 阀	四通阀	其他形式阀
图形符号			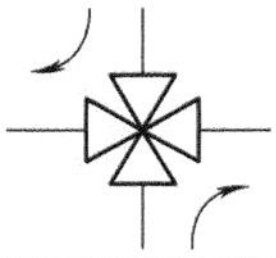	 ×
名 称	闸 阀	旋塞阀	风门或百叶窗	
图形符号			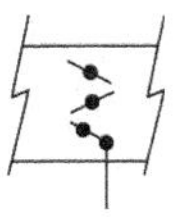	

三、控制系统的调试与投运

系统的调试与投运通常分为离线仿真与调试和在线调试与投运两个阶段。其中离线仿真与调试一般在实验室进行，并尽可能多地模仿现场实际操作时可能出现的各种情况，因为有些特殊情况是无法在线调试的。

（一）离线仿真和调试

离线仿真和调试又分为硬件调试和软件调试两部分。其中硬件调试包括对各种标准功能模板按照说明书要求，检查其主要功能和逻辑关系；在现场仪表和执行机构安装之前进行校验；调试数据通信功能等。调试过程中需准备好相应的校验仪表与工具，如信号源、数字电压表、电流表等，并按要求一步步进行。

软件调试包括对各个子程序、功能模块、主程序分别进行调试以及整体程序的联合调试。有时为了调试某些程序，可能要编写临时性的辅助程序。软件调试的方法是自底而上逐步扩大。首先按分支将模块组合起来，以形成模块子集，调试完模块子集，再将部分模块子集连接起来进行局部调试，最后进行全局调试。之所以要进行全局调试，是因为也许所有模块都能单独工作，但当它们连接在一起时可能会产生不同软件层之间的交叉错误；一个模块的隐含错误对自身可能无影响，却会妨碍另一个模块的正常工作；虽然单个模块可能允许有一点误差，但多个模块的误差连接起来却不能容忍等。很多情况下，对处理速度和实时性要求高的部分需要用汇编语言编程，如数据采集、时钟、中断、控制输出等；而对速度和实时性要求不高的部分则用高级语言编程，如数据处理、变换、图形、显示、打印、统计报表等。

系统控制模块的调试往往包括控制系统的辅助设计与仿真、开环与闭环调试、控制方案的比较。可在几种控制方案的比较之后挑选综合性能最好的一种。

在硬件与软件分别调试后，应将整个系统的硬件与软件联合起来进行联调试验，即系统仿真。通常采用三种方法：全物理仿真（模拟仿真）、半物理仿真和数字仿真（计算机仿真）。在可能的情况下，应尽量采取全物理仿真，试验条件越接近真实工业现场，效果也就越好。在做计算机数字仿真时，要一切从实际出发，不要为做出漂亮的结果而人为添加各种限制条件。在系统仿真的基础上，出于可靠性的考虑，经常需要进行烤机，即根据实际运行环境的要求，进行特殊条件的较长时间的运行考验，如经受高温或低温、振动和抗电磁、电源电压波动等。

（二）在线调试和投运

在所有的准备工作做好之后即可开始在线的调试与投运。在此过程中，控制系统的设计人员与工艺技术人员要密切配合，制定出调试计划、实施方案、安全措施、分工合作细则等，以避免或减少因调试给生产带来的不良影响。现场的调试与投运过程应遵循从小到大、从易到难、从手动到自动、从简单回路到复杂回路、先开环后闭环、逐步过渡的原则，稳妥地实现计算机控制。

计算机控制系统的投运是一个系统工程，要特别注意到一些容易忽视的问题，如现场仪表与执行机构的安装位置、现场校验，各种接线与导管的正确连接，系统的抗干扰措施，供电与接地措施，安全防护措施等。在现场投运过程中往往会出现错综复杂、时隐时现的奇怪现象，一时让人难以找到问题的症结所在，此时一定要一步步地冷静分析，参加项目的每个人切不可急躁地轻易怀疑别人的工作，以免掩盖问题的根源所在。

第三节 计算机控制系统的设计案例

一、计算机控制的单元技术实例——温度控制器设计

在日常生活和工业生产中，存在大量的小型温度控制对象，如空调的温度控制、热处理中的加热炉、医药及食品工业中的热风循环烘箱、石油和化工工业中的小型导热油电加热炉等。本节以实现一个温度控制器的开发为目标，采用开放性的任务导引的方式，使学生能够结合实际需求，应用本书所学的计算机控制技术完成设计和开发工作。

（一）任务描述

以本书的知识为基础，通过查阅相关资料，完成一个小型温度控制器的设计和开发工作。

1. 基本要求

1)选用单片机或数字信号处理器(DSP)等作为处理器。

2)在选择温度传感器和执行机构的基础上,设计对应的调理和驱动电路。

3)以所选处理器为基础,设计外围电路,编写对应程序,完成信号的采集、A/D 转换、显示和按键等,要求具有如下功能:

① 通过 LCD 或 LED 显示温度值和相关参数。

② 通过按键,设置传感器参数、显示参数、PID 参数和设定值等;键盘应有硬件防抖,设置的参数具有掉电保护功能。

③ 采集温度传感器信号,并进行线性插值和工程量的转换,计算实际温度值。

4)编写单回路数字 PID 控制程序,并实现控制量的计算和输出。

本书章节知识对 4 个基本要求的引导关系见表 11-5。

表 11-5 本书章节知识对基本要求的引导关系

基本要求序号	引导知识
1	第一章　绪论
2	第三章　计算机控制系统中的检测设备和执行机构 第五章　计算机控制系统中的过程通道技术
3	第五章　计算机控制系统中的过程通道技术 第九章　计算机控制系统中的控制策略与实现
4	第五章　计算机控制系统中的过程通道技术 第九章　计算机控制系统中的控制策略与实现

2. 提高要求

1)硬件方面考虑抗干扰措施,设计看门狗电路,并测试死机时恢复系统运行的效果,使用数字滤波等软件抗干扰技术,分析数字滤波不同参数对测量的温度值稳定性的影响。

2)设计通信接口,如 RS-485,可以通过上位机改变设定值,获取测量温度值以及完成参数设置,构成监督控制系统结构,实现温度曲线的控制。

3)分析对象模型,采用改进的 PID 算法,实现 PID 参数的自动整定。

4)尝试采用模型预测控制、模糊控制和神经网络等先进控制策略,并与常规 PID 算法的控制效果进行分析比较。

本书章节知识对 4 个提高要求的引导关系见表 11-6。

表 11-6 本书章节知识对提高要求的引导关系

提高要求序号	引导知识
1	第六章　计算机控制系统中的抗干扰技术
2	第四章　计算机控制系统中的总线技术 第七章　计算机控制系统中的通信技术
3	第二章　计算机控制系统基础 第九章　计算机控制系统中的控制策略与实现
4	第九章　计算机控制系统中的控制策略与实现

(二) 技术路线示例

下面给出一个具体的例子说明本任务开发的技术路线。系统结构图如图 11-14 所示。

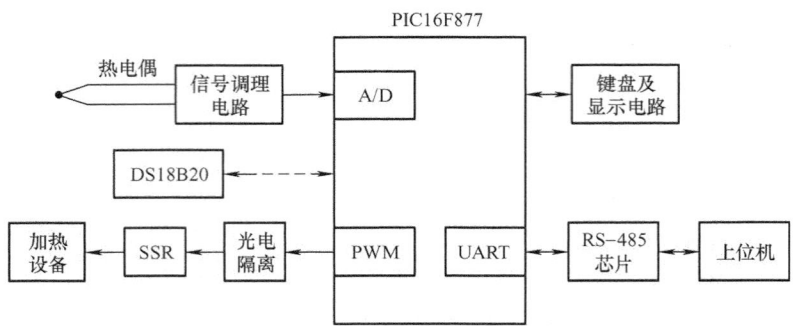

图 11-14　小型温度控制系统结构图

处理器选用 Microchip 公司的 8 位单片机 PIC16F877A。该单片机基于哈佛结构，采用精简指令集（Reduced Instruction Set Computer，RISC），具有较高的效率。其片内资源丰富，内置 10 位的 A/D 转换器、PWM 输出模块、看门狗功能和 UART（Universal Asynchronous Receiver/Transmitter），且芯片内部设有 E^2PROM，方便参数保存，具有掉电保护能力。选用该单片机，简化了软硬件设计，无须外部扩展，就可以实现紧凑而且稳定的设计。

根据需要测控的温度范围，可选择不同的温度传感器，如热电式传感器的热电阻或热电偶，本方案选用了热电偶进行设计。如果测控的温度范围比较小，还可考虑采用数字温度传感器芯片，如单线数字温度传感器芯片 DS18B20。它的测量温度范围为 -55 ~ +125℃，在 -10 ~ +85℃ 范围内，精度为 ±0.5℃，可直接将被测温度转化为数字信号，供单片机处理。

执行机构采用固态继电器（SSR）控制加热设备，单片机的 PWM 输出端经光电隔离后，驱动 SSR。

键盘及显示电路、RS-485 接口芯片以及热电偶信号调理电路可查阅相关文献资料进行选型和设计。RS-485 接口芯片种类很多，如 MAX1487、SN75176、MAX3080 等。热电偶信号调理既可自己设计电路，也可采用集成芯片，如 AD594 和 AD595。两个芯片分别针对 J 型（AD594）或 K 型（AD595）热电偶进行预调，且内置放大、冷端补偿、冰点基准等功能。上述芯片均可通过查阅相关芯片手册了解芯片特性和设计方法。

为了确定方案的可行性并提高开发效率，可利用 Proteus 软件对整个方案进行仿真调试和测试。

单片机中的控制算法程序的基本原理：采集并计算实际温度值，并和温度设定值进行比较，再由数字 PID 算法得到输出控制量，根据该控制量，设置单片机的 PWM 输出模块，产生对应占空比的脉冲信号，进而控制固态继电器的导通和截止，从而控制加热设备工作，使温度达到设定值。

单片机和上位机采用 RS-485 以半双工方式进行通信，需设计并规定两者的通信协议。通信协议应规定帧格式、比特率、字节的奇偶校验要求、帧校验要求等。可利用高级语言，如 Visual C# 或 Visual Basic 等或利用组态软件开发上位机软件，实现参数设置、温度曲线显示等功能。

二、计算机控制的集成技术实例（小型）——橡胶护舷硫化控制系统

（一）工艺背景

橡胶护舷的作用是当船舶停靠港口码头时，避免船舷直接与码头碰撞，并能吸收船舶撞击能量，减少对码头作用力。硫化是指使胶料和各种助剂在一定温度和压力的情况下发生交联等化学反应，以达到所需要的机械性能和物理化学性能的过程。硫化过程的温度和压力是控制过程的两个重要参数，通过试验研究，针对胶料的配方、性质、产品结构和工艺条件等因素进行优化，设计出各种制品的最佳硫化温度，并实行精确、实时控制，使其既能达到要求的硫化效应和保证产品性能，又能提高生产效率，是橡胶制品工艺的关键技术之一。

橡胶硫化是在加温加压的情况下，用硫使橡胶分子互相交联，改善橡胶性能，使之从黏性状态转变为完全弹性的固体状态的工艺过程。如图 11-15 所示，橡胶硫化分为预硫化、热硫化、正硫化和过硫化四个阶段。

预硫化阶段时间越长，胶料越不易烧焦。热硫化阶段是性能定型阶段，时间越短，反映硫化速度越快，效率越高。

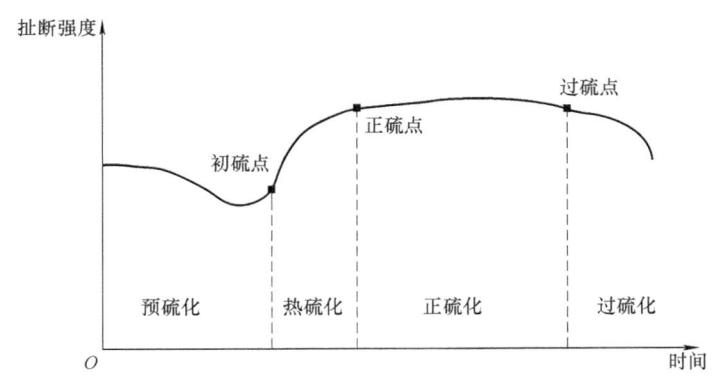

图 11-15　硫化过程

正硫化阶段时间越长对产品热稳定性越有利。过硫化阶段使橡胶性能变坏，生产上不允许出现。一般硫化过程终止在正硫化阶段。

硫化效应是衡量胶料硫化程度的重要标志，为使橡胶护舷取得同等的硫化程度，需使胶料达到同等硫化效果，即在温度 T_1 时经硫化时间 t_1 所达到的硫化程度与温度 T_2 时经硫化时间 t_2 所达到的硫化程度相等。其数学模型为

$$E = \int_{t_1}^{t_2} K^{\frac{T(t)-100}{10}} \mathrm{d}t \tag{11-1}$$

式中，E 为硫化效应；t_1 为硫化初始时间；t_2 为硫化终止时间；K 为硫化温度系数；$T(t)$ 为胶料的硫化温度。

为便于计算机计算，将式（11-1）积分离散化为

$$E = \sum_{i=1}^{n} E_i = \sum_{i=1}^{n} K^{\frac{T_i-100}{10}} \Delta t \tag{11-2}$$

式中，Δt 为采样周期。

若 E_0 为硫化效应最佳值，可实时计算硫化效应，当达到 E_0 时，停止硫化。因此，控制系统基于上述等效硫化机理，根据硫化罐温度变化，不断调整硫化时间，从而达到橡胶护舷品质指标。

（二）任务描述

结合橡胶护舷的力学参数测试系统，试验分析硫化温度、压力和时间对硫化制品质量的

影响。硫化压力可以保证产品的致密性,消除气泡。硫化温度和硫化速度之间存在一定关系,提高硫化温度,可以缩短硫化时间,提高生产效率。但提高温度时要考虑如下因素:橡胶是不良导热体,对于橡胶护舷这类厚制品来说,高温会增加制品内外温差,导致硫化程度不一致。

某企业经过大量试验研究,根据该企业橡胶护舷型号的不同,将硫化过程的控制准则归纳为两类:

第一类准则:预硫化阶段时间约为 0.5h,压力为 $1 \sim 2 kgf/cm^2$($1 kgf/cm^2 \approx 0.098 MPa$);然后在 1h 的时间内逐渐升温到 151℃,最后进入保持阶段,保持的时间通过实时计算硫化效应决定。

第二类准则:预硫化阶段时间约为 3h,压力为 $1 \sim 3 kgf/cm^2$,然后在 3h 内逐步升温至 157℃,最后进入保持阶段,保持的时间通过实时计算硫化效应决定。

和两类准则对应的是两个不同尺寸的硫化罐,分别是 1 号硫化罐和 2 号硫化罐。每个硫化罐需采集该罐的温度和压力,同时通过控制蒸汽的进出阀门来控制温度和压力。

要完成上述任务,需按以下三个步骤进行:

1)根据控制要求,确定集成方案,如采用工控机还是 PLC,系统构架如何设计,并根据输入和输出的信号类型和数目,选择合适的板卡或模块。

2)选择合适的现场设备。

3)确定软件开发的工具,完成软件开发。

(三)技术路线示例

示例采用工控机集成方案,阀门选用电磁阀,使用数字量输出通道进行控制。系统硬件结构如图 11-16 所示。

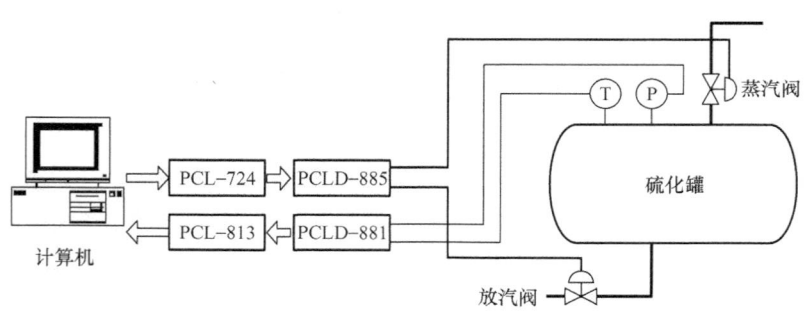

图 11-16 硬件结构示意图

温度测量传感器采用 Pt100 热电阻,与控制柜中的温度数显仪配套使用。压力变送器采用瑞士 Kristal 仪器公司的 MER18 系列高温型陶瓷压力变送器。

温度变送器和压力变送器将测得的温度和压力以 $4 \sim 20 mA$ 电流信号的形式传输到接口卡 PCLD-881,将电流信号转换为 $1 \sim 5V$ 的电压信号,送到 12 位数据采集卡 PCL-813。执行机构为高温防爆型电磁阀。

PCL-724 为 24 位数字 I/O 板,与 16 位继电器板(PCLD-885)配合使用,其控制对象及方式见表 11-7。

第十一章 计算机控制系统的设计及实例

表11-7 PCL-724 控制表

控制位	控制对象	状态控制结果	
		1	0
PA0	1号罐蒸汽阀	开	关
PA1	1号罐放汽阀	开	关
PA2	温度压力高报警	报警	不报警
PA3	硫化过程结束报警	报警	不报警
PB0	2号罐蒸汽阀	开	关
PB1	2号罐放汽阀	开	关

现场的控制柜，通过驱动控制柜中的继电器来控制电磁阀和报警。此外，温度信号和压力信号由控制柜一并引到微机控制室。

程序设计中采用了模块化设计思想，整个测控软件主要分为三个模块，分别是硫化过程、历史数据查询和历史数据管理，每个模块按功能又划分为若干子模块。

硫化过程的实现如图11-17所示。硫化过程开始前，首先选择硫化罐，可以选择1号硫化罐或2号硫化罐中的一个，也可以同时选择，用鼠标左键单击"硫化过程"键，则硫化过程开始。程序的采样控制间隔为3s。程序根据硫化过程所处的阶段，通过测量硫化罐的温度和压力，不断地计算等效硫化效应值，实现对蒸汽阀进行的控制。硫化过程程序流程图如图11-18所示。

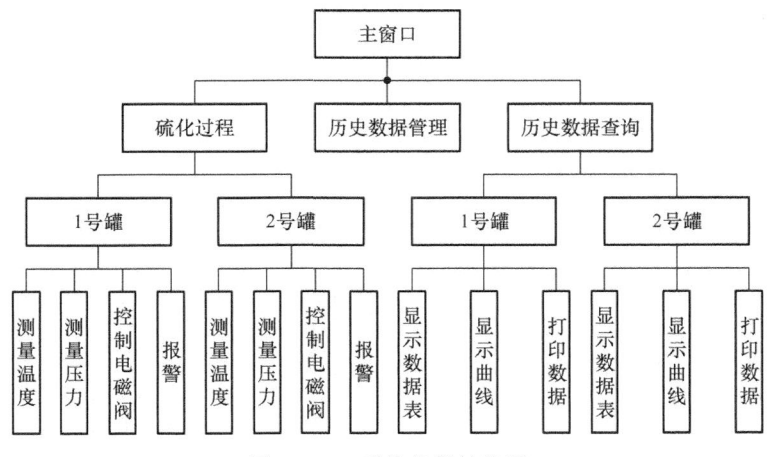

图11-17 系统软件结构图

三、计算机控制的集成技术实例（中型）——啤酒发酵过程计算机控制系统

（一）工艺背景

麦汁发酵过程是啤酒生产的重要环节，是一个复杂的生物化学过程，通常在锥形发酵罐中进行。在20多天的发酵期间，根据酵母的活动能力和生长繁殖的快慢，确定发酵给定温度曲线，如图11-19所示。要使酵母的繁殖和衰减、麦汁中糖度的消耗和双乙醇等杂质含量等方面达到最佳状态，必须严格控制发酵各阶段的温度，使其在给定温度的±0.5℃范围内。

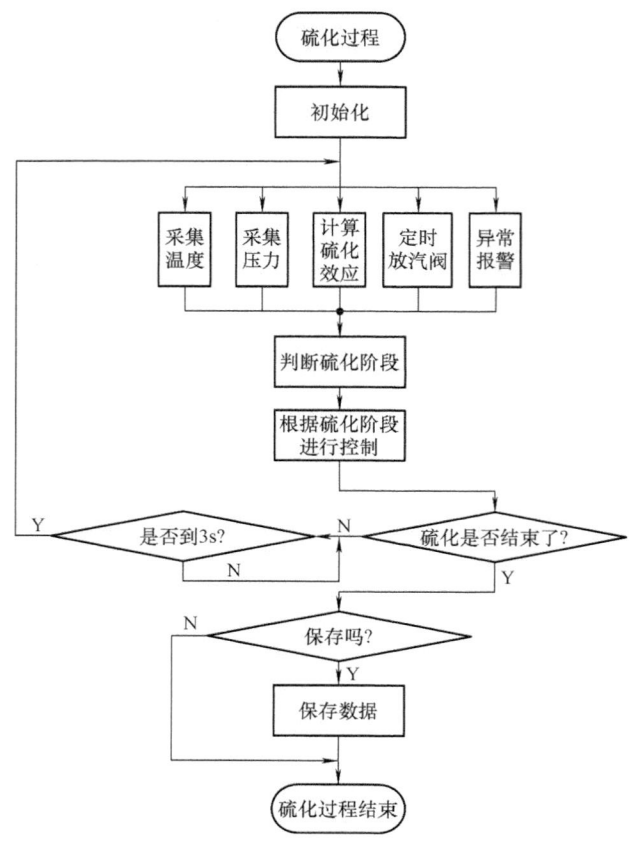

图 11-18 硫化过程程序流程图

某啤酒厂要求控制 10 个 $200m^3$ 的锥形啤酒发酵罐,这种发酵罐的内层是用不锈钢板焊接而成的,外层用白铁皮包制而成,内层与外层中间是保温材料和上、中、下三段冷却带。罐体由上、下两部分组成,上部分是圆柱体,下部分是圆锥体,故称为锥形发酵罐。在啤酒发酵期间,当罐内温度低于给定温度时,则要关闭冷却带的阀门,使之自然发酵

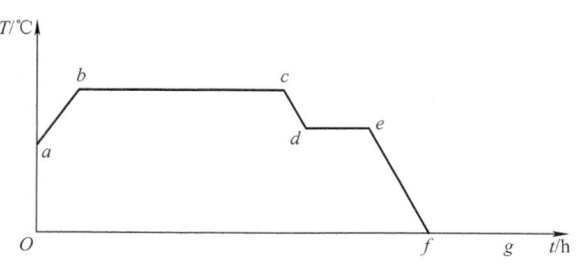

图 11-19 啤酒发酵过程温度工艺曲线

升温;当罐内温度高于给定温度时,则要求接通冷却带的阀门,自动地将冷酒精打入冷却带循环使之降温,直至满足工艺要求为止。另外,在发酵过程中,还需在各段工艺中实行保压,即要求发酵罐顶部气体压力恒定,以保证发酵过程的正确进行。

(二) **任务描述**

系统共有 10 个发酵罐,每个罐测量 5 个参数,即发酵罐的上、中、下三段温度,罐内上部气体的压力和罐内发酵液的高度;共有 30 个温度测量点、10 个压力测量点、10 个液位测量点。因此,共需检测 50 个参数。自动控制各个发酵罐中的上、中、下三段温度使其按

图 11-19 所示的工艺曲线运行,温度控制误差不大于 ±0.5℃,其共有 30 个控制点。

每个发酵罐上有 5 个检测点和 3 个控制点,测控点分布情况如图 11-20 所示,包括:上段温度 TTa、中段温度 TTb、下段温度 TTc、罐内上部气体压力 PT、液位 LT、上段冷带调节阀 TVa、中段冷带调节阀 TVb、下段冷带调节阀 TVc。

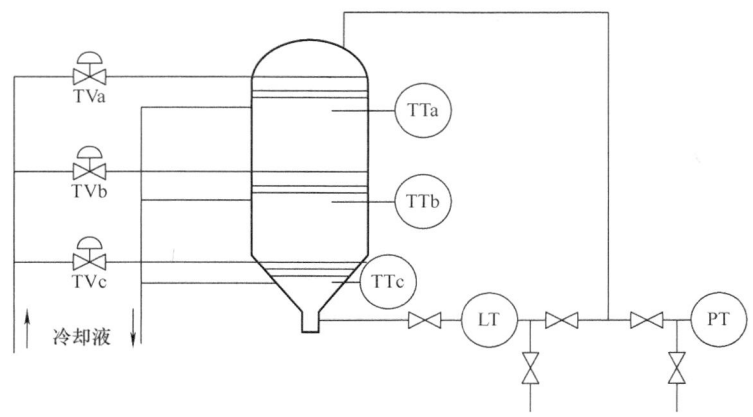

图 11-20 发酵罐的测控点

控制系统设计要求:

1) 根据控制要求,确定检测装置和执行机构。

2) 根据控制要求,确定集成方案,如采用工控机还是 PLC,系统构架如何设计,并根据输入和输出的信号类型和数目,选择合适的板卡或模块。

3) 确定软件开发的工具,完成软件开发。控制系统的软件主要包括采样、滤波、标度变换、控制计算、控制输出、中断、计时、打印、显示、报警、调节参数修改、温度给定曲线设定及修改、报表、图形、曲线显示等功能。

4) 系统具有自动控制、现场手动控制、控制室遥控三种工作方式。

5) 啤酒发酵过程中,输入量为冷却液流量,输出量为发酵液温度,根据操作经验和离线辨识,被控对象具有大惯性和纯滞后特性,而且在不同发酵阶段特性参数变化很大。因此,为适应温度给定值为折线的情况,在恒温段采用增量型 P 控制算法,在升温、降温段采用 PID 控制算法,考虑到被控对象大惯性和纯滞后的特点,在控制软件设计中需提供史密斯预估控制算法。

(三) 技术路线示例

1. 检测装置和执行机构选型

检测装置都采用二线制 4~20mA 标准电流信号,温度检测采用 Pt100 铂热电阻;压力检测采用电容式压力变送器;液位检测采用电容式液位变送器。

执行机构采用电动调节阀。

2. 控制系统主机及过程通道模板选型

控制主机选用康拓 IPC-8500 工业控制机,内装 14 槽无源母板,CPU 板上 BIOS 可设置看门狗,当应用软件不能控制系统时,可触发计算机 RESET。

本系统选择 2 个 32 路 12 位光电隔离 A/D 转换板 IPC-5488,并配备 32 路 I/V 变换板,作为系统的模拟量输入通道;另外,选择 4 个 8 路 12 位光电隔离 D/A 转换板 IPC-5486,作为模拟量输出通道。

3. 系统软件的设计

（1）数据采集程序

首先按顺序采集 30 个温度信号，然后再采集 10 个压力信号，最后采集 10 个液位信号，这些信号共采集 5 遍并存储起来，采样周期 $T=2s$。

（2）数字滤波程序

数字滤波程序是将每个信号的 5 次测量值排序，去掉一个最大值和一个最小值，剩余 3 个求平均值即为该信号的测量结果，即采用中位值滤波法与平均值滤波法相结合来实现数字滤波。

（3）标度变换程序

变送器输出的 4~20mA 信号，经 I/V 变换后产生 1~5V 信号，再经 12 位量程为 0~5V 的 A/D 转换器转换。以温度的标度变换为例，其温度的量程范围为 -20~+50℃，如经滤波后获得的测量值为 x，其标度变换计算公式为

$$y = \frac{50-(-20)}{4095-819}(x-819)℃ + (-20)℃ = (0.021368x - 37.5)℃$$

其中，5V 对应的 A/D 转换结果为 4095，1V 对应的 A/D 转换结果为 819。

（4）给定工艺曲线的实时插补计算

给定工艺曲线由多段折线组成，每一段都是直线，故采用直线插补算法来计算各个采样周期的给定值。

（5）控制算法

参考第九章相关内容进行编程实现。

四、计算机控制的集成技术实例（大型）——火电厂发电机组 DCS 控制系统

（一）工艺背景

火力发电厂的三大核心设备为锅炉、汽轮机、发电机。燃煤发电机组发电过程可分为燃烧过程、蒸汽热能转换过程、发电转换过程。

火力发电的生产过程大致为：首先是电煤经输煤传送带送入原煤斗，经喷燃器送入炉膛燃烧，与此同时，助燃的空气由送风机经空气预热器预热后，经调风门按一定比例送入炉膛，燃烧后，煤粉的化学能将转化为烟气的热能。该部分涉及燃料量、送风量和炉膛负压控制。锅炉要适应负荷的变化，因此，进入锅炉中的燃料量和送风量需按比例控制，以促进电煤燃烧充分，提高效率。与此同时，锅炉的引风量也要加以控制，使炉膛的负压保持在一定的范围内。当烟气沿锅炉炉膛及其后面的烟道流过时，烟气热能主要传递给在蒸发受热面（水冷壁）中的水。在途经过热器、再热器、省煤器和空气预热器后，最后低温烟气由引风机吸出，经烟囱排入大气。

在汽水系统中，锅炉的给水由给水泵打出，先经过高压加热器，再经过省煤器回收一部分烟气中的余热后进入汽包。汽包中的水在水冷壁中进行自然或强制循环，不断吸收炉壁辐射热量，由此产生了饱和蒸汽。该部分主要涉及锅炉的给水控制，汽包水位是锅炉安全运行的一个很重要的参数。水位过高和过低都会对生产造成严重的影响，需要维持水位的稳定。饱和蒸汽由汽包顶部流出，再经过多级过热器进一步加热成过热蒸汽。这个具有一定压力和

温度的过热蒸汽就是锅炉的产品。过热蒸汽的温度和压力必须维持在一个范围内，过高和过低会影响生产效率，甚至会造成生产事故，需要加以控制。

高压汽轮机接收从锅炉供给的过热蒸汽，将蒸汽热能转变为气流动能，高速气流施加作用力于汽轮机的叶片上；推动了叶轮连同整个转子旋转而产生电能，电能经过变压器变压后送入输电网络。此处涉及单元机组控制，当外界负荷改变时，锅炉和汽轮机应该随之改变以满足电网负荷的要求。

最后，从汽轮机排出的蒸汽，其温度、压力都降低了，为了提高热效率，需要把这部分蒸汽送回锅炉，在再热器中再次加热，然后再进入中、低压汽轮机中做功，最后成为乏汽从低压汽轮机尾部排入冷凝器冷凝为凝结水。凝结水与补充水一起经凝结水泵先打到低压加热器，然后进入除氧器，除氧后进入给水泵，至此完成汽水系统的一次循环。

（二）任务描述

对燃煤发电机组两个单元发电机组进行自动控制，系统可分为五个域，分别为#1 机组、#1 机组脱硫、#2 机组、#2 机组脱硫以及公用系统，并与电厂管理信息系统（MIS）、监控信息系统（SIS）等留有通信接口。

单元机组的监控范围包括锅炉及其辅助系统、汽轮机及其辅助系统、发电机变压器组、厂用电系统等。机组脱硫系统的监控范围包括脱硫增压风机、吸收塔、氧化风机等。公用系统的监控范围包括厂用电公用部分、空压机系统、氨储系统、空调系统等，同时，系统还需与汽轮机数字电液控制系统 DEH、主机保护系统 TSI、发变组保护系统、辅助车间 BOP 控制系统等进行通信，从而实现对整台机组的统一监控和管理。

单元机组（含炉、机、电和脱硫系统）检测与控制点数为 12808 点，公用系统为 2246 点，总的 I/O 点数为 15054。各类型 I/O 点的详细统计见表 11-8。表中，AI、AO、DI、AO、PI 在第五章计算机控制系统中的过程通道技术中都已介绍，SOE 为事件顺序（Sequence of Event）的英文简称。SOE 卡多在电厂使用，当发生事故跳闸，引起一系列开关动作时，SOE 卡以相对时间（相对于第一个发生跳变的点）为计量单位，将这些动作亦即事件按发生的先后顺序记录下来，以方便事故后的分析。

表 11-8 各类型 I/O 点的详细统计表

信号类型	单元机组	锅炉部分	汽轮机部分	脱硫部分	电气部分	公用系统
AI	2391	1113	803	380	95	227
AO	350	226	64	60	0	26
DI	6841	2934	1774	1696	437	1414
SOE	398	85	100	28	185	14
PI	12	6	0	0	6	2
DO	2816	1204	692	749	171	563
合计	12808	5568	3433	2913	894	2246

电厂燃煤机组自动控制系统应包括如下功能：

1) 自动检测：自动地检测和测量反映生产过程进行情况的各种物理量、化学量以及生产设备的工作状况，以监视生产过程的进行情况和趋势。

2) 顺序控制：根据预先拟定的程序和条件，自动地对设备进行一系列操作。

3) 自动保护：在发生事故时，自动采取保护措施，以防止事故进一步扩大或保护生产设备使之不受严重破坏，如汽轮机的超速保护、锅炉的超压保护等。

4) 自动控制：自动地维护生产过程在规定的工况下进行，又称为自动调节。

(三) 技术路线示例

1. 系统构成

发电机组的 DCS 控制系统采用了和利时公司的 HOLLiAS MACS 系统，主要功能部分包括数据采集系统（DAS）、模拟量控制系统（MCS）、顺序控制系统（SCS）、锅炉炉膛安全监控系统（FSSS）、旁路控制系统（BPS）、汽动给水泵控制系统（MEH + METS）、电气控制系统（ECS）、脱硫系统（FGD）等。

(1) 数据采集系统（DAS）

DAS 主要是连续采集和处理机组工艺模拟量信号和设备状态的开关量信号，并实时监视，保证机组安全可靠地运行，包括信息显示、事件记录和报表制作/打印、历史数据存储和检索、设备故障诊断等。

(2) 模拟量控制系统（MCS）

MCS 包括：机炉协调控制、燃料控制、制粉系统控制、启动系统控制、给水控制、过热器喷水减温控制、再热汽温控制、总风量控制、炉膛压力控制、一次风压控制、二次风箱压力控制、除氧器系统控制、凝结水系统控制、高低加水位控制、轴封控制等。

(3) 顺序控制系统（SCS）

SCS 是实现锅炉、汽轮机各辅机设备的控制、联锁、保护以及顺控起停等功能。单元机组的锅炉 SCS 和汽轮机 SCS 主要包括以下功能子组。

锅炉 SCS 包括：烟风系统子组；空预器子组；送风机子组；引风机子组；一次风机子组；锅炉疏放水子组；过、再热器减水子组；过、再热器疏水子组；吹灰系统子组等。

汽轮机 SCS 包括：主、再热蒸汽疏水子组；高加及抽汽子组；除氧器及四段抽汽子组；低加及抽汽子组；给水和小机子组；凝结水子组；汽机真空子组；汽机轴封子组；汽机润滑油子组；循环水子组；开式循环冷却水子组；闭式循环冷却水子组；发电机定冷水子组；发电机密封油子组；辅汽子组；凝结水输送子组等。

(4) 锅炉炉膛安全监控系统（FSSS）

FSSS 功能包括：锅炉炉膛吹扫、主燃料跳闸 MFT 及发出跳闸原因，油燃料跳闸 OFT 及发出跳闸原因，燃油泄漏试验、炉膛灭火保护、火焰检测，锅炉燃油进油、回油阀控制功能，油燃烧器控制功能、微油点火控制功能、制粉系统控制功能、火检冷却风系统控制功能等。

(5) 旁路控制系统（BPS）

高、低旁温度控制：以旁路减压阀后的温度为被调量进行控制，以旁路蒸汽流量的减温水需求为前馈。旁路蒸汽流量根据蒸汽压力、减压阀开度、蒸汽温度、管道参数得出。

(6) 汽动给水泵控制系统（MEH + METS）

MEH 的控制对象为机组给水系统的两台汽动给水泵，MEH + METS 的控制功能包括：调节系统功能、试验系统功能以及限制保护功能。

调节系统功能分为就地自动方式、阀控方式、遥控方式。试验系统功能包括超速保护试验、调门严密性试验。限制保护功能包括挂闸功能、MEH 保护功能、METS 保护功能。

(7) 电气控制系统（ECS）

单元电气控制系统监控范围包括：发电机－变压器组、发电机励磁系统；高压厂用电源；单元低压变压器、PC 进线及分段；保安组源及柴油发电机组；单元机组直流系统；UPS 系统。公用电气控制系统监控范围包括：高压备变、公用低压变压器、PC 进线及分段。

(8) 脱硫系统（FGD）

FGD 的控制功能分为调节功能和顺控功能，主要包括：增压风机入口压力控制、石灰石浆液浓度控制、脱硫塔护 pH 值及塔出口 SO_2 浓度控制、吸收塔液位控制、石膏浆排出量控制以及脱硫系统 FGD 起动/停止顺序控制、烟气系统起停控制、除雾器清洗程控、石灰石破碎输送系统顺控、石灰石制浆系统顺控、吸收塔系统顺控、石膏脱水系统顺控等。

2. 网络结构

HOLLiAS MACS 集散控制系统可分为监控层和控制层两个层次。监控层的设备主要包括：工程师站、操作员站、通信站等；控制层的设备主要包括：实现各种控制功能的控制站（包括远程控制站和远程 I/O 站）。网络架构由三部分组成，从上到下依次为监控网（MNET）、系统网（SNET）、控制网（CNET）。其中系统网和控制网都是冗余配置，如图 11-21 所示。

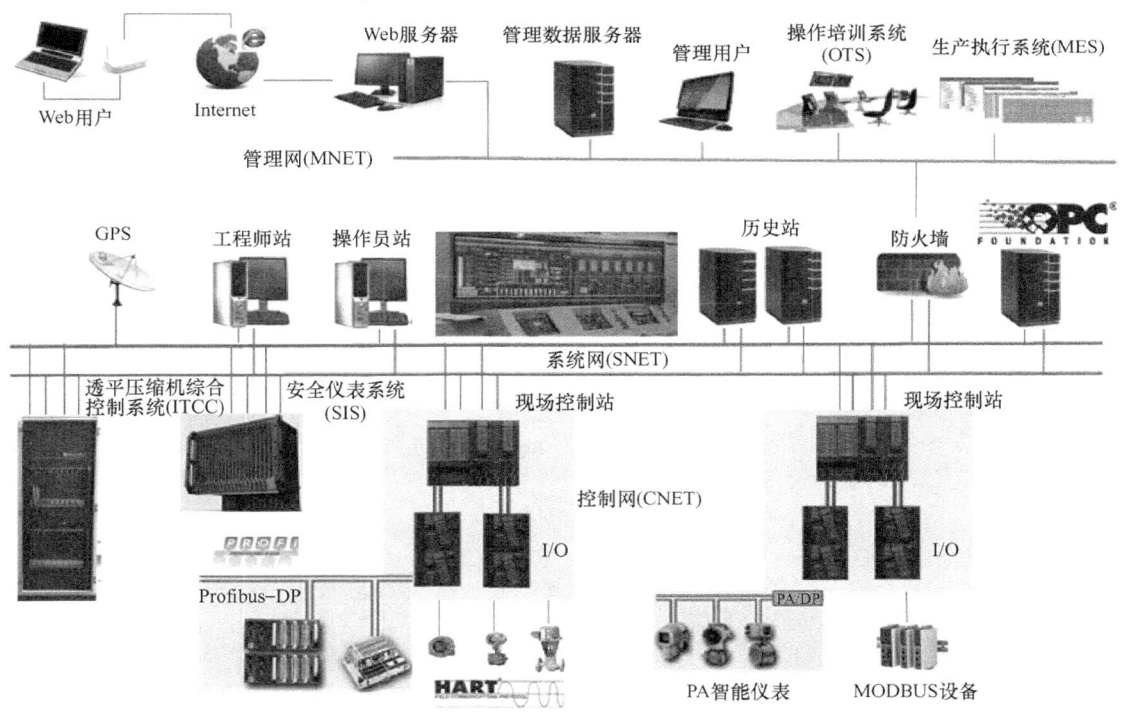

图 11-21 发电厂 DCS 控制系统示意图

工程师站、操作员站和通信站等与系统服务器的互联，通过监控网（MNET）使用以太网协议通信，通信速率可达 100Mbit/s。

控制站与系统服务器的互联，通过系统网络（SNET）使用 HSIE 网络协议，通信速率 10M/100Mbit/s 自适应，HSIE 网络协议基于可靠的工业以太网通信协议，信息传输实时、可靠。

控制站内部的数据通信网络称为控制网（CNET），控制网采用 Profibus-DP 协议，通信速率为 500Kbit/s，实现控制器与过程 I/O 模块的通信，符合 IEC61158 国际标准，所有支持 Profibus-DP 协议的控制器（如 PLC）和智能仪表只要提供相应的 GSD 设备文件，都能作为主控的从站与 HOLLiAS MACS 系统进行通信。

3. 硬件配置

HOLLiAS MACS 分散控制系统的硬件设备主要包括：控制机柜、工程师站、操作员站、数据服务器、通信站、大屏幕显示器、激光打印机等。

DCS 的工程师站和操作员站采用 DELL 工作站，工程师站配有系统组态软件 MACS V6 的计算机，工程师站对应用系统进行功能组态，包括操作员站组态和控制器组态，并进行在线下装和在线调试。

操作员站是配有实时监控软件和各种可配置的人机接口设备的计算机，完成对生产过程和现场参数的实时监视与操作，操作员站可全面完成对现场工艺状况的显示、报警、打印、历史数据记录和再现以及报表等。

数据服务器采用高性能，DELL 机架式服务器，型号为 PowerEdge 2950。服务器为双冗余配置，并可根据实际工程规模灵活配置。

单元机组设有一台 SIS 接口站和两台通信站，采用 RS-232/RS-422/RS-485、以太网等接口方式，以实现与电厂 SIS 系统和机组辅控系统的通信。SIS 接口站采用 OPC 方式与 SIS 系统通信。SIS 接口站运行通信服务软件，将机组各系统的主要参数送至电厂 SIS 系统，供电厂生产管理人员在办公室查阅，每套 SIS 接口站均有 3 个以太网通信口和招标文件要求的硬件防火墙。两台通信站采用 MODBUS 等通信协议与机组辅控系统进行数据交换，实现 DCS 对机组的集中监控。

思 考 题

1. 请比较直接数字控制系统（DDC）和监督控制系统（SCC）的异同。
2. 请比较集散控制系统（DCS）和现场总线控制系统（FCS）的异同。
3. 计算机控制系统的设计原则有哪些？
4. 试完成本章第三节的所有实例中的设计任务。

参 考 文 献

[1] 蔡自兴，等．智能控制原理与应用［M］．2 版．北京：清华大学出版社，2014．
[2] 曹承志．微型计算机控制新技术［M］．北京：机械工业出版社，2001．
[3] 戴先中，马旭东．自动化学科概论［M］．2 版．北京：高等教育出版社，2016．
[4] 戴国华，余骏华．NB-IoT 的产生背景、标准发展以及特性和业务研究［J］．移动通信，2016，40（7）：31-36．
[5] 高金源．计算机控制系统——理论、设计与实现［M］．北京：北京航空航天大学出版社，2001．
[6] 贾清水．生产过程计算机控制［M］．北京：化学工业出版社，2001．
[7] 奥斯特隆姆，威顿马克．计算机控制系统理论与设计［M］．周兆英，译．北京：科学出版社，1987．
[8] 李江全．计算机控制技术项目教程［M］．2 版．北京：机械工业出版社，2017．
[9] 李元春，王德军，于在河，等．计算机控制系统［M］．2 版．北京：高等教育出版社，2009．
[10] 厉玉鸣．化工仪表及自动化［M］．5 版．北京：化学工业出版社，2011．
[11] 刘川来，胡乃平，等．计算机控制技术［M］．北京：机械工业出版社，2007．
[12] 刘建昌，关守平，等．计算机控制系统［M］．2 版．北京：科学出版社，2016．
[13] 刘金琨．智能控制［M］．4 版．北京：电子工业出版社，2017．
[14] 刘兴堂．应用自适应控制［M］．西安：西北工业大学出版社，2003．
[15] 陆继开，胡树云．HOLLiAS MACS 系统在广东台山发电厂二期工程 2×1000MW 超超临界机组中的应用［J］．自动化博览，2011，28（08）：84-88．
[16] MORARI M，RICKER NL．Model predictive control toolbox user's guide［Z］．Natick：Mathworks Inc．，1998．
[17] 舒迪前．预测控制系统及其应用［M］．北京：机械工业出版社，1996．
[18] 孙宏军，王超，张涛，等．智能仪器仪表［M］．北京：清华大学出版社，2007．
[19] 孙洪程，翁唯勤．过程控制工程设计［M］．北京：化学工业出版社，2001．
[20] 孙增圻，等．智能控制理论与技术［M］．北京：清华大学出版社，1997．
[21] 陶永华．新型 PID 控制及其应用［M］．2 版．北京：机械工业出版社，2002．
[22] 王常力，廖道文．集散型控制系统的设计与应用［M］．北京：清华大学出版社，1993．
[23] 王化祥，张淑英．传感器原理及应用［M］．4 版．天津：天津大学出版社，2014．
[24] 王化祥．自动检测技术［M］．3 版．北京：化学工业出版社，2018．
[25] 王慧．计算机控制系统［M］．3 版．北京：化学工业出版社，2011．
[26] 王建华，黄河清．计算机控制技术［M］．北京：高等教育出版社，2003．
[27] 王锦标．计算机控制系统［M］．2 版．北京：清华大学出版社，2008．
[28] 王树青．先进控制技术及其应用［M］．北京：化学工业出版社，2001．
[29] 王耀南．智能控制系统：模糊逻辑·专家系统·神经网络控制［M］．长沙：湖南大学出版社，1996．
[30] 王阳，温向明，路兆铭，等．新兴物联网技术：LoRa［J］．信息通信技术，2017，11（1）：55-59，72．
[31] 夏继强，邢春香．现场总线工业控制网络技术［M］．北京：北京航空航天大学出版社，2005．
[32] 谢希仁．计算机网络［M］．5 版．北京：电子工业出版社，2008．
[33] 薛弘晔，刘原，马永．计算机控制技术［M］．西安：西安电子科技大学出版社，2003．
[34] 阳宪惠．工业数据通信与控制网络［M］．北京：清华大学出版社，2003．
[35] 于海生．计算机控制技术［M］．2 版．北京：机械工业出版社，2016．

[36] 于洋. 测控系统网络化技术及应用 [M]. 北京:机械工业出版社,2009.
[37] 张国范,顾树生,王明顺. 计算机控制系统 [M]. 北京:冶金工业出版社,2004.
[38] 赵小飞. 物联网产业发展需要瞄准弥补短板 [J]. 中国战略新兴产业,2016(7):76-77.
[39] 赵小飞. 低功耗广域网络产业现状及国内市场前景 [J]. 信息通信技术,2017,11(1):60-65.
[40] 赵耀. 自动化概论 [M]. 2版. 北京:机械工业出版社,2014.
[41] 周泽魁. 控制仪表与计算机控制装置 [M]. 北京:化学工业出版社,2002.